Stadtökologie

Stadtökologie

Bericht über ein Kolloquium
der Deutschen UNESCO-Kommission,
veranstaltet in Zusammenarbeit
mit der Werner-Reimers-Stiftung
vom 23.–26. Februar 1977
in Bad Homburg

Deutsche UNESCO-Kommission, Bonn
Verlag Dokumentation Saur KG,
München · New York · London · Paris

Seminarbericht der Deutschen UNESCO-Kommission Nr. 30

Redaktion: Dr. Folkert Precht

CIP-Kurztitelaufnahme der Deutschen Bibliothek

Stadtökologie: Bericht über ein Kolloquium der Deutschen UNESCO-Kommission, veranstaltet in Zusammenarbeit mit der Werner-Reimers-Stiftung vom 23.–26. Februar 1977 in Bad Homburg / (Red.: Folkert Precht). — 1. Aufl. — Bonn: Deutsche UNESCO-Kommission; München, New York, London, Paris: Verlag Dokumentation Saur, 1978.
(Seminarbericht der Deutschen UNESCO-Kommission; Nr. 30), ISBN 3-7940-5230-7

NE: Precht, Folkert (Red.); Deutsche UNESCO-Kommission

Verlag Dokumentation Saur KG, München
Gesamtherstellung: Verlag, Buch- und Offsetdruckerei A. Bernecker, Melsungen
Printed in Federal Republic of Germany
ISBN 3-7940-5230-7

Vorwort

Seit langem besteht eine eingehende Diskussion über die Existenzmöglichkeit der Menschheit. In ihr wird auch die Frage behandelt, wie lebenswert das Dasein für jeden einzelnen im Rahmen gegebener und sich ändernder Umweltbedingungen gestaltet werden kann. Diesen Problemkreisen hat die UNESCO seit ihrer Gründung große Aufmerksamkeit geschenkt. Mit der 16. Generalkonferenz 1970 aber wurde der Problembereich „Der Mensch und seine Umwelt" endlich ein programmatisches Leitthema der UNESCO. Sein Ziel ist die Verbesserung der Kenntnisse der ökologischen, sozialen, ethischen und kulturellen Implikationen der Wechselbeziehungen zwischen dem Menschen und seiner Umwelt und die Suche nach einem besseren Konzept für das Leben in menschlichen Siedlungen. Dieses grundlegende Ziel wird u. a. in dem Langzeitprogramm „Man and Biosphere" (MAB) der UNESCO in derzeit 14 Projekten verfolgt. Bei der Konzipierung und Ausgestaltung dieses Programms hat die Deutsche UNESCO-Kommission die UNESCO durch Planungsbeiträge unterstützt, indem sie 1968 ein internationales Seminar über „Probleme der Nutzung und Erhaltung der Biosphäre" sowie 1971 ein internationales Symposium „Der Mensch und die Biosphäre" veranstaltet hat.

Es ist nur folgerichtig, daß in der derzeitigen operationellen Phase des Langzeitprogramms „Man and Biosphere" eine thematische Einengung erfolgt. Dabei stellen die MAB-Projekte 11 (Ecological aspects of urban systems) und 13 (Perception of environmental quality) mit ihren ausschließlich bzw. doch zum Teil auf städtische Verhältnisse und stadtgestalterische Belange ausgerichteten Themenstellungen einen geeigneten Ansatz dar. Denn für die Bundesrepublik Deutschland als industrialisiertem und stark verstädtertem Raum ergibt sich nicht nur aus diesen Umständen ein reges Interesse an den erwähnten Projekten, sondern auch deshalb, weil durch eine aktive Beteiligung weiterführende Erkenntnisse gewonnen werden können. So sollen entsprechende Untersuchungen im Rahmen des Projektes „Untermain" einen nationalen Beitrag für das UNESCO-Programm abgeben.

An diesem Projekt aber hat sich gezeigt, daß der erwünschte interdisziplinäre ökologische Ansatz nicht nur eines gemeinsamen Wollens von Natur-, Sozial- und Planungswissenschaftlern bedarf, sondern vielmehr auch ein außerordentliches Maß an Übung verlangt. Es wurde offensichtlich, daß es je nach Disziplin doch erhebliche Auffassungsunterschiede und Ergebnisstadien hinsichtlich einer systematischen Ökosystemforschung gibt, die einen langen und mühsamen Weg hinsichtlich der Erarbeitung eines gemeinsamen Verständnisses und anwendbarer Planungsinstrumente vorzeichnen.

Dieser Schwierigkeiten waren sich der natur- und sozialwissenschaftliche Fachausschuß der Deutschen UNESCO-Kommission bewußt, als sie an ein gemeinsam von Natur- und Sozialwissenschaftlern getragenes Kolloquium zu dem Thema „Stadtökologie“ dachten. Bei diesem Kolloquium sollte es darauf ankommen, Belastungen für den Menschen und seine Umwelt wie auch die allgemeinen Lebensbedingungen des Menschen in hochverdichteten Stadtregionen kenntlich zu machen, unterschiedliche Auffassungen natur- und sozialwissenschaftlicher Disziplinen zum stadtökologischen Verständnis darzulegen und somit diese u. U. für Belange der Planung nutzbar zu machen.

Bei dieser Absicht erwies es sich als ein glücklicher Umstand, daß die Werner-Reimers-Stiftung als Mitveranstalter gewonnen werden konnte. Nicht nur, daß ihr Arbeitsschwerpunkt „Humanökologie — Anthropologie des Bauens“ direkt mit Problemen der Stadtökologie zu tun hat, sondern besonders die ihr im Rahmen dieses Arbeitsschwerpunktes vom Stiftungsauftrag aufgegebene und geübte Interdisziplinarität ließen erwarten, daß sich die Zusammenarbeit mit der Stiftung bei der personellen Zusammensetzung und für die Themenstellungen des Kolloquiums gewinnbringend auswirken würden.

So hoffen die Veranstalter, daß das methodologische Problembündel „Stadtökologie“ mit seinem ausgesprochen interdisziplinären Anspruch durch die vorliegende Veröffentlichung interessierten Kreisen als solches kenntlich wird und vielleicht dazu ermuntert, weitergehende Erkenntnisse anzustreben und diese nutzbar machen zu wollen. Damit sich auch weitere Kreise über die Gegenstände des Kolloquiums informieren können, sind die Themen der Beiträge ins Englische und eine englischsprachige Zusammenfassung jeweils vorangestellt worden.

Dr. Hans Meinel
Generalsekretär der
Deutschen UNESCO-Kommission

Prof. Dr. Konrad Müller
Vorstand der
Werner-Reimers-Stiftung

Inhalt

I. Grußworte

KONRAD MÜLLER

Grußwort

Meine sehr geehrten Damen und Herren,

ich begrüße Sie auf das herzlichste in den Arbeitsräumen der Werner-Reimers-Stiftung.

Der Gedanke, mit diesem von der Deutschen UNESCO-Kommission lang geplanten Kolloquium nach Bad Homburg zur Werner-Reimers-Stiftung zu gehen, hatte wohl zunächst nur den Gedanken an unsere Tagungsstätte und an die finanziellen Möglichkeiten einer wissenschaftsfördernden Stiftung im Hintergrund. Man wußte kaum, daß man mitten in unser anthropologisches, philanthropes Interesse hineintraf. Wenn ich dazu ein kleines Wort sagen darf, will ich aus unserem Stiftungsauftrag zitieren: „Die wissenschaftliche Arbeit der Stiftung soll dazu beitragen, das Werden des Menschen und seiner Institutionen zu erklären, seine gegenwärtigen Probleme zu analysieren, Tendenzen seiner weiteren Entwicklung zu erkennen und ihm Wege in die Zukunft zu eröffnen."

Dies ist sehr abstrakt. Im Herbst 1971 hat die Stiftung zur Erfüllung dieses Auftrages aus den kompetenten deutschen Gelehrten einen Beirat gebildet. Von diesem hat sie Empfehlungen erhalten, die diesen abstrakten Stiftungsauftrag in einen sehr konkreten Dringlichkeitskatalog umsetzten, und zwar in einen Katalog von sieben Themen. An dritter Stelle dieses Kataloges heißt es: „Humanökologie – Anthropologie des Bauens."

Die Werner-Reimers-Stiftung hat im Verfolg dieses Beschlusses eine Studiengruppe berufen, die interdisziplinär die jüngere mit dem Thema befaßte Wissenschaftlergeneration zusammengeführt hat. Die Interdisziplinarität war uns von unserem Stiftungsauftrag aufgegeben. Sie war bei dem Thema ein Novum, und sie war auch ein Problem in der Entfaltung der Arbeit. Beteiligt waren Soziologen, Psychologen, Sozialmediziner, Ethologen, Ökonomen, Architekten, Stadtplaner und Ökologen, wenn es das als Disziplin schon gibt. Die Verständigungsschwierigkeiten waren groß. Aber man hat sich schließlich über Programme verständigt. Das Interesse der Gruppe richtete sich vornehmlich auf bestimmte Punkte der Verstädterung. Arbeitsschwerpunkte waren zunächst „Dichte und Pathologie" sowie Auswirkungen verschiedener Formen räumlicher Mobilität. Jetzt ist die Gruppe nach fünfjähriger Arbeit im Begriff, ihre Ergebnisse zu publizieren. Daneben hat die Stiftung die Sektion „Stadtplanung und Stadtsoziologie" der Deutschen Gesellschaft für Soziologie in ihre Obhut genommen. Weiter arbeitet eine kleinere Gruppe unter dem Thema „Das Ästhetische im Blick der Verhaltens- und Sozialwissenschaften" und hat auch besonders Probleme der Stadtarchitektur im Auge. Schließlich haben wir Bemühungen um das Hineintragen ökologischer Perspektiven in die Psychologie gefördert. Einem ersten Symposium, das vor anderthalb Jahren stattgefunden hat, folgt — wenn es uns finanziell wieder etwas besser gehen wird — auch noch einmal eine kontinuierliche Bemühung der Psychologen um diese Thematik.

Ich komme zurück zum Zusammenwirken mit der Deutschen UNESCO-Kommission bei dieser Tagung. Es wäre natürlich schon viel Ehre gewesen, nur Gastgeber eines Kolloquiums der Deutschen UNESCO-Kommission gewesen zu sein. Aber wie gesagt und erläutert: die Anfrage der Deutschen UNESCO-Kommission traf mitten in unser thematisches Interesse hinein. So konnten wir aus unserer Sicht zur Ergänzung des Programms und aus unserer Personenkenntnis zur Ergänzung des Teilnehmerkreises beitragen. Wir hoffen sehr, daß aus dem Zusammenwirken der Deutschen UNESCO-Kommission und der Werner-Reimers-Stiftung bei der Vorbereitung dieses Symposiums nun hier eine Art Bestandsaufnahme der gegenwärtigen Bestrebungen, Bemühungen und Diskussionen hervorgeht. In diesem Sinne wünsche ich dem Kolloquium „Stadtökologie" in Bad Homburg reichen Ertrag und den Teilnehmern neben der ernsten Arbeit einen angenehmen Aufenthalt in der von König Eduard VII. so benannten „Champagnerluft" von Bad Homburg.

René König

Grußwort

Meine Damen und Herren,
im Namen des Präsidenten der Deutschen UNESCO-Kommission, Herrn Intendant Walter Steigner, und des Generalsekretärs, Herrn Dr. Meinel, begrüße ich Sie auf das herzlichste. Die beiden können heute leider nicht bei uns sein. Und ich möchte vor allen Dingen begrüßen und danken Herrn Müller, der uns schon gezeigt hat, in wie angenehmer Weise man sich hier in diesem Hause unterhalten und – wie man heute vornehm sagt, wenn man die deutsche Sprache vergessen hat – kommunizieren kann. Es ist eine Umgebung, die ungemein geschmackvoll aufgebaut ist und von selbst eine Atmosphäre zaubert, bei der es nur an einem selbst liegt, wenn man nicht zu reagieren vermag. Wir danken Ihnen schon jetzt für Ihre freundliche Gastfreundschaft und für die wunderbare Umgebung, in die Sie uns hineinversetzt haben.

Das Kolloquium, in das wir heute hineinsteigen, bringt zwei Fachausschüsse der Deutschen UNESCO-Kommission zusammen, nämlich einerseits die Naturwissenschaftler und andererseits die Sozialwissenschaftler. Ich finde das höchst erfreulich, vor allen Dingen, als dies das Ergebnis der Bemühungen von Frau Dr. Staudinger ist, die – ich glaube – zwei Jahre lang mit unbeirrbarer Hartnäckigkeit daran gearbeitet hat, die beiden widerstrebenden Mächte zusammenzuführen. Und ich glaube, es ist gut so, daß ihr dies gelungen ist, auch wenn wir Schwierigkeiten in der Verständigung haben werden. Da aber jedermann weiß, daß vorausgesetzt wird, das Beste zu wollen, haben wir keine Angst, daß wir uns nicht verstehen könnten. Ich persönlich empfinde es als besonders erfreulich, daß von der naturwissenschaftlichen Seite eine ganze Reihe wichtiger Kollegen erschienen sind, denn das Defizit, das unsereins auf diesem Gebiete hat, wird doch allmählich quälend deutlich. Als Soziologe spüre ich heute das Manko, das hier besteht und das man gerne ausfüllen möchte. Deswegen begrüße ich solche Begegnungen, die ich bisher nur in größerem Maße mit medizinischen Kollegen hatte – schon in Zürich, dann aber auch in Köln und anderswo. So bin ich sehr froh über die Kollegen, die zu uns gestoßen sind und besonders über die Kollegen, die aus dem Ausland zu uns gekommen sind, um uns bei diesen Diskussionen zu helfen. Einige von den Eingeladenen sind zu entschuldigen, vor allen Dingen Herr Goerke, der Präsident des Nationalkomitees für das Programm „Mensch und Biosphäre", der leider durch seine Teilnahme an der Sitzung des Sachverständigenrates für Umweltfragen verhindert ist.

So bleibt mir nur noch zu hoffen, daß wir uns gut zusammenraufen werden. Aber ich bin sicher, daß hier alle Voraussetzungen dafür gegeben sind. Ich danke Ihnen nochmals für Ihr Erscheinen und hoffe, daß alles zu einem guten Ende kommt.

II. Einführung / Introduction

Heinz Ellenberg

Mensch und Umwelt im Programm der UNESCO
Man and Environment in the Programme of UNESCO

Summary

The UNESCO Programme "Man and the Biosphere" has initiated a worldwide investigation of ecosystems involving man as an integral part. An exact knowledge of energy and matter conversion taking place in these systems, as well as of the interrelations existing between plants, microorganisms, animals and human beings and of the interrelations existing between them and abiotic factors, is a prerequisite for the safeguarding of the quality of the environment.

Urban ecology should, therefore, not be pursued exclusively under biological or sociological aspects. On the contrary, it calls for close co-operation between scientists from different branches, experts and competent agencies. An interdisciplinary undertaking of this kind is for instance the project "Untermain" carried out by the MAB National Committee of the Federal Republic of Germany.

It is hoped that the Colloquium on Urban Ecology organized with the assistance of the Werner Reimers Foundation, will bring about an effective co-operation between sociologists, natural scientists and project planners.

Das Zusammenwirken von Geistes-, Natur- und Sozialwissenschaften, ein Hauptanliegen der Werner-Reimers-Stiftung, hat sich in größerem Rahmen auch die UNESCO zum Ziel gesetzt, als sie vor etwa 6 Jahren mit der Planung ihres Umweltforschungs-Programms „Der Mensch und die Biosphäre" (Man and the Biosphere, MAB) begann. Um dieses weitgespannte internationale Programm im Hinblick auf unser Kolloquium kurz vorzustellen, erscheint es mir ratsam, einiges aus seiner Vorgeschichte einzubeziehen.

Das MAB-Programm knüpft an Erfahrungen an, die im „Internationalen Biologischen Programm" (IBP), das offiziell in den Jahren 1966 bis 1972 lief, auf ökologischem Gebiet gewonnen wurden. Eigentlich war schon dieses (vom „International Council for Scientific Unions" organisierte) interdisziplinäre Forschungsunternehmen ein Programm der modernen Ökosystemforschung, wie auch das MAB. Als man jedoch mit der Planung des IBP im Jahre 1958 begann, wagte man nicht einmal, es als „Ökologisches Programm" zu erklären, weil man befürchtete, in vielen Ländern würde eine solche Bezeichnung gar nicht verstanden. Heute sind Begriffe wie Ökologie und ökologisches Gleichgewicht, ja auch Ökosystem, sogar den Massenmedien geläufig. Die Forschung hielt aber nicht Schritt mit diesem beschleunigten Zuwachs an Popularität, und zwar nicht nur aus Geldmangel, sondern vor allem deshalb, weil die meisten Probleme auf ökologischen Gebieten außerordentlich komplex und methodisch schwer zu fassen sind.

Ökosysteme sind bekanntlich Wirkungsgefüge von Lebewesen und Umwelt, die sich bis zu einem gewissen Grade selbst zu regulieren vermögen, also in einem dynamischen Gleichgewicht stehen oder einem solchen zustreben. Selbst wenn man den Menschen zunächst außer Betracht läßt, also natürliche Ökosysteme studiert, hat man es mit zahlreichen Lebewesen und entsprechend vielen verschiedenen Umweltbeziehungen zu tun. Die grünen Pflanzen, die als Primärproduzenten Lichtenergie in chemische Energie verwandeln, stellen andere Ansprüche als die heterogene Gruppe der „Konsumenten", d. h. der Mikroorganismen, Tiere (und Menschen!), denen diese chemische Energie als Nahrung oder Rohstoff unentbehrlich ist. Innerhalb jeder der genannten Gruppen herrscht heftige Konkurrenz zwischen den verschiedenen Arten bzw. Populationen, und innerhalb jeder Population zwischen den einzelnen Individuen. Bei einem „eingespielten" Ökosystem, z. B. einem naturnahen Wald, einem See, aber auch einer alten Kulturlandschaft mit bäuerlicher Siedlung, Gärten, Feldern, Viehweiden, Forsten und Gewässern, halten sich die verschiedenartigen Partner in einem labilen Gleichgewicht, das ihnen erlaubt, einigermaßen gesichert miteinander zu existieren. Wichtig für ein solches Fließgleichgewicht ist vor allem, daß keine Gruppe die andere überbeansprucht und daß die Rückstände durch Saprophage (d. h. tote Substanzen fressende Tiere) und Mineralisierer (d. h. Pilze und Bakterien) wieder in anorganische Nährstoffe für die Primärproduzenten überführt werden. Dieser Kreislauf der Stoffe (Recycling) ist zwar niemals ganz geschlossen, doch halten sich Verluste und Gewinne bei vielen Ökosystemen die Waage, wenn nicht sogar eine progressive Entwicklung möglich ist. Im Prinzip sollte das auch für urban-industrielle Siedlungen einschließlich ihres „grünen" Umlandes gelten, die man in mancher Hinsicht durchaus als Ökosysteme betrachten kann.

Das IBP beschränkte sich auf natürliche oder doch naturnahe, nur wenig vom Menschen beeinflußte Systeme und stimulierte deren Erforschung in vielen Teilen der Erde, besonders in einigen europäischen Ländern einschließlich der Sowjetunion, in Japan und den USA. Dabei waren neben methodischen Aufgaben bei den Geländeuntersuchungen vor allem Probleme der interdisziplinären Zusammenarbeit zu lösen. Ökologische Forschung ist heute kaum irgendwo ohne Teamwork zu leisten, d. h. ohne ein auf Synthese gerichtetes Verhalten, das der in Naturwissenschaft und Technik so außerordentlich erfolgreichen Spezialisierung entgegengesetzt ist. Die „Umweltkrise" wurde ja nicht zuletzt durch mangelnde Einsicht in komplexe Zusammenhänge und Fernwirkungen verursacht. Nur wenn sich die verschiedenen Fachrichtungen in gemeinsamem ökologischen Denken zusammenfinden, kann man einer Lösung näherkommen. Hier wurde im IBP manches bittere Lehrgeld gezahlt. Die ursprünglich angestrebte internationale Synthese aller Ergebnisse erwies sich sogar in den meisten Bereichen als unmöglich, schon weil es an so einfachen Voraussetzungen wie genügend standardisierten Methoden fehlte. Trotzdem ermutigen die Erfahrungen im IBP zu neuen Untersuchungen von Ökosystemen, auch von den weitaus komplexeren, in denen der Mensch eine Schlüsselrolle spielt.

In der Bundesrepublik Deutschland hat das sog. „Sollingprojekt", ein Schwerpunktprogramm der DFG im Rahmen des IBP, bewiesen, daß multidisziplinäre Zusammenarbeit durchaus möglich ist. Alle personellen und finanziellen Kräfte wurden hier auf ein einziges Projekt konzentriert, nämlich die vergleichende Erforschung eines naturnahen Buchenwaldes, eines gepflanzten Fichtenforstes sowie verschieden behandelter Wiesen und Äcker auf gleichem Boden und im gleichen Klima. Zeitweilig bis zu 50 Wissenschaftler aus mehreren Universitäten und Forschungsanstalten wirkten hier im Verbund, von Klimatologen und Bodenkundlern über Botaniker, Zoologen und Mikrobiologen verschiedener Richtungen bis zu Forst- und Landwirtschaftswissenschaftlern, Chemikern, Elektronikern und Mathematikern. Die Zusammenarbeit hat — soweit ich das beurteilen kann — recht gut funktioniert, insbesondere dadurch, daß wir uns sehr häufig in großem Kreise trafen und Zwischenergebnisse immer wieder austauschten. Wesentlich war außerdem, daß wir nur aktive Forscher kooptierten, in vielen Fällen also nicht den Direktor eines Instituts, sondern junge Mitarbeiter, und daß von vornherein Rangunterschiede keine Rolle spielten. Barrieren hinsichtlich der Veröffentlichung bestanden ebenfalls nicht; jeder konnte tun und lassen was er wollte, wenn er nur seine Daten sogleich den Kollegen zur Verfügung stellte, die sie benötigten. Die einzige Schwierigkeit, an der wir immer noch kranken, ist die schriftliche Endsynthese. Etwa 200 Veröffentlichungen sind bereits erschienen, darunter aufschlußreiche Teilsynthesen. Der zusammenfassende Überblick über alle Ergebnisse läßt vor allem deshalb auf sich warten, weil einige Mitarbeiter schon seit Jahren mit der Abgabe ihrer — gemeinsam durchgeplanten — Beiträge zögern. Wenn man mehr anstrebt als ein loses und lückenhaftes Bündel individueller Produkte, wird das wohl zunächst immer so sein. Trotzdem haben wir allen Grund, auf ein gutes Ende zu hoffen.

Die vielfältigen Erfahrungen im Rahmen des IBP haben wesentlich zum Entstehen des UNESCO-Programms „Der Mensch und die Biosphäre" beigetragen. Man hatte miterlebt, daß Ökosystemforschung in dem nötigen Umfang realisierbar ist. Man hatte aber auch mit steigendem Bedauern gesehen, daß der Mensch nicht genügend einbezogen war, um dessen Lebensbedingungen und dessen Eingriffe in den Naturhaushalt es bei der Umweltforschung ja in erster Linie geht. Daher wurde im Titel des UNESCO-Programms der Mensch betont. Dieses Programm hat in erster Linie das Ziel, die interdisziplinäre Zusammenarbeit auf anthropogene Ökosysteme auszudehnen. Das sind nun nicht nur urbane Ökosysteme, die wir auf diesem Kolloquium in erster Linie behandeln wollen. Durch mehrere „Projekte" werden vielmehr im MAB-Programm fast alle wichtigen Systeme auf der Erde berücksichtigt. Im Vordergrund der Planung steht bei jedem der insgesamt 14 Projekte die umweltpolitische Frage: Wo kann man die künftige Entwicklung im günstigen Sinne beeinflussen? Bei städtischen Ökosystemen liegt es auf der Hand, daß eine derartige Frage Vorrang hat. Aber auch bei natürlichen Ökosystemen, in die der Mensch eindringt, ist dies eine entscheidende Frage. Daher strebt z. B. das Projekt 1 („Der Tropenwald und seine Nutzungsalternativen") an, optimale oder doch auf die Dauer tragbare Nutzungsmöglichkeiten herauszuarbeiten. Das ist selbstverständlich nicht überall nach dem gleichen Rezept zu erreichen, sondern erfordert sorgfältige Berücksichtigung der ökologischen und soziokulturellen Potentiale, von denen in den meisten Fällen keines genügend bekannt ist. MAB-Projekt 2 betrifft mediterrane und andere Gebiete der gemäßigten Zone, Projekt 3 die subtropischen Trockenlandschaften (also z. B. im Sahel), in denen menschliches Fehlverhalten wesentlich mitverantwortlich ist für die von Zeit zu Zeit eintretenden Versorgungs-Katastrophen. Das Projekt 6 befaßt sich mit Gebirgslandschaften, und zwar einerseits mit denen der gemäßigten Zonen, wo in erster Linie der steigende Fremdenverkehr die Kapazität der naturgegebenen Ökosysteme zu überlasten droht, und andererseits mit denen der tropischen und subtropischen Bereiche. In manchen Ländern bestehen auch hier Probleme der Landflucht (z. B. in Peru), in anderen (z. B. in Bolivien) eher solche der gezielten Umsiedlung überschüssiger Bevölkerung in die feuchtwarmen Tieflagen. In allen diesen Beispielen sind sozioökonomische Probleme eng mit naturwissenschaftlichen und technischen verknüpft und können nur gemeinsam mit diesen befriedigend gelöst werden.

In ganz besonderem Maße gilt dies aber für das Projekt 11, das unseren Arbeitskreis vor allem angeht. In Kurzfassung heißt sein Thema „Metropolitan areas as ecosystems". Ich darf vielleicht erwähnen, daß der Vorschlag, dieses in das MAB-Programm aufzunehmen und zu einem der „Kernprojekte" zu machen, von Frau Dr. Staudinger und mir, d. h. von Naturwissenschaftlern stammt, weil wir überzeugt waren, daß unter den heutigen Umweltproblemen die der Großstadtregionen die dringendsten sind. Wir Naturwissenschaftler können zwar mithelfen, die Probleme der urbanen Ökosysteme zu lösen, aber nur, wenn die Zusammenarbeit mit Planern, Sozialwissenschaftlern, Epidemiologen und anderen Humanökologen funktioniert.

Das MAB-Nationalkomitee der BRD hat das Projekt 11 von vornherein zu seinem Schwerpunktprojekt erklärt. Es wurde mit dem Projekt 13 gekoppelt, das die schwer übersetzbare Bezeichnung hat „Perception of environmental quality". Perception meint nicht nur Wahrnehmung, sondern auch deren innere Verarbeitung, also den ganzen Fragenkomplex Umweltqualität. Im übrigen bemüht sich das MAB-Nationalkomitee, im Rahmen des Projekts 6 an einem Regionalprogramm sämtlicher Alpenländer sowie an dem sog. „Andenprojekt" mitzuwirken, und in das Projekt 1 deutsches Expertenwissen einzubringen. Außerdem wird von der BRD erwartet, daß sie sich am Projekt 8 beteiligt, das anstrebt, ein Netz von repräsentativen „Biosphären-Reservaten" über die gesamte Erde so sinnvoll zu verteilen, daß Beispiele der wichtigsten Ökosysteme der Erde für die Zukunft erhalten bleiben.

Damit hoffe ich einen Überblick gegeben zu haben, der die umspannende Zielsetzung des UNESCO-Programms „Der Mensch und die Biosphäre" erkennen und das Anliegen unseres Kolloquiums vor einem breiteren Hintergrund erscheinen läßt. „Stadtökologie" ist mithin eines der wichtigsten Themen nicht nur für das westdeutsche Nationalkomitee, sondern für das MAB-Programm überhaupt.

Anhand der vorher verteilten soziologischen Arbeitsunterlagen mußte ich nun allerdings feststellen, daß der Begriff „Stadtökologie" für die meisten Teilnehmer dieses Kolloquiums etwas anderes beinhaltet, als wir bei der Planung des Programms bisher unter Stadtökologie verstanden. Soziologen und Naturwissenschaftler wußten bisher zu wenig voneinander. Um so erfreulicher ist es, daß beide trotzdem das Wort „Ökologie" in dem von Haeckel vor mehr als 100 Jahren eingeführten doppelten Sinne verwenden. Ökologie bedeutet auch für den Soziologen sowohl eine Wissenschaft von den Beziehungen zwischen Lebewesen als auch eine Wissenschaft vom Haushalt und von der Entwicklung komplexer Systeme. Wir sollten jedoch — wenn ich eine Bitte und Warnung aussprechen darf — heute und in den folgenden Tagen nicht über den Begriff Ökologie diskutieren. Das erscheint mir als eine Zeitverschwendung, solange wir nicht mehr voneinander wissen. Wir sind uns wohl alle darüber einig, daß der Ökologe auch die Beziehungen zwischen Mensch und Mensch sehen sollte, denn der Mensch gehört zur Umwelt des Menschen, ebenso wie die Pflanze zur Umwelt anderer Pflanzen. Andererseits sollte der Soziologe nicht die materielle und organismische Umwelt vernachlässigen, ohne die kein Mensch leben kann. Die abiotischen Bedingungen, die allen Lebewesen als Umwelt dienen, die biologische Umwelt, die für uns Menschen in Gestalt von Wäldern, Wiesen, Äckern und anderen „grünen" Ökosystemen eine Rolle spielt, aber uns auch als Stadtgrün wichtig ist, und die psychisch-soziale Umwelt, die durch uns Menschen selbst geprägt wird, gehören zusammen.

Statt über die Zweckmäßigkeit eines engen oder weiten Ökologiebegriffs zu diskutieren, sollten wir uns vielmehr über die Natur der menschlichen Umweltbeziehungen klar werden. Außerdem sollten wir uns mit den Möglichkeiten befassen, diese Beziehungen in der Zukunft sinnvoll weiterzuentwickeln und neuzugestalten, wobei gerade die Stadtplanung eine zentrale Aufgabe hat. Herr von Hesler ist Koordinator des Projektes 11 für die Bundesrepublik Deutschland. Wir haben uns aus den verschiedensten Gründen auf den von ihm schon lange betreuten Raum „Untermain" konzentriert. Nach den Erfahrungen im Internationalen Biologischen Programm sollte man alle verfügbaren Kräfte und Mittel in einem einzigen Projekt zusammenführen. Für den Raum Untermain sprach im Rahmen des MAB vor allem die Tatsache, daß dies ein Bereich mit teilweise so geringer Umweltqualität ist, daß bereits eine Abwanderung beginnt. Als Problemraum ist er aber nicht so riesengroß wie das Ruhrgebiet, das sich in einem einzigen Projekt kaum erfassen ließe. Nicht zuletzt, dank Herrn von Hesler, verfügen wir im Raum Untermain aber ebenfalls bereits über zahlreiche projektrelevante Unterlagen, von meteorologischen Messungen über Studien an pflanzlichen Indikatoren bis zu vielseitigen stadtplanerischen Daten.

Was im Projekt Untermain noch vollkommen fehlt, ist eine effektive Mitarbeit von Soziologen (und von Hygienikern). Dies liegt nicht zuletzt daran, daß bisher die Zusammenarbeit mit Soziologen im Detail — also am konkreten Projekt — noch nirgends realisiert wurde. Ich muß dies einmal ganz klar und kraß sagen. Unser dringender Wunsch und unsere Hoffnung, daß dieses Gremium hier eine Wendung einleitet, ist daher wohl verständlich. Sicher ist es notwendig, daß wir uns grundsätzlich darüber klar werden, wie die Beziehungen zwischen Mensch und Umwelt zu sehen sind. Wenn aber der Schritt zu gemeinsamer Arbeit am Objekt nicht gelingt, ist das Ziel des Programms „Der Mensch und die Biosphäre“ nicht erreicht. Wir sollten versuchen, diese Zusammenarbeit vorzubereiten und zu verwirklichen.

Unsere Hoffnung, daß dies gelingt, stützt sich nicht zuletzt wieder auf eine Erfahrung im Internationalen Biologischen Programm, namentlich im Sollingprojekt. Auch dabei gab es anfangs große Lücken im Programm, weil das Interesse an interdisziplinärer Forschung noch nicht herangewachsen war. Wir haben uns z. B. jahrelang um die Mitarbeit von Mikrobiologen bemühen müssen, bis dann doch eine sehr erfreuliche und fruchtbare Mitwirkung zustande kam. Vielleicht habe ich zu einseitig aus der Sicht der Planer und der Naturwissenschaftler gesprochen, die voller Erwartung auf die andere Seite sehen. Das Interesse so namhafter Soziologen an diesem Kolloquium schien mir jedoch unsere Erwartung zu rechtfertigen.

Vielleicht darf ich in diesem Zusammenhang noch ein Letztes sagen. Interdisziplinäre Arbeit ist nicht nur von dem Wollen und Können abhängig, sondern auch von einem finanziellen Hintergrund. Dieser war zwar in den vergangenen Jahren recht düster, hellt sich aber sichtbar auf. Die betreffenden Regierungsstellen sind bereit, das Programm „Der Mensch und die Biosphäre“, insbesondere das Untermain-Projekt, als ein wichtiges Pilotvorhaben ausreichend zu unterstützen. Die bisherigen Schwierigkeiten lagen vor allem in der Tatsache, daß das UNESCO-Programm ein „intergouvernementales“ Vorhaben ist, also in der Zuständigkeit der Regierungen liegt. Das Internationale Biologische Programm dagegen war ein reines Wissenschaftlerprogramm. Es wurde daher von vornherein von diesen allein getragen und von der Deutschen Forschungsgemeinschaft gefördert. Das hat wunderbar funktioniert.

Beim MAB-Programm sah sich die Deutsche Forschungsgemeinschaft dagegen weder in der Lage, das Sekretariat noch den Großteil der Finanzierung zu übernehmen. Sie kann zwar bestimmte Teilvorhaben fördern, wenn diese von einzelnen Forschern beantragt werden, aber nicht das ganze Projekt betreuen. Damit müssen die Ministerien rechnen, in erster Linie das Bundesinnenministerium, das den Vorsitzenden des Nationalkomitees stellt. Glücklicherweise hat aber gerade dieses Ministerium auch schon früher viel für die Region Untermain getan. Wenn eine gemeinsame Arbeit aller an Stadtökologie interessierten Wissenszweige von den Personen und von der Sache her möglich werden sollte, dann dürfen wir also auch erwarten, daß sie finanziell gesichert wird.

Wir wollen uns deshalb mit um so mehr Nachdruck der Vorbereitung einer solchen interdisziplinären Arbeit widmen. Mit diesem Appell möchte ich schließen und wünschen, daß die Werner-Reimers-Stiftung bald mit Befriedigung auf die in unserem Kolloquium geleistete Arbeit zurückschauen könne.

III. Begriffsklärungen / Definitions

HELMUT KNÖTIG

Zum humanökologischen Begriff „Habitat"
The Human Ecological Concept of "Habitat"

Summary

When speaking about the "human ecological concept 'habitat'" we must first establish what "human ecology" should mean here. Human ecology is to be understood as the "ecology of the species Homo sapiens". It obviously differs from the ecologies of all the other species of living beings in a comparable manner and to a similar extent that human beings differ from all the other living beings. This difference is commonly called the "Specificum humanum". In terms of information theory this may be read as: the possibility of mapping the primary mapping process of the surrounding world (which process man shares with the other living beings). From this mapping of the primary mapping process – sometimes called "meta-mapping" – one can derive "insight", "responsibility", "culture",...

The basic consideration in human ecology – and similarly in other ecologies – concerns the ratio between "ecological potency" and "ecological valency". "Ecological potency" means the sum of the concrete distinctions of the characteristics of an organism (or an ensemble of organisms) with respect to their significance in the encounter with the environment. "Ecological valency" means the sum of the concrete distinctions of the environmental factors of a part of the world acting as environment for an organism (or an ensemble of organisms) with respect to their significance in the interrelationship with the organism (or the ensemble of organisms).

In characterizing "environmental relationships", i. e. the primary object of (human) ecology, there are essentially three points of view:

A *material-energetic* and an *informatory* aspect are inherent in every environmental relationship.

An *attracting* and a *confronting* component are likewise inherent in every environmental relationship.

In human ecology it is essential to differentiate between
– *personal* environmental relationships
and
– *nonpersonal* environmental relationships.

In order to understand the idea of the concept "habitat" in all its aspects it is best to start from the two basic interpretations of the concept "environment" ("Umwelt") resulting from the ideas of Uexküll and Haeckel.

"Environment according to Uexküll"
("Uexküllian environment")
A living being must make certain ecological demands on the surrounding parts of the world so that it can build up an environment suitable for its body plan. To investigate these demands (extensively) means to find out the "ecological potency" of this living being. Wherever this living being is, the interrelationships with the surrounding world ensue according to its body plan, according to its ecological potency: the environment w a n d e r s with the living being, which is the former's origin, or "environmental pivot", and is always an actual environment.

"Environment according to Haeckel"
("Haeckelian environment")
A section of the world makes existential conditions available to various living beings as a result of its (physically, chemically, biologically [psychologically] specifiable) characteristics. To investigate these characteristics (extensively) to determine their suitability as existential conditions for specific living beings means to find out the "ecological valency" of this section of the world with reference to the living beings concerned. Whether the characteristics associated with this t o p o g r a p h i c a l l y d e t e r m i n e d section of the world ever really become effective as existential conditions depends on whether the section of the world is inhabited by suitable living beings: to begin with this is only a potential environment.

The basis for the decisions taken by the individual (or ensemble of individuals) under consideration is surely its "Uexküllian environment". Nevertheless, it is actually the "Haeckelian environment" that represents the external basis for the former and it is thus of decisive importance. The "gestalting" of such a "Haeckelian environment" is especially important when it is the external basis for the "Uexküllian environment" of a *number* of individuals or ensembles — for instance in a habitat: For a long time "habitat" has meant a "place where an individual living being or a population occurs regularly". Strictly speaking, the word "habitat" is a finite form of the verb "habitare" (the 3rd person singular present active indicative). It was originally used on labels of objects in zoological collections and in descriptions of animals in works on zoological systematics to indentify the "natural incidence" of the species concerned. The original meaning of the verb results from the fact that "habitare" ist an iterative ("frequentative") of "habere". This word relates to "to have", "to hold", "to grasp"; in the narrower sense with reference to localities it means "integrated in one's region", "enclosed", and in the wider sense "to hold in one's possession/

power", "to occupy" ("live in") as an inhabitant – and finally: "to stay" as well as "to be at home" ("to be accustomed to have [in one's possession]").

The days when classical Latin was spoken were days in which man scarcely had a "differentiated habitat" (see below) but regularly "occupied" or "possessed" an "integrated habitat". For the average man, therefore, "to stay (to be regularly present)" was generally identical with "to dwell (there)". But for the description of present-day situations, we should bear in mind that this is the derived meaning of the word "habitat".

And since modern man, owing to the first industrial revolution, regularly stays in separated places – according to his different "basic functions" – we can use the words

residential habitat
occupational habitat
regenerational habitat
circulational habitat

as meaningful composed terms.

The original "integrated habitat" – used by man in more or less the same way as other species used theirs – can be observed even today. Ethnologists describe the various stages from the fully "integrated habitat" to the fully "differentiated habitat" inhabited by human populations and the corresponding stages of civilizational evolution. There are obviously a great number of opportunities given by differentiation of habitats – at the same time the necessity for living in (mostly widely) separated "differentiated habitats" raises perhaps an even greater number of problems.

At any rate, such a sharp separation of habitats as one may think to be intended by the Charter of Athens, raises an unnecessary number of difficulties. A well-observed tendency for re-integration of habitats creates some interesting ideas but cannot bring back the original integrated habitat. Different forms of "combinational habitats" may result – and exist already to a certain extent (for farmers, some artists, . . .). Problems in this field can surely be diminished by bearing in mind that the quality of a given habitat depends not least on the existence of spheres and areas ("sphereas") devoted to all the different human basic functions except that one defining the habitat itself.

A further point in this respect is the quality of the interconnection of habitats ("Habitatsverschränkung") in the transition from each of these habitats to the respective "sphereas" of the other habitats (e. g. the transition of a circulational habitat to the circulational "sphereas" of the neighbouring residential, occupational and regenerational habitats).

Last but not least, we must consider the problems of "superposition of habitats" ("Habitatsüberlagerung"): for instance one and the same place may
— serve as a regenerational habitat for the people staying there for regeneration,
— at the same time be an occupational habitat for those who look after these "guests",
— and represents in addition a residential habitat for other people staying there neither for regeneration nor for occupation (but dwelling there).

Finally, three concluding considerations may be formulated:

1) The change from the integrated habitat to differentiated (different) habitats represents a cultural change. This means that this is *not* only a *spatial* matter, but that this is also — and is even principally — a matter of *behavioral* changes which are partly a precondition for, and partly a consequence of, the spatial change.

2) The integrated habitat of days gone by could quite simply be inhabited by the human being, who, of course, was selected for this "natural" environment by evolution: if there were difficulties in inhabiting this environment, or it was even impossible to inhabit it, this immediately became evident.

The differentiated habitats of the present day (including various "combinational habitats" like space ships) must be extremely carefully planned and construed: in many cases difficulties only become apparent once considerable damage has already been done. The more artificial the gestalting of a habitat, the more this applies. This is why the scientists who are best acquainted with the ecological potency of the human being (of specific character and in specific respects) are space doctors and why the environmental gestalters who have best command over the principle of the construction of the ecological valency to a given ecological potency (at least in specific cases) are space technicians.

3) A general return to the integrated habitat is indeed no longer possible for the human being if he wishes to remain a *human being* and even less if, obeying the law to which he is subject, he has "continued progress toward manhood" in mind. Mankind today has probably already reached the point where such a return to the integrated habitat would jeopardise not only "*human* survival" but also mere biological survival.

The "lost paradise" of the existant habitat that could simply be inhabited remains lost. The human being can no longer escape his responsibility for the gestalting of the world — and thus the gestalting of his various habitats.

I

Wie prinzipiell das humanökologische Begriffsgebäude im Allgemein-Ökologischen wurzelt — wenn auch teilweise weit darüber hinausgehend — so auch der humanökologische Begriff „Habitat" in dem gleichnamigen der allgemeinen Ökologie. Zum besseren Verständnis dessen, was hier unter Humanökologie verstanden werden soll, seien einige Begriffsbestimmungen und Erläuterungen vorausgeschickt.

Unter Humanökologie soll die Lehre von den Wechselbeziehungen zwischen einem „Umweltträger" und seiner Umwelt – kurz „Umweltbeziehungen" genannt – verstanden werden, wenn es sich bei dem „Umweltträger" (engl.: „environmental pivot"), dessen „Umwelt" betrachtet wird, um einen Menschen oder ein Ensemble von Menschen (zwei Menschen bis ganze Menschheit in beliebiger Struktur der Zuordnung) handelt. Unter „Umwelt" ist hierbei die den „Umweltträger" umgebende Außenwelt zu verstehen, insofern und in dem Ausmaße, als sie für den „Umweltträger" von Bedeutung ist.

Die Humanökologie betrachtet also *primär* weder den Menschen als Einzelnen oder als irgendeine Gemeinschaft noch jene Weltausschnitte, die zu menschlichen Umwelten werden oder werden könnten, sondern die Wechselbeziehungen zwischen diesen beiden Polen. Da aber die Eigenschaften dieser „Umweltbeziehungen" durch die Eigenschaften sowohl des „Umweltträgers" wie der „Umwelt" bestimmt werden, sind die Eigenschaften des Menschen wie die Eigenschaften der relevanten Weltausschnitte für die Humanökologie natürlich von Bedeutung – allerdings werden sie in eine ökologisch relevante Form transformiert:

Die Gesamtheit der (von den zuständigen Fachdisziplinen beschriebenen oder zu beschreibenden) Eigenschaften des Umweltträgers in ihrer Bedeutung für seine Auseinandersetzung mit seiner Umwelt wird in dem Begriff „ökologische Potenz" (des Umweltträgers) gefaßt.

Die Gesamtheit der (von den zuständigen Fachdisziplinen beschriebenen oder zu beschreibenden) Eigenschaften des jeweils relevanten Weltausschnittes – was nicht nur einen topographisch bestimmten Teil des Universums meint, sondern auch die darin befindlichen Lebewesen, einschließlich Menschen, mitumfaßt – in ihrer Bedeutung für den betreffenden Umweltträger wird in dem Begriff „ökologische Valenz" (der Umwelt) gefaßt.

Dementsprechend betrifft die Grundüberlegung der Humanökologie das Verhältnis zwischen ökologischer Potenz des Menschen (als Einzelnem oder als Ensemble von Menschen) und ökologischer Valenz der Umwelt (der umgebenden Außenwelt) dieses menschlichen Individuums oder Ensembles.

Soweit kann Humanökologie als Ökologie der Spezies Homo sapiens mit den Begriffen der allgemeinen Ökologie beschrieben werden. Die – mindestens derzeit erforderliche – Eigenständigkeit der Humanökologie gegenüber der allgemeinen Ökologie ergibt sich aus der Eigenheit des Menschen im Rahmen der Lebewesen: Da – wie bereits erwähnt – die Eigenschaften der Umweltbeziehungen von den Eigenschaften sowohl der Umwelt wie des Umweltträgers abhängen, ist zu erwarten, daß sich die menschlichen Umweltbeziehungen von denen aller anderen Lebewesen in ähnlicher Art unterscheiden wie der Mensch von allen anderen Lebewesen. Die Eigenständigkeit der Humanökologie gegenüber der allgemeinen Ökologie ist also durch das „Specificum humanum" bestimmt.

Informationstheoretisch kann dieses Specificum humanum folgendermaßen gefaßt werden: „Der Mensch ist jenes einzige Lebewesen, dessen informationsverarbeitendes System einen solchen Grad an Komplexität besitzt und derart strukturiert ist, daß es nicht nur Vorgänge und Zustände in der umgebenden Außenwelt abbilden kann (wie dies bei den anderen Lebewesen auch der Fall ist), sondern auch diesen primären Abbildungsprozeß selbst abbilden kann." (Knötig 1972, 1977, Knötig & Panzhauser 1976, Rössler 1977).

Auf diese Weise kann der Mensch den Zusammenhang zwischen einzelnen Umweltgegebenheiten und deren zentralnervösen Abbildern — zumindest in gewissem Ausmaße — erfassen. Er gewinnt damit das, was seit langem „Einsicht" genannt wird. Aufgrund dieser Fähigkeit kann der Mensch antizipatorisch Bilder („Vorstellungen") entwickeln und die betreffenden Teile der (umgebenden Außen)Welt dann so verändern (gestalten), daß deren Abbilder diesen antizipatorischen Bildern entsprechen.

In dem Ausmaße, in dem dem Menschen Einsicht und damit Veränderung der Welt mit voraussehbarem Ergebnis und Auswahl zwischen Handlungsalternativen möglich ist, wird dem Menschen Verantwortung zuzuschreiben sein. Das Ausmaß der Einsicht und daraus folgend der Verantwortung hängt unter sonst gleichen Umständen von dem Ausmaße der Informiertheit ab. Die Bedeutung, die der Verantwortung des Menschen für sein Handeln (und „Nichthandeln"!) zukommt, läßt eine „Pflicht zur Informationsbeschaffung" (Reichardt 1976) als plausibles Postulat erscheinen.

Es ist leicht zu sehen, daß die oben vorgelegte informationstheoretische Fassung des Specificum humanum ein exakt wissenschaftlich formuliertes Bindeglied zwischen den naturwissenschaftlichen und den geistes-, sozial- und kulturwissenschaftlichen Beschreibungen des Menschen darstellt und damit eine Einheitlichkeit eines „Leitbildes vom Menschen" prinzipiell ermöglicht. Zugleich handelt es sich hierbei um *den* Prüfstein für die Angemessenheit einer eventuell gewünschten Integration der Humanökologie in eine allgemeine Ökologie: kann dieses Faktum und alles daraus folgende — das zum Teil weiter unten ausgeführt wird — mit dem Begriffssystem der betreffenden allgemeinen Ökologie (Synökologie) zutreffend erfaßt werden, kann die Humanökologie zu Recht völlig integriert werden. Bis jetzt gibt es — verständlicherweise — eine derartige allgemeine Ökologie nicht. Die Problematik ist näher ausgebreitet in Knötig 1977.

II

Die Umweltbeziehungen, die den eigentlichen Erkenntnisgegenstand der Humanökologie darstellen, bilden insgesamt ein System, das „Umweltbeziehungsmuster“, das zwischen den ebenfalls als System aufgefaßten Polen „Umweltträger“ (mit einem spezifischen „Eigenschaftsmuster“) und „Umwelt“ (mit einem spezifischen „Umweltfaktorenmuster“) vermittelt (vgl. auch „S 1“, „S 2“ und „S 3“ in Knötig 1976).

Jede einzelne menschliche Umweltbeziehung kann näherhin in dreifacher Weise charakterisiert werden, wobei die allererste Charakterisierung für alle (im naturwissenschaftlichen Sinne) existenten Zustände und Vorgänge verwendbar ist und sowohl die erste wie die zweite Charakterisierung auf die Umweltbeziehungen nichtmenschlicher Lebewesen sinnvoll angewendet werden kann, während die dritte allein in der Humanökologie von Bedeutung ist:

Jede Umweltbeziehung weist
sowohl
einen materiell-energetischen Aspekt
wie auch
einen informatorischen Aspekt
auf.

Jede Umweltbeziehung weist
sowohl
eine attrahierende Komponente
wie auch
eine konfrontierende Komponente
auf.

Jede menschliche Umweltbeziehung gehört
entweder
dem personalen Bereich
oder
dem apersonalen Bereich
an.

Ein „materiell-energetischer Aspekt“, der die beteiligten Materie- und/oder Energiemengen meint, kommt deswegen jedem im naturwissenschaftlichen Sinne existenten Zustand oder Vorgang (und damit auch jeder menschlichen oder nichtmenschlichen Umweltbeziehung) zu, weil bei Fehlen von Materie- *und* Energiemengen keine Existenz im naturwissenschaftlichen Sinne gegeben ist. (Energie- und Materiemengen können nach der Einstein-Gleichung $E = m \cdot c^2$ wechselseitig äquivalent gesetzt und so durch eine gemeinsame Maßzahl ausgedrückt werden.) Der materiell-energetische Aspekt hat also die Menge an „Existenz-Setzendem“ zur Basis. Die in Rede stehenden Materie- und/oder Energiemengen liegen immer in einer bestimmten raum-zeitlichen

Verteilung (einer „Struktur") vor, der ein Informationsgehalt streng korreliert werden kann, was die Basis des „informatorischen Aspektes" ergibt. Näheres wäre vor allem Knötig 1966 und 1972 zu entnehmen.

Die Bedeutung der „attrahierenden Komponente" und der „konfrontierenden Komponente", die *beide* gleichzeitig jeder Umweltbeziehung aller Lebewesen in gewissem Ausmaße zukommen, ergibt sich aus der Tatsache, daß „Leben" nur als „Lebensprozeß" zutreffend definiert werden kann: Zur Aufrechterhaltung dieses Prozesses ist einerseits ein Materie- und Energiewechsel notwendig, durch den (gesteuert durch die Ergebnisse der Verarbeitung einströmender Information) Entropie an die umgebende Außenwelt „abgeführt" wird (so daß in der Umgebung des Lebewesens durch diese „Lebenstätigkeit" die Entropiezunahme schneller voranschreitet [diese nicht ganz exakte Sprechweise möge entschuldigt werden]). Andererseits ist zur Aufrechterhaltung des Lebensprozesses in einem Lebewesen Regelung notwendig, die ihrerseits mindestens einen Regelkreis (in Wirklichkeit eine sehr große Zahl vielfältig vermaschter Regelkreise) erfordert. Diese Notwendigkeit ist der Grund dafür, daß Leben immer an Individuen gebunden ist: Ein aufgeschnittener Regelkreis ist kein Regelkreis mehr. Damit ist also die Notwendigkeit einer *gewissen* Absonderung des Lebewesens von seiner Umwelt gegeben, nämlich soweit, daß seine Individualität prinzipiell gewahrt bleibt und damit die Strukturen, die den Ablauf der notwendigen Regelungsvorgänge ermöglichen (vgl. Knötig 1972). Vergleichbares ließe sich für die Umweltbeziehungen eines „Umweltträgers" sagen, der aus einem Ensemble von Menschen besteht.

Von besonderer Bedeutung ist in der Humanökologie die *Unterscheidung* von „personalen Umweltbeziehungen" und „apersonalen Umweltbeziehungen" (während eine mögliche Unterscheidung zwischen Umweltbeziehungen, die sich auf Artgenossen richten und anderen Umweltbeziehungen bei nichtmenschlichen Lebewesen nicht von derart grundsätzlicher Bedeutung ist): *Personale* Umweltbeziehungen bedeuten das In-Beziehung-Treten des Umweltträgers (einzelner Mensch oder Anzahl von Menschen) mit einem oder mehreren anderen Menschen in seiner Umwelt. Die im Specificum humanum beschriebene Fähigkeit des informationsverarbeitenden Systems des Menschen erlaubt ihm zu erkennen, daß dieser Umweltfaktor „anderer Mensch" („andere Menschen") von gleicher Art wie er selbst ist und daß er seinerseits ein Umweltfaktor in der Umwelt dieses anderen Menschen (dieser anderen Menschen) ist — und daß es daher von vornherein keinen Grund gibt, warum er selbst — oder auch der Umweltfaktor „andere(r) Mensch(en)" auf die Gestaltung der zwischen ihnen spielenden — personalen — Umweltbeziehungen größeren Einfluß zu nehmen hätte. Anders — wenn auch nicht so logisch einwandfrei — ausgedrückt: Personale Umweltbeziehungen stehen unter dem prinzipiellen Anspruch der Symmetrie — wenn auch eine vollkommen symmetrische Gestaltung einer personalen Umweltbeziehung praktisch unmöglich ist. Apersonale Umweltbeziehungen, die zwischen dem Umweltträger „Mensch" und nichtmenschlichen Lebewesen oder nichtlebenden Dingen als Umweltfaktoren spielen, sind zwangsläufig asymmetrisch — was aber die Verantwortung des Menschen für deren nicht willkürliche Gestaltung keineswegs aufhebt. Wenn ein Mensch einen anderen Menschen in seiner Umwelt nicht als ein „Du", sondern als ein „Es" ansetzt oder de facto behandelt — was leider nur zu häufig geschieht —, werden personale Umweltbeziehungen so gestaltet, als ob es sich um apersonale handelte. Beispiele für die Folgen solcher Verhaltensweisen sind sicher mehr als genug bekannt.

III

Die thematische Zusammenfassung der Umweltbeziehungen um gewisse Schwerpunkte zu sogenannten „Vitalbereichen" sei hier nur angedeutet. Es sei aber doch darauf hingewiesen, daß für Menschen ein Vitalbereich mehr als für die anderen Lebewesen sinnvoll zu konstituieren ist, nämlich der „informatorische", was der besonderen Bedeutung der Informationsverarbeitung für den Menschen entspricht.

Eben diese besondere Bedeutung der Informationsverarbeitung läßt auch die Hervorhebung der selbständigen Bedeutung der *Symbol*funktion gegenüber der *Real*funktion bei den menschlichen Umweltbeziehungen und Umweltfaktoren sinnvoll erscheinen, insbesondere im Licht der Möglichkeit des Menschen zur bewußten Entkoppelung dieser beiden Funktionen, die keinem nichtmenschlichen Lebewesen zukommt. Die Bedeutung der Symbolfunktion gerade in menschlichen *Habitaten* zeigt nicht zuletzt Vaskovics 1976.

IV

Der konkrete Ansatz zur Besprechung des Begriffes „Habitat" liegt in der Frage der möglichen Konzeption des Begriffes „Umwelt" bzw. der möglichen Ausgangspunkte für diese Konzeption. Entscheidend für den Menschen (als Einzelnem wie als Gemeinschaft, die sich ja aus Einzelnen zusammensetzt) im Sinne von Entscheidungsgrundlage für sein Planen und Handeln ist die „Umwelt im Uexküllschen Sinne". In Uexküll 1928 heißt es:
Es krystallysiert, sozusagen, das Subjekt merkend und wirkend alle Objekte im eigenen Interesse um, und schafft sich dadurch eine sichere Umwelt, deren Mittelpunkt es selber bildet. Diese Umwelt enthält nichts fremdes, denn auch das Gegengefüge spielt keine andere Rolle als die eines subjektiven Bindemittels zwischen Merkding und Wirkding. So wird die Umwelt nach einem subjektiven Plan aus gänzlich heterogenen Objekten der Umgebung des Subjektes zugeschnitten (S. 143).

Es ist natürlich zu bedenken, daß eben die passenden „heterogenen Objekte der Umgebung" vorhanden sein müssen, um zur „Umwelt" (zu Umweltfaktoren) transformiert werden zu können. Von daher erhielt die „Umgebung der Subjekte", die Haeckel „umgebende Außenwelt des Organismus" nennt, ihre große Bedeutung:

... Beziehungen des Organismus zur umgebenden Aussenwelt, wohin wir im weiteren Sinne alle „Existenz-Bedingungen" rechnen können. Diese sind theils organischer, theils anorganischer Natur; ... Zu den anorganischen Existenz-Bedingungen, welchen sich jeder Organismus anpassen muss, gehören zunächst die physikalischen und chemischen Eigenschaften seines Wohnortes, das Klima (Licht, Wärme, Feuchtigkeits- und Elektricitäts-Verhältnisse der Atmosphäre), die anorganischen Nahrungsmittel, Beschaffenheit des Wassers und des Bodens etc. Als organische Existenz-Bedingungen betrachten wir die sämmtlichen Verhältnisse des Organismus zu allen übrigen Organismen, mit denen er in Berührung kommt, und von denen die meisten entweder zu seinem Nutzen oder zu seinem Schaden beitragen (Haeckel 1866, S. 286).

Diese „Umwelt im Haeckelschen Sinne" ist es, die heute zumeist gemeint ist, wenn von „Umwelt" gesprochen wird („Umweltschutz", „Umweltministerium", „umweltfreundlich", „Umweltzerstörung", ...). Es ist nur zu verständlich, daß man die Verbesserung der „Uexküll-Umwelt" des Menschen auf dem indirekten Wege der Veränderung seiner „Haeckel-Umwelt" zu erreichen versucht:

— Die Uexküll-Umwelt, die als Programm und Speicherinhalt des informationsverarbeitenden Systems (des Zentralnervensystems) des Menschen [wie jedes anderen Lebewesens] verstanden werden kann, ist meist nur mit schwer voraussagbarem, oft unerwünschtem Ergebnis direkt beeinflußbar: durch Erziehung im weitesten Sinne (einschließlich Erfahrung), psychotrope Substanzen (einschließlich Rauschmittel wie Alkohol u. dgl. m.), Hypnose, ...

— Der ökonomische Aufwand pro Person ist bei direkten Veränderungsbemühungen ethisch vertretbarer Art über einen gewissen Punkt hinaus — soweit überhaupt möglich — größer als der anteilige Aufwand bei Eingriffsbemühungen in die Haeckel-Umwelt, die ja meistens für eine größere Zahl von Menschen gleichzeitig von Bedeutung ist.

Prinzipiell handelt es sich bei dieser Problematik des Abwägens des Eingriffes in die Uexküll-Umwelt oder in die Haeckel-Umwelt um eine Problematik der Grundfrage der (Human)Ökologie, d. i. das „Verhältnis zwischen ökologischer Potenz und ökologischer Valenz" (s. oben): Wieweit soll zur Erzielung eines geeigneten Verhältnisses zwischen ökologischer Potenz und ökologischer Valenz die ökologische Potenz zu ändern versucht werden (durch Erziehung, z. B. Wohnerziehung; durch Training, z. B. Frühsport; ...) und wieweit soll dies bezüglich der ökologischen Valenz geschehen? Hier gibt es keine generelle Lösung, sondern nur spezielle Lösungen, die primär von den Möglichkeiten der Änderung der ökologischen Potenz ausgehen müssen:

— Abstrakte Grenzen aufgrund der durch das Genom eines einzelnen bzw. den Genpool einer Population fixierten Reaktionsnormen.

— Änderungsmöglichkeiten aus der konkreten, historisch determinierten soziokulturellen Situation heraus.

– Höchst erträgliche Änderungsgeschwindigkeit des Umweltbeziehungsmusters.
– Verfügbarkeit geeigneter Methoden.

Nach diesen (und anderen) mehr oder weniger absolut limitierenden Faktoren sind die ethischen und die ökonomischen Folgen einer Änderung der ökologischen Potenz einerseits und der ökologischen Valenz andererseits vergleichend zu betrachten.

In dem Ausmaße, als dann die Entscheidung für Änderung der Haeckel-Umwelt gefallen ist, ist der geplante Eingriff in die betreffende Haeckel-Umwelt (d. i. den betreffenden Weltausschnitt) schließlich daraufhin zu prüfen, welche Änderung der einzelnen betroffenen Uexküll-Umwelten (nämlich der in diesem Weltausschnitt befindlichen einzelnen Menschen oder Menschengruppen) er voraussichtlich bewirken wird: Dieselbe Änderung der Haeckel-Umwelt hat unter Umständen sehr verschiedene Änderungen in den Uexküll-Umwelten der einzelnen Menschen oder Menschengruppen (aufgrund des verschiedenen zentralnervösen Programmes der einzelnen Menschen) zur Folge. Anders ausgedrückt: Einunddieselbe objektive Änderung eines Weltausschnittes führt zu mehr oder weniger differenten Erlebnissen, Empfindungen und Vorstellungen der dort befindlichen Menschen (und damit auch Gegebenheiten innerhalb verschiedener Ensembles von Menschen in diesem Weltausschnitt).

Dieses Faktum erleichtert nicht gerade die Lösung der Frage nach geeigneter Gestaltung der Welt, soweit sie Umwelt des Menschen ist bzw. werden kann oder soll. Als oberstes Kriterium bei der Problemlösung sollte jedenfalls das ethische Postulat gelten, daß sich jeder Mensch im weitestgehenden Ausmaße eine befriedigende Uexküll-Umwelt aus seiner jeweiligen Haeckel-Umwelt heraus„krystallysieren" können soll.

Für die praktische Verwirklichung wird es vor allem darauf ankommen, diese Maxime besonders dort zum Tragen zu bringen, wo der Mensch „regelmäßig vorkommt" (sich regelmäßig aufhält oder befindet). In der allgemeinen Ökologie wird ein Ort, an dem ein Organismus regelmäßig anzutreffen ist („regelmäßig vorkommt"), als dessen *Habitat* bezeichnet. Dies kann in ganz analoger Weise in der Humanökologie für regelmäßige Aufenthaltsorte von Menschen gelten (zur Wortableitung vgl. Knötig 1972, S. 122–123).

Bis vor (geschichtlich gesehen) kurzer Zeit war diese Parallele außerordentlich exakt. Mit dem Auftreten der Industrie (vor etwa zwei Jahrhunderten) trat eine gewisse Änderung der Situation ein: Die Art der industriellen Arbeitsstätten verlangte eine ausreichende räumliche Trennung von den Orten, wo der Mensch ansonsten regelmäßig zu finden war, d. i. von seinen Wohnstätten. – Der Schritt vom integrierten Habitat zu den differenten Habitaten war gemacht: Ein „Arbeitshabitat", ein Ort, an dem sich der Mensch regelmäßig zur Verrichtung seiner Arbeit aufhält, war geschaffen. „Der Rest" des ehemaligen integrierten Habitats wurde zum „Wohnhabitat". Dieser Bestimmung als „Rest" entspricht es, daß das Wohnhabitat als Abstractum — aber auch als konkretes Wohnhabitat — sehr viel schwerer bestimmbar und damit beschreibbar ist als das Arbeitshabitat.

In der Zwischenzeit ist es dazu gekommen, daß wir vier „Grundfunktionen" zu unterscheiden haben:

- Wohnen
- Arbeiten
- Regeneration
  - Erholung (Rekreation)
  - medizinische Wiederherstellung
- Ortsveränderung (Verkehr).

Es bringt sicher viele Vorteile mit sich, wenn man diesen einzelnen Grundfunktionen je eigene Habitate zuweist (vgl. Reichardt 1975). Die „Charta von Athen" (Le Corbusier 1962) hat sehr radikale diesbezügliche Vorschläge gebracht. Wo diese Vorschläge konsequent in die Tat umgesetzt wurden, zeigte sich jedoch, daß die Trennung der Habitate in der von der Charta vorgeschlagenen Schärfe wesentliche Nachteile („grüne Witwen", Verkehrsbelastung, Stadtverödung, ...) zur Folge hatte. Das ändert nichts daran, daß das zugrundeliegende Prinzip richtig ist — es muß nur die grobschlächtige Problemlösung durch eine etwas subtilere abgelöst werden (was von guten Planern und Architekten schon seit einiger Zeit erkannt und berücksichtigt wird).

In diesem Sinne der Verfeinerung des Lösungsansatzes wären das Prinzip der „Habitatsverschränkung" und das Prinzip der „Habitatsüberlagerung" zu sehen.

Bei der Habitatsverschränkung ist davon auszugehen, daß Grundfunktionen nicht immer ganze Habitate zugewiesen werden müssen, wobei „Habitaten" im Sinne allgemeiner Übung für den Regelfall eine gewisse beträchtliche räumliche Ausdehnung zugemessen wird („Wohnhabitat" z. B. über ein Wohnhaus und über einen Wohnblock hinausgehend). Zweckmäßigerweise kann man davon sprechen, daß den verschiedenen Grundfunktionen entsprechende (räumliche) Bereiche zugewiesen werden. In diesem Zusammenhang stellt sich bei näherer Betrachtung heraus, daß ein Habitat im allgemeinen dann bessere „Qualität" (im Sinne der viel zitierten aber kaum definierbaren „Lebensqualität") aufweist, wenn darin auch für die je anderen Grundfunktionen Bereiche vorgesehen sind. Auch die Schärfe der Trennung dieser Bereiche innerhalb eines Habitats ist eine von Fall zu Fall zu überlegende Angelegenheit. Als Beispiel kann für die Grundfunktion „Ortsveränderung" (Verkehr, Zirkulation) etwa folgendes beschrieben werden:

Im Wohnhabitat sind schon innerhalb der einzelnen Räume (Wohnzimmer, Schlafzimmer, Küche, ...) manche Teile vom Hin- und Hergehen mehr beansprucht als andere: Es sind primär jene Flächen, die zwischen Tür(en) und wichtigen Einrichtungsgegenständen (oder Fenstern) des betreffenden Raumes — oder bei Vorhandensein mehrerer Türen auch zwischen diesen — liegen. Man kann diese den Zirkulations-(Verkehrs-)bereich des betreffenden Raumes nennen. Im allgemeinen ist er aber nicht durch besondere Ausgestaltung fixiert — bei Bedarf stellt man dort z. B. genausogut Stühle hin wie an andere Stellen; freilich ist dann die Zirkulation in dem betreffenden Raum etwas behindert. Hier ist noch volle Flexibilität der Beziehung Raum — Ausübung von Grundfunktionen gegeben. So kann eben z. B. der Bereich für die Grundfunktion „Zirkulation" zeitweise auf Null schrumpfen, während er normalerweise einen merkbaren Teil der Gesamtfläche ausmacht.

An der Eingangstür geht der Verkehrs-(Zirkulations-)bereich dieses Raumes dann entweder in den eines anderen Zimmers oder endgültig in das Vorzimmer der betreffenden Wohnung über. Dieser Raum ist der Grundfunktion „Zirkulation" bereits überwiegend oder mindestens zu einem beträchtlichen Teil gewidmet. Zweifellos ist er aber ein integrierender Bestandteil des betreffenden Wohnhabitats, ja schon der betreffenden Wohnung; er wird sicher mindestens nebenbei auch in anderer Art genutzt.

Durch die Wohnungstür ist der Verkehrsbereich der Wohnung mit dem Verkehrsbereich des Wohnungsverbandes (des Wohnhauses) verbunden, mit dem Gang oder mit dem Stiegenhaus. Diesem kommt innerhalb des ganzen Wohnhauses prinzipiell die gleiche Funktion zu wie dem Vorzimmer im Rahmen der einzelnen Wohnung, nur noch schärfer akzentuiert.

Bei der Haustür mündet dieser Verkehrsbereich in einen Bereich, der je nach Lage des betreffenden Hauses zu den Hauptverkehrsstraßen (und auch je nach Definition des Begriffes „Verkehrshabitat") entweder noch als Verkehrsbereich des betreffenden Wohnhabitats oder bereits als Teil des Verkehrshabitats anzusehen ist. Irgendwo geht aber jedenfalls der Verkehrsbereich des Wohnhabitats in ein Verkehrshabitat über.

Es dürfte nicht schwer sein, sich analog dazu die Zirkulationsbereiche in Arbeits- und Regenerationshabitaten und deren Übergang in das jeweils weiterführende Verkehrshabitat vorzustellen. In vergleichbarer Weise lassen sich auch alle anderen Übergänge von einem Habitat zu einem anderen, d. i. die „Habitatsverschränkung", beschreiben. Die obige etwas ausführliche Darstellung macht eindeutig klar, daß der Begriff „Habitat" nicht klassenlogisch, sondern schwerpunktlogisch aufzufassen ist — was mühsam, aber wohl allein adäquat und erfolgversprechend ist.

Dies erlaubt auch, eine spezifische Schwierigkeit als Problemstellung statt als Widerspruch zu verstehen: Gemeint ist der Umstand, daß sich an einunddemselben Ort z. B. manche Menschen aufhalten, weil sie dort die Grundfunktion „Regeneration" (vor allem in Sinne von Rekreation) ausüben wollen, während andere sich dort wegen der Realisierung der Grundfunktion „Arbeiten" befinden und wieder andere wegen des „Wohnens" – d. h. daß dieser Weltausschnitt *zugleich* als Regenerationshabitat, als Arbeitshabitat und als Wohnhabitat anzusehen ist, je nachdem, aus welchem Blickwinkel man es betrachtet. Diese – hier am Beispiel eines Erholungsortes vorgeführte – „Habitatsüberlagerung" stellt natürlich an die Umweltgestaltung (Umwelt im Haeckelschen Sinne verstanden) besondere Anforderungen. Man kann sie als eine Extremform der „Habitatsverschränkung" ansehen, die auch schon sehr große Anforderungen an Planer und Gestalter stellt. Wie bereits erwähnt, ist die Radikalkur der – tierisch ernst genommenen – Charta von Athen, die mehr oder weniger vollständige Habitatstrennung, eine mit schweren Mängeln behaftete Lösung. Man darf aber andererseits nicht vergessen, daß die Möglichkeiten einer Habitatsverschränkung und besonders einer Habitatsüberlagerung prinzipiell beschränkt sind, wenn nach wie vor das geeignete Aufspannen des Individualraumes jedes dort befindlichen Menschen (Knötig 1972) ermöglicht werden soll. Dies gilt besonders von Kombinationen des Verkehrshabitats mit anderen Habitaten. Aber auch Arbeitshabitate, besonders im Bereich der Schwerindustrie, weisen oft Unverträglichkeiten mit anderen Habitaten auf.

Die Frage eines eigenen „Bildungshabitates" ist noch offen.

V

Die Zuordnung „(Grund)Funktion" – „Raum" wird in der Humanökologie allgemein erweitert zu einer Zuordnung von drei Parametern:

„(Grund)Funktion" – „Raum" – „Zeit".

Primär geschieht diese Zuordnung in der („objektiven") Haeckel-Umwelt. Beim Parameter „Zeit" werden hierbei „Zeitbudget" und „Rhythmen" unterschieden. In den Zeitbudgets wird untersucht, welche Zeit den einzelnen Grundfunktionen – und dementsprechend dem Aufenthalt in den zugehörigen Bereichen und Habitaten – gewidmet wird. Die andere Betrachtungsweise richtet sich auf die Regelmäßigkeit der Abfolge des Aufenthaltes in den verschiedenen Bereichen und Habitaten (bzw. der Realisierung der einzelnen Grundfunktionen), was sich in Rhythmen beschreiben läßt. Allgemein kommen hierbei zwei naturgegebene Zyklen (Tag, Jahr) und ein kulturbestimmter (Woche) zum Vorschein. Daneben gibt es noch Spezialfälle. Ob dem naturgegebenen Zyklus (Mond)Monat in diesem Zusammenhang eine gesicherte Bedeutung zukommt, ist noch offen.

Diese Zuordnung ist aber auch in der Uexküll-Umwelt möglich, wobei dann statt des objektiven Raumes der Habitate und Bereiche in der Haeckel-Umwelt der subjektive Raum (Eigenraum, insbesondere „Individualraum", vgl. Knötig 1972) auftritt und wobei der Parameter „Zeit" durch die subjektive „Eigenzeit" (vorzüglich die „Erlebniszeit") vertreten ist.

Natürlich besteht zwischen Räumen und Zeiten der Uexküll-Umwelt und denen der Haeckel-Umwelt keine lineare Beziehung. Die typischen Unterschiede in den Zuordnungskonfigurationen „Funktion — Raum — Zeit" zwischen Haeckel-Umwelt und Uexküll-Umwelt sind ein sehr wichtiges, zugleich aber nur mit erheblichem Aufwand zu bearbeitendes Problem. Es wäre wünschenswert, wenn entsprechend dieser Wichtigkeit der Humanökologie die Möglichkeit gegeben würde, sich damit intensiv auseinanderzusetzen.

VI

Abschließend noch einige allgemeine Betrachtungen zum Übergang vom integrierten Habitat zu den differenzierten (differenten) Habitaten.

(1)
Der Übergang vom integrierten Habitat zu den differenzierten (differenten) Habitaten bedeutet einen Kulturwandel (Fuchs 1972), d. h. es handelt sich *nicht* nur um eine *räumliche* Angelegenheit, sondern auch und sogar vor allem um *Verhaltens*änderungen, die teils Voraussetzung, teils Folge der räumlichen Veränderung sind.

(2)
Das seinerzeitige integrierte Habitat konnte vom Menschen, der ja auf diese „natürliche" Umwelt hin durch die Evolution selektioniert war, einfach besiedelt werden: Schwierigkeiten oder Unmöglichkeit einer Besiedlung stellten sich unmittelbar heraus.

Die heutigen differenzierten Habitate (einschließlich verschiedener „Kombinationshabitate" wie Weltraumschiffe) müssen sehr sorgfältig geplant und konstruiert werden: Die Schwierigkeiten stellen sich vielfach erst heraus, wenn beträchtlicher Schaden bereits entstanden ist. Dies gilt um so mehr, je artifizieller ein Habitat gestaltet wird. Daher sind Weltraummediziner jene Wissenschaftler, die die ökologische Potenz des Menschen (bestimmter Ausprägung und in bestimmter Hinsicht) am besten kennen und Weltraumtechniker jene Umweltgestalter, die das Prinzip der Konstruktion der ökologischen Valenz zu einer vorgegebenen ökologischen Potenz (mindestens für bestimmte Fälle) am besten beherrschen.

(3)
Ein allgemeiner Rückzug in das integrierte Habitat ist dem Menschen wohl nicht mehr möglich, wenn er *Mensch* bleiben will — oder gar, dem Gesetze gehorchend, unter dem er angetreten ist, das „Weiterschreiten in der Mensch-

Werdung" im Auge hat. Wahrscheinlich ist die Menschheit heute sogar schon zu einem Punkt gelangt, wo ein solcher Rückzug in das integrierte Habitat nicht nur das *„menschliche* Überleben", sondern auch das pure, das biologische Überleben in Frage stellen würde.

Das „verlorene Paradies" des vorgegebenen Habitats, das einfach besiedelt werden konnte, bleibt verloren. Der Mensch kann seiner Verantwortung für die Gestaltung der Welt — und damit seiner verschiedenen Habitate — nicht mehr entgehen.

Schrifttum

FUCHS, H. (1972): Von integriertem zu differenziertem Habitat: Ein Fall von Kulturwandel. Gemeins. Tag. Intern. Ges. f. Hyg., Präventiv- u. Soz. med. Wien 1972 (Sonderdruck).

HAECKEL, E. (1866): Generelle Morphologie der Organismen, 2. Bd.: Allgemeine Entwicklungsgeschichte der Organismen. Berlin (Reimer).

KNÖTIG, H. (1966): Energiefluß und Informationsfluß als komplementäre Anteile jeder Wechselwirkung zwischen Organismus und Umwelt. Helgoländer wiss. Meeresunters. 14, 279—290.

(1972): Bemerkungen zum Begriff „Humanökologie". Humanökol. Bl. 1972, H. 2/3.

(1976): Terminology, Session Report. Colloquium internationale, 1976/3—5, 119—144.

(1977): Komplexitätsgrad als Kriterium für die Subsummierbarkeit der Humanökologie unter eine allgemeine Ökologie. Verh. d. Ges. f. Ökol. Göttingen 1976 (im Druck).

— PANZHAUSER, E. (1976): Grundsatzerklärung der Humanökologischen Gesellschaft. Proc. Intern. Tag. f. Humanökol. Wien 1975.

— REICHARDT, R. (Hrsg.) (1976): Der wissenschaftliche Teil des Vorprogrammes zur Internationalen Tagung für Humanökologie Wien 1975. Humanökol. Bl. 1975, 3—87.

LE CORBUSIER (1962): An die Studenten — Die Charte d'Athènes. Hamburg (Rowohlt).

REICHARDT, R. (1975): Prinzipien der Differenzierung und Gestaltung menschlicher Habitate. Humanökol. Bl. 1975, 29—50.

(1976): Humanökologische Ethik / Humano-ecological Ethics. In: KNÖTIG/REICHARDT (Hrsg.) 1976, 20—27.

RÖSSLER, O. E. (1977): Deductive Biology and General Interaction Scheme. Colloquium internationale 1977, 16—24.

UEXKÜLL, J. v. (1928): Theoretische Biologie. 2. Aufl. Berlin (Springer).

VASKOVICS, L. A. (1976): Real- und Symbolfunktion gebauter Umwelt. Proc. Intern. Tag. f. Humanökol. Wien 1975, 199—206.

Heiner Treinen

Kulturökologische Probleme in soziologischer Sicht
Sociological Aspects of Cultural Ecological Problems

1. Der Terminus „Kulturökologie" taucht in soziologischen Abhandlungen kaum auf; er wird eher von Sozialgeographen verwandt[1]). Der Inhalt kulturökologischer Tatbestände jedoch — die Symbolisierung räumlicher Umgebungen auf sozial-kultureller Grundlage nämlich — ist seit langem Gemeingut soziologischer Forschungsprogramme; es geht dabei um Standardprobleme der klassischen Siedlungssoziologie. Grund dafür, daß ein Terminus mit soziologischen Konnotationen vorrangig außerhalb der soziologischen Disziplin verwandt wird, ist die je unterschiedliche Fassung des Gegenstandsbereichs der Soziologie und der Geographie. Soziologen analysieren die Struktur sozialer Organisationen, Geographen die Struktur territorialer Einheiten und — als Sozialgeographen — ihre sozialen Komponenten. Die siedlungssoziologische Fassung kulturökologischer Probleme benutzt Sozialphänomene struktureller Art als unabhängige Variablen zur Erklärung territorialer Ausprägungen sozialen Verhaltens. Wenn eine Siedlung analysiert wird, werden die aus ökologischen Lagen resultierenden Beziehungen auf sozial-strukturelle Probleme hin projiziert. In kulturökologischen Ansätzen werden Aggregate von Menschen also nicht primär nach ihrer sozialen, sondern nach territorialen Organisationsformen analysiert. Strukturelle Faktoren, die Sozialbeziehungen im allgemeinen bestimmen, fallen mit der territorialen Organisation sozialen Lebens jedoch nicht unbedingt zusammen. Die Einschränkung kulturökologischer Fragestellungen auf Probleme sozialer Handlungsformen, die auf territoriale Umwelt gerichtet sind, bedeutet darum keineswegs, daß die unabhängigen Variablen sich ebenfalls auf strukturelle Faktoren der räumlichen Umgebung beziehen müssen[2]).

Bereits relativ kurze Zeit nach Formulierung derartiger Forschungsprogramme ist klar geworden, daß Mensch-Raumbeziehungen nicht im Sinne von Reiz-Reaktionsschemata analysierbar sind[3]). Erst soziale und kulturelle Vermittlungen bestimmen Art und Inhalte der Wahrnehmung räumlicher Umwelt, und erst über diese Vermittlung werden Handlungsformen beeinflußt, die auf territoriale Umwelt, auf fremdgestaltete und eigenen Beeinflussungsversuchen nur schwer zugängliche räumliche Umgebungen gerichtet sind. Kernpunkte kulturökologischer Analysen bilden soziale Definition und symbolischer Gehalt räumlicher Umgebungen als Ziel für Erklärungen und Prognosen räumlich relevanter sozialer Prozesse, wobei jedoch die strukturellen Ursachensyndrome an anderer Stelle gesucht werden müssen.

2. Ein Großteil der theoretischen wie der forschungsorientierten Ansätze zum Thema „Stadtökologie" neigt dazu, räumliche Symbolisierungen und die damit verbundenen Sentimente, Einstellungen und Bewertungen nur in eingeschränktem Sinn als Variablen zu behandeln; sie werden durchweg als Residuen im Paretoschen Sinne betrachtet.

Beispielhaft in diesem Zusammenhang sind Untersuchungen, die das Imago von Städten, Stadtvierteln, Quartieren oder Nachbarschaften zum Inhalt haben. Sie stehen meist relativ unverbunden neben üblichen sozialökologischen Analysen und werden im Höchstfall als zusätzliche Variablen zur Erklärung etwa von Wünschen nach Wohnveränderungen und von Zuzugsneigungen benutzt. Die geringe Aufmerksamkeit, die häufig kulturökologischen Variablen geschenkt wird, ist kein Zufall. Gerade aus der übereinstimmenden Diagnose, die kulturkritischen Äußerungen (die Mitscherlichsche „Unwirtlichkeit der Städte")[4]) wie Analysen über Anonymität von Beziehungen in Großstädten zugrunde liegt[5]), entstammt die Folgerung, daß ein anderer Satz von Variablen übermächtig geworden sei und die Struktur städtischer Agglomerate bestimme[6]).

Alle Analytiker sind sich einig darin, daß zur Erklärung von Prozessen der ökologischen Entwicklung die funktionale Differenzierung heutiger Industriegesellschaften den Ausgangspunkt darstellen muß. Die klassische Behandlung kulturökologischer Variablen hingegen bezieht sich vorwiegend auf segmentierte Gesellschaften, auf „Gemeinschaften" also, deren Mitgliedschaften eher auf askriptiven Merkmalen beruhte[7]). Industriegesellschaften aber zeichnen sich gerade durch weitgehende Zurückdrängung askriptiver Prozesse aus. Arbeitsteilung und Entsegmentierung haben zu funktional spezialisierten Teilsystemen und Organisationen geführt und die Bedeutung askriptiv organisierter sozialer Basisgruppen verringert.

Hieraus hat sich zur Analyse städtischer Agglomerationen eine erfolgreiche Betrachtungsweise herausgebildet, die vorwiegend mit Variablen operiert, die mit ökonomischen Dominanzen in Zusammenhang gebracht werden können. Es wird zumeist angenommen, daß Stadtentwicklungen eng mit Wertentscheidungen und zielgerichteten Aktivitäten ausdifferenzierter und arbeitsteiliger Organisationen verbunden sind, deren Entscheidungen machtbezogen und kaum miteinander koordiniert sind. Die aus derartigen Einflüssen entstehenden ökologischen Einheiten sind in vielerlei Hinsicht heterogen; soziale Strukturierungen der Bewohnerschaft beziehen sich eher auf die in den ökologischen Einheiten enthaltenen ökonomischen Organisationen als auf eine homogene, untereinander askriptiv und arbeitsteilig aufeinander bezogene Bevölkerung[8]).

Wenn unter diesen Umständen kulturökologische Variablen benutzt werden, so erscheinen sie zunächst als Restbestände älterer, das heißt vorindustrieller Sozialstrukturen auf territorialer Grundlage. Neuere Ansätze betonen die eher emotiven Bezüge von Menschen untereinander, die sich aus räumlicher Nähe ergeben. „Imago"-Analysen erhalten in diesem Zusammenhang vor allem einen Stellenwert, der sich auf die kollektive Identität der Bewohner einer territorialen Einheit bezieht; und hier reichen die Diagnosen von Ortsbezogenheit bis hin zu als amorph angesehenen Sozialkontakten zwischen nach sozialen Merkmalen heterogenen Bewohnern oder Benutzern eines Habitats. Kollektive Identitäten erscheinen als nur situativ bedeutsam und als rasch änderbar; und auch daher ergibt sich ein nur geringes Interesse der Forscher an derartigen Variablen wegen ihrer allzu geringen Erklärungskraft[9]).

Von Bedeutung hingegen sind kulturökologische Variablen in Forschungsansätzen, die sich mit segregativen Prozessen innerhalb von Städten und Agglomerationen befassen; im Fall von Ghetto- und Slumbildungen springen sie allzusehr ins Auge. Ausgehend von der hier unübersehbaren Wirkung kulturökologischer Variablen soll im folgenden ihre allgemeine Bedeutung umrissen werden.

3. Kulturökologie hat es mit der Symbolisierung räumlicher Umgebungen zu tun. Bauliche Einheiten, Straßenzüge, Quartiere, aber auch Bezeichnungen für derartige räumliche Einheiten können als Symbole auftreten. Neben frühen Ansätzen haben Untersuchungen wie die von Chombard de Lauwe und Kevin Lynch diesen Vorgang der Symbolisierung wiederholt beschrieben und einige ihrer Funktionen deutlich gemacht[10]). Für die vorliegende Fragestellung ist eine eher generalisierte Fassung der Bedeutung räumlicher Symbole relevant. Symbole lassen sich als „Etikett" auffassen, deren „Referenten" aus diesem Etikett nicht unmittelbar ablesbar sind[11]). Die Referenten stellen im allgemeinen Bedeutungszuweisungen dar, die aus Verknüpfungen mit höchst unterschiedlichen Lebensbereichen hervorgehen. Lynch zum Beispiel war an der Aufdeckung eines Vorgangs interessiert, der bei Individuen städtische Umgebungen als „Gestalten" erscheinen läßt, die Orientierungshilfe für den Betreffenden leisten und ein Zugehörigkeitsgefühl zu eben dieser Umgebung im Sinne von Vertrautheit vermitteln. Der Referent für eine derartige individuelle Symbolisierung räumlicher Umgebungen besteht in diesem Fall aus einer kognitiv, dispositional und motivational vollzogenen Verknüpfung zahlreicher, unterschiedlicher Handlungsbezüge der betreffenden Person. Chombard de Lauwe benutzte hingegen Symbole zur Analyse eher kollektiver Zugehörigkeiten, die ihre „Etiketten" in architektonischen Einheiten fanden. Derartige Symbole beziehen sich auf eine weitere Ebene symbolischer Prozesse: sie bilden Bezugspunkte für soziale Kollektive, für regional orientierte Bezugsgruppen also. Der räumliche Bezug stellt in diesem Fall keine Orientierungshilfe dar, sondern ist Ausdruck für kollektive Zugehörigkeiten.

Wenn nun diese Ergebnisse im Zusammenhang mit zahlreichen anderen Analysen ähnlicher Prozesse gebracht werden, zeigt sich, daß symbolische Verarbeitung räumlicher Umgebungen die Regel und nicht die Ausnahme darstellt. Es besteht nun Grund zur Annahme, daß die Bedeutung derartiger Symbolisierungsprozesse weit über die angedeuteten Funktionen für die Bewohner hinausgehen.

Zunächst ist eine bereits angeführte Eigenheit stadtökologischer Entwicklungen hervorzuheben, die einerseits auf symbolische Prozesse individueller oder gruppenspezifischer Art beruht und andererseits gerade die Herstellung kollektiver Identitäten für die Bewohner eines Habitats erschwert. Wenn nämlich Stadtentwicklungen großenteils auf Nutzungsaspekte heterogener Herkunft beruhen, dann wird die entstehende ökologische Einheit auch sozial in sich heterogen; die Bewohnerschaft wird sich im Hinblick auf soziale Merkmale stark unterscheiden und überdies vor die Aufgabe gestellt, eine derartige kaum beeinflußbare und möglicherweise als widersprüchlich und synkretistisch empfundene Agglomeration von Bauten als gemeinsames Symbolsyndrom perzipieren zu können.

Ein weiterer Gesichtspunkt kommt hinzu, der wiederum von spezifischen symbolischen Verarbeitungen herrührt. Für territoriale Gliederungen bedeutsam sind eben nicht nur dominante Landnutzungen. Jede Organisation, jedes Teilsystem versucht symbolische Formen zu entwickeln, um kollektive Identitäten in Zusammenhang mit ihren Zielen zum Ausdruck zu bringen. Baustile und spezielle Stilverwendungen sind Ausdrucksweisen derartiger expressiver Bezüge oder sind zur Darstellung kollektiver Identitäten vorgesehen. Das Design geplanter Stadtzonen, Hochhausbauten oder Stileigentümlichkeiten im Banken- und Kaufhausbau sind Beispiele dafür. Derartige Versuche zur Selbstdarstellung aber schaffen Uneinheitlichkeiten von Habitaten, da sie nur selten aufeinander bezogen werden — und darüber hinaus Probleme für die Bewohnerschaft, die sich mit Symbolen der kollektiven Identität von Organisationen selbst kaum identifizieren kann.

Ansätze zur Produktion von Symbolen, die zur Darstellung kollektiver Identitäten brauchbar erscheinen und die für eine ökologische Einheit insgesamt gelten sollen, werden durch planerische Organisationen wie etwa der Stadtverwaltungen durchgeführt. Dies steht in Zusammenhang mit der Aufgabe, die gröbsten unbeabsichtigten Nebenfolgen der relativ unkoordinierten Aktivitäten unterschiedlicher Organisationen zu beheben[12]).

Entscheidend für territoriale Gliederungen also sind in erster Linie ökonomische und politische Landnutzungen. Für Bewohner wie Benutzer von Habitaten müssen also zusätzliche Symbolisierungsprozesse angenommen werden, damit ein solches Habitat als räumliche Umgebung „imaginabel" (Lynch) erscheint. Dies deshalb, weil die expressive Prägung des Habitats nicht koordiniert ist, oder aber eine einheitliche Prägung von Organisationen veranlaßt wurde, die dem Großteil der Bewohner und Benutzer extern sind, und darum die eigenen Symbole der planerischen Organisation und nicht der Bevölkerung widerspiegeln.

4. Es läßt sich nun behaupten, daß die gleichen Variablen, wie sie bei den Institutionen, die die Nutzung von Land innerhalb von Städten bestimmen, bei den Bewohnern selbst vorliegen. Auf einer anderen Ebene entsteht hierdurch wiederum das genannte Problem: die expressive Ausprägung eines Habitats, also seine Symbolisierung, ist nicht oder nur eingeschränkt koordiniert.

Worauf bezieht sich nun bei Aggregaten von Menschen, die in bestimmten Räumen wohnen, eine derartige Symbolisierung oder anders gesagt: was sind die Voraussetzungen für die Schaffung einer Art kollektiver Identität, das heißt aber auch die Schaffung eines kollektiven kulturellen Wertmusters im Hinblick auf die Umgebung, in der man wohnt, operiert und seinen Alltag verbringt? Hierzu ist ein Rückgriff auf strukturelle Bezüge notwendig. Der erforderliche Rückgriff gründet sich nun gerade nicht auf die Umgebung, in der Menschen leben, sondern auf die Art ihrer Bezugsysteme. Gemeint sind hierbei Zugehörigkeiten von Menschen zu Gruppierungen oder zu sozialen Kollektiven, die heutzutage nur in (noch anzugebenden) Ausnahmefällen eine territoriale Basis als gemeinsame Grundlage besitzen. Als sozial relevante Merkmale von Personen werden Eigenschaften bezeichnet, die auf gleiche oder ähnliche Lebenslagen hindeuten: Beruf, Einkommen, Bildungsstand, Stellung im Lebenszyklus, auch — vor allem in den USA — ethnische Merkmale sind in diesem Zusammenhang bedeutsam. Merkmale dieser Art sind Hinweise auf das Vorhandensein gemeinsamer kultureller Selbstverständnisse; sie entstammen meist der Zugehörigkeit zu funktional spezifischen Organisationen und sozialen Gruppierungen, werden aber im vorliegenden Zusammenhang erst außerhalb dieser Organisationen und Gruppierungen relevant[13]).

Beziehungsnetze innerhalb von Habitaten entwickeln sich vor allem zwischen Personen mit gleichen oder ähnlichen Merkmalen. Dies wiederum ist die Voraussetzung für die Schaffung kollektiver Identitäten, die ihren Ausdruck in der Symbolisierung ihrer räumlichen Umwelt finden können. Beziehungsnetze zwischen Menschen mit ähnlichen Merkmalen also sind Grundlage dafür, daß eine räumliche Umgebung symbolisiert werden kann; sie erscheint dann für die Bewohner als kulturelle Einheit und wird entsprechend handlungsrelevant. Wenn eine solche Identität kollektiver Art hergestellt wird, entstehen Rückkoppelungstendenzen: ein über dominante Faktoren der Landnutzung entstandenes Habitat bringt Menschen in diese räumliche Umgebung; liegen gemeinsame soziale Merkmale vor, ist die Chance für die Entwicklung von Beziehungsnetzen gegeben, die kollektive Identitäten begründen. Diese Identitäten haben Auswirkungen auf die symbolische Verarbeitung des Habitats; das Habitat erhält eine symbolische „Gestalt", mit der Handlungsaufforderungen und kulturelle Selbstverständnisse verbunden sind. Die hieraus resultierenden Handlungen aber beeinflussen unter Umständen den weiteren Zuzug, der durch das entstandene „Imago" als Variable beeinflußt wird. Andere Vorgänge der gleichen Art beziehen sich auch auf politische Handlungsweisen, seien es nun Bürgerinitiativen oder andere auf das Habitat bezogene soziale Bewegungen. Dieser Vorgang soll im folgenden erläutert werden.

5. Ausgangspunkt für eine modellhafte Darstellung ist die begründete Annahme, daß dominante ökonomische und politische Variablen, die Grundlage für die Landnutzung darstellen, auch gleichzeitig bestimmend für einen selektiven Zuzug und schließlich für die Struktur der Bevölkerung eines Habitats sind. Die sozialen Merkmale eines Aggregats von Menschen als Wohnbevölkerung wären demnach nicht zufällig gestreut. Als Beispiel seien transitionale Zonen genannt. Derartige Quartiere seien gekennzeichnet dadurch, daß über Veränderungen in den Plänen zur weiteren Landnutzung der Wohnwert im Vergleich zu anderen Wohnvierteln sinkt. Unter diesen Umständen wird eine Migration einsetzen, wobei der Zuzug in dieses Viertel von sozialen Merkmalen bestimmter Art abhängig sein wird, von solchen nämlich, die das Leben in einem Viertel mit geringem Wohnwert nicht als zusätzliches soziales Problem für die betreffenden Menschen erscheinen lassen[14]).

Soziale Merkmale dieser Art werden sich sowohl auf Schichtzugehörigkeit als auch auf Stellung im Lebenszyklus beziehen. Es wird transitionale Zuwandernde geben, die keinen Daueraufenthalt beabsichtigen; daneben auch Personen, die am Anfang einer Karriere stehen und deshalb den Wohnverhältnissen noch keine große Aufmerksamkeit schenken; sie werden unverheiratet, jung, kinderlos sein und ein geringes Einkommen haben. Dauerbewohner hingegen werden sich nicht nur in einzelnen Sozialmerkmalen gleichen, sondern eine Koppelung gleicher Ausprägungen solcher Merkmale aufweisen: geringes Einkommen, prestigeniedrige Berufe, ethnische Merkmale, deren Sichtbarkeit Diskriminierungen vermuten läßt und andere mehr.

Global gesehen entsteht auf diese Weise eine Situation, in der nicht mehr Gleichheit der Einwohnerschaft in bezug auf einige wenige, sondern auf viele Merkmale gegeben ist, die nicht nur Identität von Lebenslagen herstellen, sondern darüber hinaus eine Unterscheidung zur sozialen Umgebung außerhalb des betreffenden Habitats nahelegen.

Dieser Vorgang aber ist in der Sprache der Soziologie als Polarisierung und in der der Sozialökologie als Segregation bekannt. Eine derartige Koppelung sozialer Merkmale bei Personen und bei Aggregaten von Personen produziert dann genau das, was unter politisch-ökonomischen Gesichtspunkten formal als „Klasse" gekennzeichnet wird. Im Falle städtischer Agglomerationen liegt sicherlich keine Identität mit Klasse in diesem Sinne vor; denn hier handelt es sich nicht ausschließlich um Schichtbezüge, sondern auch etwa um ethnische und andere Koppelungen.

Die Schaffung von Beziehungsnetzen ist unter derartigen Umständen nur eine Frage der Zeit; kollektive Identitäten entstehen sehr schnell mit zugehörigen Symbolisierungen des Habitats und des Quartiers, die dann auch im Sinne eines Heterosterotyps für Menschen außerhalb des Quartiers relevant werden. Hierbei gewinnt die Symbolisierung der räumlichen Umgebung einen Stellenwert besonderer Art, nämlich den, der traditionell innerhalb der Soziologie als eine der Grundlagen für Ghettobildung umschrieben worden ist. Die Referenten räumlicher Symbole beziehen sich nunmehr über die Selbstdarstellung eines Teils der Bewohner hinaus auch auf Menschen außerhalb des Habitats, die aufgrund gleicher Koppelungen sozialer Merkmale sich als Mitglied der gleichen Sozialkategorie sehen können oder von außen hiernach definiert werden. Als Folge des angedeuteten Zusammenhangs können räumliche Symbole zu eigenständig wirkenden Variablen werden, die den Migrationsverlauf mit verursachen und damit der Bevölkerungsstruktur trotz möglichen rapiden Wechsels von Personen eine relative Konstanz verleihen.

Diese modellhafte analytische Beschreibung läßt sich auf Probleme der Ghetto- und Slumbildung wie der Entstehung von Villenvierteln anwenden. Es ist überdies anzunehmen, daß in kleinerem Maßstab eine „Entmischung" der Bevölkerung nach sozialen Merkmalen, die zu Polarisierungen führen kann, dort auftritt, wo normative Nachbarschaftsbeziehungen vorliegen[15]). Wenn nämlich nachbarschaftliches Wohnen mit kulturell vermittelten Normen verbunden ist, die die Aufnahme strukturierter Beziehungen zwischen Nachbarn über das Grußverhalten hinaus nahelegen, dann werden Dauerkontakte zwischen Nachbarn zur Pflicht. Der Aufbau von Beziehungsnetzen aber erfordert strukturelle Voraussetzungen; und eine Koppelung sozialer Merkmale, die gleiche Lebenslagen indizieren, sind Voraussetzungen für die Bildung von Beziehungsnetzen. Über diesen Umweg werden Nachbarn eliminiert, die im Vergleich zur Mehrheit der Nachbarn eine unterschiedliche Lebenslage und gleichzeitig damit unterschiedliche kulturelle Wertmuster aufweisen.

Nun wissen wir, daß derartige Polarisierungs- und Segregationsprozesse zwar ständige Begleiterscheinungen städtischer Entwicklungen darstellen, jedoch keineswegs die Regel, sondern eher Ausnahmen sind, wenn städtische Soziotopen als Ganzes in Frage stehen[16]). Für den Großteil städtischer Wohnbezirke gilt, daß eine „Entmischung" sozialer Merkmale nur ansatzweise vorliegt. Charakteristisch für städtische Bevölkerungen insgesamt ist eher das Gegenteil, nämlich die Mischung von Angehörigen unterschiedlicher Sozialkategorien in gleichen Wohngebieten mit der Folge, daß je dominante Beziehungsnetze nicht aufgrund räumlicher Nähe, sondern nach anderen Kriterien aufgebaut werden.

6. Die Frage ist nun, ob räumlich bezogene kollektive Identitäten und zugehörige Symbole unter solchen allgegenwärtigen Umständen ins Spiel kommen und handlungsrelevant werden können. Im Sinne des vorgeführten Ansatzes müssen auch hier kategoriale Merkmale als Grundlage für Beziehungsnetze nachweisbar sein, die raumgebundene kollektive Identitäten schaffen.

Es liegt nahe, derartige kategoriale Merkmale aus der Tatsache abzuleiten, daß Menschen Bewohner des gleichen Habitat[17]) sind. In der Tat lassen sich derartige örtlich verankerte Bezüge ausmachen, denken wir nur an den Begriff „Heimat", der uns als generalisiertes Symbol für Ortsbezogenheit vertraut ist. Analysen über „Heimatgefühl" zeigen nun wiederum, daß örtlich verankerte kollektive Identitäten auf kategorialen Merkmalen beruhen, die jedoch im Unterschied zu Polarisierungsprozessen nicht oder nur ansatzweise auf sozio-ökonomisch fundierte Lebenslagen rückführbar sind. So etwa bildet die Koppelung von langjährigem Wohnen im Geburtsort, Beherrschung lokaler Sprachformen, Einheirat in altansässige Familien, Hausbesitz und anderes mehr ein kategoriales Merkmalssyndrom, das (in Analogie zur kulturanthropologischen Terminologie) als „klassifikatorischer Ortsbezug" bezeichnet werden kann. Ein derartiger Bezug scheint die Basis kollektiver Identitäten zu sein, nämlich dann, wenn sich auf dieser Grundlage Beziehungsnetze aufbauen, die dann trotz aller Heterogenität der Mitglieder als gemeinsame Referenten den örtlichen kulturellen Rahmen besitzen[18]). In städtischen Agglomerationen mit hochgradiger Mobilität der Einwohner sind Menschen mit klassifikatorischem Ortsbezug zum Wohnort in der Minderheit und leben zum Teil über den Wohnort verstreut. Sie bilden unter angebbaren Umständen Nuklei für die Schaffung kollektiver Identitäten, über die im folgenden zu sprechen sein wird.

Allgemein geläufig sind kategoriale Merkmale, die wie klassifikatorische Ortsbezogenheit ebenfalls aus der Tatsache des räumlichen Zusammenlebens entstehen, und hier aus gutem Grund mit der abstrakten Bezeichnung „gemeinsame Interessen" versehen werden. Es handelt sich nämlich um Merkmale, deren Aktualität für die Träger im allgemeinen gering ist und die daher nur unter besonderen Umständen handlungsrelevant werden. Solche Merkmale sind ihrer Vielfalt wegen kaum inhaltlich klassifizierbar. Ihre Bezüge können von Abrißplänen, Lärmbelästigung, Unbehagen am Bauplan des Baus einer Fernstraße durch ein Habitat bis hin zur Suche nach Aufrechterhaltung einer als angenehm empfundenen Nachbarschaft reichen. Soziales Merkmal ist etwa „Wohnen neben einem Bauplatz", Bezugspunkt sind die Pläne der Stadtverwaltung, und eine kollektive Identität räumlicher Art würde sich bei allen Bewohnern der gleichen Wohnlage herstellen — unter Benutzung nachbarschaftlicher Beziehungsnetze. Da nun solche Beziehungsnetze aus den angedeuteten Gründen häufig fehlen, werden kollektive Identitäten aufgrund „gemeinsamer räumlicher Interessen" selten auftreten.

Im allgemeinen gilt auch für die in Frage stehenden Kollektivmerkmale, daß ihre Bezüge bei relativ dauerhafter Aktualität von Organisationen ohne Territorialbezug wahrgenommen werden: Streitigkeiten zwischen Mietern und Hausbesitzern als Merkmalsträger etwa werden an Mieter- und Hausbesitzerverbände delegiert und kollektiv ausgetragen. Räumliche Symbolisierungen sind in diesem Zusammenhang bedeutungslos.

Erst bei Abwesenheit organisierter Vertretungen kann unter diesen Umständen der askriptive Bezug „Wohnen im gleichen Habitat" wirksam werden. Räumliche Symbolisierungen individueller und sympathetischer Art erhalten für die Bewohner bei problembezogener Aktualität einen kollektiven und handlungsrelevanten Gehalt. Die Konsequenzen derartiger Situationen sind abhängig von der sozialen Zusammensetzung nachbarschaftlicher Habitate, von Beziehungsnetzen nämlich und diese wiederum von der Art der sie tragenden sozialen Merkmale[19]).

Ein Vorgang wie die Schaffung einer Bürgerinitiative ließe sich als kurzfristige Polarisierung beschreiben, bei der das Imago und die Referenten des Symbols eines Habitats kollektiv bedeutsam werden. Da im allgemeinen die sozialkategorialen Merkmale der Bewohner nicht polarisiert sein werden, eben weil die gleiche soziale Lage nur im Bezug auf räumliche Nähe betroffen wird, werden solche kollektiven Identitäten eher situativ sichtbar und über den Kreis der Betroffenen hinaus politisch bedeutsam.

7. Zur Verdeutlichung sei auf einen von Siedlungssoziologen längst analysierten Vorgang hingewiesen, der situational „Interessengleichheit" auf räumlicher Grundlage produziert. Gemeint sind Nachbarschaftsbeziehungen und Menschen, die gleichzeitig ohne gemeinsame Motivation in ein Habitat einströmen. Bei massenhaftem Zuzug in neu erstellte Wohnblöcke etwa entstehen ungewohnt enge Beziehungsnetze zwischen Nachbarn auch dann, wenn Ungleichheit in dominanten sozialen Merkmalen vorliegt. Grund hierfür sind auftretende Probleme, etwa Orientierung in ungewohnter Umgebung, Probleme innerhalb des Habitats, die nur mit gegenseitiger Unterstützung zu lösen sind oder die Notwendigkeit, sich zwecks Durchsetzung von „Interessen" gegenüber ökonomischen und politischen Organisationen zusammenzuschließen.

Nachfolgeuntersuchungen zeigen nun regelmäßig, daß derartige Beziehungsnetze von kurzer Dauer sind. Sie lösen sich dann auf, wenn die über dominante soziale Merkmale vermittelten Sozialbezüge Platz greifen, wenn also nicht räumliche Beziehungsnetze, sondern über organisierte Mitgliedschaften (über Rollenbezüge) wirksame Beziehungen aufgenommen bzw. wieder aufgenommen werden. Die räumlich symbolisierte Identifikation bleibt zwar bestehen, doch wird sie bedeutungslos gegenüber anderen Bezügen. Die räumlich gebundenen Beziehungsnetze reduzieren sich auf Kontakte zwischen Familien mit ähnlichen sozialen Merkmalen[20]).

Der Vergleich von nachbarschaftlichem Verhalten in problematischen Situationen mit räumlich bezogenen Bürgerinitiativen ist mehr als nur eine Analogie. In beiden Fällen werden Sozialbeziehungen außerhalb strukturierter Beziehungsnetze aufgenommen; in beiden Fällen basieren sie jedoch auf rudimentären räumlich bezogenen Regelungen.

Das Problem räumlich gebundener Sozialbeziehungen bei gleichzeitiger Dominanz lebensbestimmender sozialer Organisationsformen ohne territoriale Bezüge und Symbolformen läßt sich nunmehr systematisch wie folgt umreißen. Hochgradige Mobilität und Kommunikationsformen, die überregionale Beziehungsnetze ermöglichen, bestimmen die Gestalt städtischer Agglomerationen und Art der Sozialbeziehungen städtischer Bevölkerungen. Handlungsleitende und expressive Symbole beziehen sich meist ebenfalls auf überregionale, kaum städtische Kontexte. Trotz dieser Dominanz lassen sich Bedingungen angeben, unter denen räumlich bezogene Sozialformen wirksam werden und auch, welchen Stellenwert sie als ökologische Variablen annehmen.

Nachbarschaft und klassifikatorischer Ortsbezug scheinen nach wie vor Grundlagen für derartige Sozialformen darzustellen. Beide besitzen Eigenarten, die von Soziologen mit dem Begriff „askriptiv" umschrieben werden. Tönnies hatte Nachbarschaft noch mit „Gemeinschaft" identifiziert. Übrig geblieben ist von dieser Begriffsbestimmung der askriptive Gehalt von Nachbarschaften; das heißt: die Vorstellung, daß bereits räumliche Nähe ohne Vorliegen weiterer sozialer Affinitäten Grundlagen für Beziehungen eigener Art darstelle. Tatsächlich bedingt räumliche Nähe weder die Aufnahme emotiver Beziehungen noch gegenseitige Hilfeleistungen.

Die zahlreichen Analysen über Nachbarschaftsbeziehungen in städtischen Habitaten betonen übereinstimmend den rudimentären Charakter nachbarschaftlichen Sozialverhaltens: gegenseitige Hilfe nur in angebbaren Notfällen und vor allem Grußverhalten werden übereinstimmend diagnostiziert. Im Sinne des vorgestellten Ansatzes nun läßt sich die Bedeutung derartiger räumlicher askriptiver Bezüge wie folgt kennzeichnen: sie stellen latente Beziehungsnetze dar. Grußverhalten unter Nachbarn bedeutet die Durchbrechung einer der zentralen handlungsrelevanten Normen städtischer Bewohner, nämlich von Anonymität gegenüber den Mitbürgern.

Grußverhalten läßt sich als soziometrischer Indikator auffassen, der angibt, wie über askriptive Bezüge organisiertes Handeln ermöglicht wird. Wenn also ein Problem auftaucht, das mit dem Habitat verbunden ist, dann können derartige nachbarschaftliche latente Beziehungsnetze als Übermittler von Kommunikationen oder als Nuklei für Gruppenbildungen angesehen werden. Aktualisierung und das Fehlen funktional spezifischer Verbände wären demnach Voraussetzungen für die Aktivierung derartiger latenter Beziehungsnetze, die askriptiv strukturiert sind und als symbolisches Etikett eine Wohngegend haben. Nachbarschaftliche Verpflichtungen und gegenseitige Hilfeleistungen würden bereits nicht mehr die räumliche Beziehung selbst betreffen, sondern Ausdruck je differenzierter struktureller Verhältnisse sein[21]).

In ähnlicher Weise scheint Ortsbezogenheit im Hinblick auf „gemeinsame Interessen" latenten Charakter zu besitzen. Im Unterschied zu Nachbarschaft sind Ortsbezüge jedoch von Grund auf komplexer. Mit Sicherheit läßt sich annehmen, daß der formale Gehalt von Ortsbezogenheit, der klassifikatorischen nämlich, nur im Außenverhältnis in Erscheinung tritt, während für das Innenverhältnis lokale kulturelle Wertmuster, also inhaltlich fixierte Beziehungen, bestimmend sind.

Der askriptive Gehalt von Nachbarschafts- und Ortsbezug macht beide trotz unterschiedlicher inhaltlicher Ausgestaltung dann zum Kernpunkt für die Aktivierung von Gruppierungen, wenn räumliche Probleme aktualisiert werden. Fehlen derartige Probleme, oder werden diese durch arbeitsteilige Organisationen aufgefangen, dann entwickeln sich gruppenähnliche Beziehungen zwischen Nachbarn oder Menschen mit klassifikatorischem Ortsbezug nur dann, wenn Bedingungen vorliegen, die auch für die Ausbildung von Beziehungsnetzen zwischen mobilen Stadtbewohnern ohne klassifikatorischen Bezug zum Wohnort Voraussetzung darstellen. Gemeint sind hiermit sozial wirksame Merkmale, die affektive Beziehungen begünstigen.

8. Zusammengefaßt läßt sich die Herstellung von Beziehungsnetzen im Zusammenhang mit der Aktivierung räumlicher Bezüge folgendermaßen umreißen. Voraussetzung für die Aufnahme affektiver und kollektiver Beziehungen sind im allgemeinen Mitgliedschaften in arbeitsteiligen Organisationen. Hieraus folgen Rollenbezüge, die überhaupt erst Kennenlernen ermöglichen. Neben dieser eher trivialen Feststellung ist die Tatsache bedeutsam, daß organisatorische Rollenbezüge einen sekundär-askriptiven Bezug festlegen, der häufig mit „Status" gekennzeichnet wird. Derartige Statusmerkmale erzeugen einen Standard, der Gleichheit von Lebenslagen und damit Interessen kollektiver Art produziert und wiederum Voraussetzung für dauerhafte Sozialbeziehungen außerhalb organisatorischer Rollenbezüge darstellt. Symbolismen solcher sekundär-askriptiven Bezüge sind im allgemeinen nicht räumlicher oder örtlicher Art.

Neben derartigen askriptiven Kollektiven stehen räumliche askriptive Bezüge, die Voraussetzung für gerichtetes soziales Handeln darstellen, sofern Aktualisierungen räumlicher Symbole erfolgen. Entfällt das aktuelle Problem, dann reduzieren sich die Beziehungsnetze auf ihre latente Struktur. Dieser Vorgang der Reduktion tritt nur dann nicht ein, wenn Gleichheit in bezug auf handlungsrelevante Sozialmerkmale unter Nachbarn oder zwischen Menschen mit klassifikatorischem Ortsbezug vorhanden sind. Dauerhafte Beziehungen werden in solchen Fällen die Regel darstellen. Falls zusätzlich eine Polarisierung derartiger sozialer Merkmale auf räumlicher Grundlage entsteht, dann wird die räumliche Symbolisierung nicht nur für das betreffende Kollektiv bedeutsam, sondern darüber hinaus sichtbar und handlungsrelevant für Menschen außerhalb des betreffenden Quartiers und der Gemeinde.

Polarisierung meint in diesem Zusammenhang eine Klumpung sozialer Merkmale von Menschen in einem Wohngebiet derart, daß diese Klumpungen unterscheidbar von entsprechenden Koppelungen sozialer Merkmale bei Kollektiven außerhalb des Wohngebiets werden. Ghettos, Slums und Villenviertel sind nur Extrembeispiele; Arbeiterviertel in vorwiegend von Dienstleistungen lebenden Gemeinden etwa stellen ebenfalls Ansätze für symbolisierte Polarisierungsprozesse dar. Unter den angedeuteten Umständen fallen Identifikationen mit dem Quartier oder der Gemeinde mit nachbarschaftlichen Beziehungsnetzen zusammen, wobei selbstverständlich keineswegs alle Nachbarn in einem Block oder Quartier miteinander direkt soziometrisch verbunden sein werden. Bei auftretenden Problemen wird das gemeinsame Symbol räumlicher Art aktualisiert; und entsprechende Handlungsformen erfolgen relativ schnell und können sogar zu formellen Organisationsansätzen führen, die über einen längeren Zeitraum wirksam bleiben.

9. In diesem Aufsatz können nur einige Implikationen der verwobenen Prozesse abgehandelt werden. Als Ergebnis läßt sich festhalten, daß Sentimente und Symbolisierungen ökologischer Einheiten keine Residuale darstellen, sondern als Bestandteil auch funktional differenzierter Prozesse gesehen werden müssen. Entscheidend bleibt die Feststellung, daß Soziotopen auf der Grundlage heterogener Variablensyndrome entstehen; daher gibt es keinen Automatismus bei der Schaffung solcher Symbolisierungen und Sentimente, die kollektive Identitäten kurz- oder langfristiger Art herstellen. Zu berücksichtigen ist ferner, daß die über kollektive Identitäten produzierten Symbole sich kaum auf das gesamte zugrunde liegende Soziotop beziehen, sondern auf Teile dieses Soziotops. Darüber hinaus können räumliche Symbole Ausdruck für askriptive Elemente von Sozialsystemen ohne territoriale Grundlage sein.

Auf diese Weise entstehen eine Fülle übereinandergelagerter Schichten ganz unterschiedlicher Sentimente und Symbolisierungen, die sich sowohl auf ökologische Einheiten als auch nicht den Raum betreffende Institutionen und Organisationsformen beziehen. Am auffälligsten ist die Wirksamkeit ökologisch bezogener Symbolisierungen im Falle der angedeuteten Polarisierungsprozesse; das heißt wenn eine Koppelung sozialkategorialer Gemeinsamkeiten bei den Bewohnern eines Habitats vorliegt. Unter angebbaren Umständen aktualisieren sich derartige Symbolisierungen derart, daß es zu Stabilisierungen oder Veränderungen des Habitats kommt.

Die Bedeutung kulturökologischer Prozesse geht jedoch über derartige auffällige Phänomene hinaus. Allem Anschein nach haben kulturökologische Variablen den gleichen Stellenwert, wie sie die Analyse „informeller Gruppen" in hochgradig arbeitsteiligen und ausdifferenzierten Superstrukturen zur Folge gehabt hat. In all diesen Fällen handelt es sich, analytisch gesehen, um die Wiederentdeckung der Bedeutung askriptiver Prozesse für die Arbeitsweise funktionsbezogener und rollenspezifizierter Handlungssysteme. Alle diese Prozesse, die auf askriptiver, besser sekundär-askriptiver Grundlage beruhen, haben eine Reihe gemeinsamer Charakteristika. Gruppierungen auf derartiger Basis sind von Makrostrukturen abhängig. Bestand und Dauer sind stets gefährdet; es besteht eine geradezu atemberaubende Tendenz in Hinblick auf Mitgliederwechsel, auf Prozesse der Desorganisation und Desintegration. Gleichzeitig beobachtbar aber ist die Entstehung neuer Gruppierungen mit identischer Basisstruktur. Alle Merkmale zusammengenommen weisen darauf hin, daß es sich eben nicht um ephemere Vorgänge handelt.

Eine systematische Analyse der Zusammenhänge ist im Bereich der Siedlungssoziologie anders als im Fall etwa der Organisationssoziologie bislang nur in Ansätzen erfolgt. Wenn dies der Fall ist, dann legt der hier vorgetragene Ansatz den Verdacht nahe, daß die bisherigen Methoden kulturökologischer Vorgehensweisen unzureichend sind. Wenn nämlich die hier behaupteten Zusammenhänge zutreffen, dann ist klar, daß der Versuch der Erhebung von Umweltwahrnehmung und ihre Folgen höchst problematisch ist, sofern nicht gleichzeitig die heterogenen strukturellen Elemente, auf denen Symbolisierungsvorgänge aufbauen, mit berücksichtigt werden.

Anmerkungen

[1]) Vgl. G. HARD, Die Geographie. Eine wissenschaftstheoretische Einführung, Berlin, New York 1973, S. 195 ff.

[2]) R. KRYSMANSKI, Bodenbezogenes Verhalten in der Industriegesellschaft. Materialien und Ergebnisse empirischer Sozialforschung, Bd. 2, Münster 1967.

[3]) H. SPROUT, M. SPROUT, Ökologie. Mensch-Umwelt, München 1971.

[4]) A. MITSCHERLICH, Die Unwirtlichkeit unserer Städte, Frankfurt 1965.

[5]) Vgl. L. WIRTH, Urbanität als Lebensform, in: U. HERLYN (Hrsg.), Stadt- und Sozialstruktur, München 1974.

[6]) Dieser Ansatz liegt bereits der klassisch gewordenen Umschreibung des Gegenstandsbereichs der Sozialökologie zugrunde: vgl. R. D. McKENZIE, Konzepte der Sozialökologie, in: P. ATTESLANDER, B. HAMM (Hrsg.), Materialien zur Siedlungssoziologie, Köln 1974.

[7]) Vgl. R. KÖNIG, Grundformen der Gesellschaft: die Gemeinde, Hamburg 1958, S. 18 ff.

[8]) S. RIEMER, The nucleated city, British Journal of Sociology, Vol. XXII, No 3, 1971.

[9]) W. FIREY, Sentiment and Symbolism as Ecological Variables, American Sociological Review, Vol. 10, 1945, S. 140—180. R. M. DOWNS, Geographic space perception, in: Progress in Geographie, Vol. 2, London 1970; Th. F. SAARINEN, Perception of Environment, Washington 1969.

[10]) P. H. CHOMBART DE LAUWE, Paris et l'agglomération parisienne, 2 Bde, Paris 1952; K. LYNCH, Das Bild der Stadt, Berlin, Frankfurt, Wien 1965.

[11]) Vgl. C. K. OGDEN, I. A. RICHARDS, The Meaning of Meaning, London 1956.

[12]) Vgl. B. SCHÄFERS, Soziologie als mißdeutete Stadtplanungswissenschaft, in: Archiv für Kommunalwissenschaften 9, 1970.

[13]) Vgl. E. SHEVKY, W. BELL, Social Area Analysis, in: G. THEODORSON, Studies in Human Ecology, S. 226—235.

[14]) Verwiesen sei auf die nach wie vor klassische Studie von L. WIRTH, The Ghetto, Chicago 1928.

[15]) R. HEBERLE, Das normative Element in der Nachbarschaft, in: Kölner Zeitschrift für Soziologie und Sozialpsychologie 11, 1959.

[16]) Derartige Prozesse sind bei einem internationalen Vergleich in den USA häufiger als in Deutschland anzutreffen, in Klein- und Mittelstädten verbreiteter als in Großstädten. Dies steht in Zusammenhang einmal mit einer ausgeprägten Normenstruktur in Hinblick auf „normative" Nachbarschaft, mit den Auswirkungen der andersartigen Gemeindeordnung nordamerikanischer Siedlungen sowie mit speziellen Polarisierungsprozessen. Vgl. hierzu M. M. GORDON, Assimilation in American Life, New York 1964.

[17]) Der hier benutzte Begriff des „Habitat" wird im Sinne von UEXKÜLL gebraucht: J. v. UEXKÜLL, Theoretische Biologie, 2. Aufl., Berlin 1928, S. 143.

[18]) H. TREINEN, Symbolische Ortsbezogenheit, in: Kölner Zeitschrift für Soziologie und Sozialpsychologie, 17, 1965.

[19]) Vgl. R. KÖNIG, a. a. O., S. 46—50.

[20]) Statt vieler einschlägiger Untersuchungen vgl. J. C. CHAMBOREDON, M. LEMAIRE, Räumliche Nähe und soziale Distanz, in: P. ATTESLANDER, B. HAMM (Hrsg.), a. a. O.

[21]) B. HAMM, Betrifft: Nachbarschaft, Düsseldorf 1973.

Hermann Glaser

Kulturökologie / Cultural Ecology

Summary

Seen from the point of view of cultural policy, cultural ecology is both an analysis of, and also a way of improving, the relationship between man and his cultural environment (and I mean here man as a cultural individual and as a collective being); and how this environment can be formed and reformed with regard to man in the process of cultural self-realisation or man striving after cultural self-realisation. If we divide cultural ecology into three fields within cultural policy in practice it comes to mean: contemplation on cultural topography, cultural psychology and cultural pedagogics, whereby all three fields must, in their turn, include the aspect of cultural economy in the sense that their activities must be realistic and realisable. And finally, all these areas must be integrated into an anthropological view of culture, since cultural policy cannot be convincingly pursued without an overall conception of mankind.

Cultural topography must find out how cultural centers must be planned and sited so that they become true centers of culture. It must test out the reciprocity between central and decentralised facilities aiming both at aesthetic perfection and at motivating amateur creativity. Cultural topography has as its starting point the value of the "niche" and of cultural togetherness. Cultural psychology and cultural pedagogics investigate the role of cultural "play-grounds" and the aims, material and methods of cultural programs which are designed to help develop a sense of collective identity in complex societies.

I

„Kulturökologie" ist dem Terminus nach für Stadtentwicklungsplanung und Kulturpolitik noch ein ziemlich unbekannter Begriff, wird aber dem Sinne nach in zunehmendem Maße verstanden, wobei der Weg von der Theorie in die Praxis nach wie vor lang, beschwerlich und mit vielen Hindernissen versehen ist. Solches Verständnis der Kulturpolitik für Kulturökologie, also von Kulturpraxis für Kulturtheorie, ist freilich nur ein Vor-Verständnis. Es gilt, die interdisziplinären Forschungsergebnisse der Kulturökologie, soweit diese schlüssig vorliegen, so zu vermitteln, daß der Kulturadministrator wie Kulturmanager sie zu instrumentalisieren und im Rahmen seines cost-benefit-Denkens zu nutzen vermag („benefit" hier im Sinne des anglischen Wortsinnes als „Wohltun" und „Wohlbehagen", also nicht vordergründigmonetär, sondern eben kulturökologisch verstanden). Die nachfolgenden Betrachtungen werden angestellt unter dem Aspekt von Kulturpraxis bzw. Kulturpolitik, können somit, methodisch wie inhaltlich gesehen, nur dieses Vor-Verständnis artikulieren, Theoriedefizite von Praxis aufzeigen und Erwartenshaltungen von Praxis gegenüber Theorie formulieren – ausgehend von dem Kant-Satz, daß Praxis häufig so schlecht ist, weil die Theorie fehlt, zum anderen die Notwendigkeit von Praxis für Wissenschaft, besonders für Kulturökologie, unterstreichend (da jene leer bleiben würde, wenn die empirische Verifikation oder Falsifikation fehlte). Der heuristische Wert des Modells wird gerade für die Theorie-Praxis-Problematik von Kulturökologie von ausschlaggebender Bedeutung sein.

II

Analyse wie Verbesserung der Beziehungen zwischen Mensch und Umwelt – das bedeutet unter dem Aspekt des Kulturökologischen: Analyse wie Verbesserung des Verhältnisses des Menschen als kulturellem Wesen wie Zoon politikon zu seiner kulturellen Umwelt; und wie diese Umwelt in bezug auf den kulturell sich verwirklichenden bzw. Verwirklichung anstrebenden Menschen gestaltet oder umgestaltet werden kann. Kulturökologie, aufgefächert in drei kulturpolitische Praxisbereiche, hieße: Nachdenken über Kulturtopographie, Kulturpsychologie und Kulturpädagogik, wobei alle drei Bereiche wiederum im Sinne eines realistischen Handelns den Aspekt des Kulturökonomischen berücksichtigen müssen. Schließlich sind diese Bereiche einzubinden in eine kulturanthropologische Betrachtungsweise, denn ohne eine Vorstellung vom Menschen bzw. ohne ein Menschenbild läßt sich weder Kulturpolitik noch Kulturökologie stringent betreiben, läßt sich die Frage eines schlechten oder guten, zu belassenden oder zu verbessernden Verhältnisses zwischen Mensch und Umwelt nicht beantworten. Kulturanthropologie sollte freilich die Notwendigkeit „negativer Anthropologie" verinnerlichen, wonach das Wesen des Menschen nicht auf den Begriff gebracht werden kann, die Offenheit zur Fortschreibung stets erhalten bleiben muß. Axiome müssen freilich gesetzt werden – sie sind in der Bundesrepublik durch das Grundgesetz gegeben.

III

Kulturtopographie bedeutet zunächst Deskription bzw. Fixierung „lokaler" und lokalisierbarer Umwelt, Ortsbestimmung im konkreten Sinne; auf der Meta-Ebene bedeutet Topos Metapher, das Konkret-Gegenständliche ins Sinnbildliche transzendierend. Aufgabe der Kulturtopographie ist es zu prüfen, wie Kulturorte angelegt und strukturiert sein müssen, um wirklich Kulturorte zu sein: wie die Wechselbeziehungen zwischen Kulturorten und Umwelt aussehen sollten und wie diese Umwelt auf die Kulturorte hin orientiert werden kann; e contrario, wie gestörte topographische Verhältnisse herauszufinden, welche kulturtopographischen Korrekturen bzw. Therapien daraus abzuleiten sind. Es ist natürlich hier nicht möglich, die Kulturorte in diesem Sinne en détail zu beschreiben (das Theater, das Museum, das Bildungszentrum, das Kommunikationszentrum, die Bibliothek, die Kunsthalle, um nur einige zu nennen); wohl aber lassen sich einige topographische Grundsätze – im Sinne der Praxisvorstellungen von Kultur wie der ökologischen Reflexion darüber – aufstellen.

Kultur ist für den einzelnen wie für die Gesellschaft eine zentrale Aufgabe; notwendig sind dementsprechend zentrale Einrichtungen. Diese müssen jedoch multizentral ausgerichtet sein. Laßt viele Zentren blühen. Dies bedeutet einmal die Pflege und entsprechende Ausstattung von Großzentren, die sich hohen kulturellen wie ästhetischen, im besonderen professionell anzuwendenden Maßstäben verpflichtet fühlen. Wer die Opernhäuser zu verbrennen sucht, vernichtet damit einen wichtigen kulturellen Kommunikations- wie Sozialisationsort. Der demokratische Legitimationsdruck, unter dem die meist intensiv subventionierten, oft jedoch als traditionell und konventionell verschrienen Kulturorte stehen, fordert freilich dazu auf, solche Zentren ständig kritisch zu reflektieren, so daß Fehlentwicklungen, also etwa in Richtung affirmativer Kultur bzw. der Perversion von Kultur in Agenturen des herrschenden Geschmacks, gegengesteuert werden kann, sie also wirklich als zentrale Topoi sich erweisen. Das bürgerliche Theater ist nicht tot. Es ist tot als Prestigeort der Bourgeosie, es lebt neu als staatsbürgerlicher Kulturort. Und dies trifft für alle zentral-professionellen Einrichtungen zu.

Zum Zentralen und Perfekten muß das Dezentrale, Improvisatorische und Amateurhafte treten. So wie es falsch ist, den Kulturort allein dadurch legitimieren zu wollen, daß er das Mittun ermöglicht (wie es innovatorische Ideologie häufig versucht), so falsch wäre es, die sogenannte passive Rezeption, die jedoch durchaus geistig-seelisch zu dynamisieren vermag, als alleinige Möglichkeit von Kultur zu bezeichnen. Die dezentrale Kultur ist keine alternative Kultur. Es geht um eine Sowohl-als-auch-Kultur. Dezentrale Kultur ist eine andere Form von Kultur, sich stützend auf das Mittun des Laien, das hier nicht vom ästhetischen Niveau der „Produktion", sondern von der Qualität des Mittuns zu beurteilen ist.

Der Topos „Kultur-um-die-Ecke" bedeutet also zweierlei, einmal, „lokal" gesehen, die Schaffung von kulturellen Kleinzentren, die in Form eines engmaschigen Systems die kulturellen Umweltbeziehungen (in Stadt und Land) durch integrative Nähe zu verbessern, kulturelle Symbiosen zu erleichtern suchen; solche Kleinzentren, soziokulturelle Begegnungsstätten mit den ihnen eigenen Formen der Sozialisation, Kreativität und Kommunikation, sind höchst unterschiedlich plazierbar: in einer geeigneten großen Wohnung, in einem Depot, in einem Lagerhaus, in einer Fabrik, in einer Garage, in einer Tankstelle, in einem Warenhaus etc. Zum anderen bedeutet „Kultur-um-die-Ecke" „metaphorisch" ein bestimmtes kulturelles Angebotsspektrum. Ich spreche gerne in diesem Zusammenhang von der Notwendigkeit einer „Kulturladenkette", wobei die damit bewirkte Rationalisierung („im Dutzend billiger") das Kulturökonomische gut zu berücksichtigen weiß.

Ein weiterer wichtiger topographischer Begriff scheint mir „Nische" zu sein; im Sinne der „ökologischen Nische"; Ort, der sowohl Privatheit wie Öffentlichkeit ermöglicht. Die Nische ist aus der „Geometrie der Effizienz" ausgespart, „Beiseite-Ort", ohne deshalb abseits zu sein; sie ist so gestaltet, daß sie Abkapselung verhindert, im Verbund mit dem „Gesamtraum" bleibt. In der Nische finden Symbiosen statt, die ansonsten nicht stattfinden; im besonderen Symbiosen kultureller Art, die Leistungs- und Konsumdruck erschweren. Von der Lokalisation her bedeutet „Nische" kulturelles Groß- wie Kleinzentrum, denn auch das Großzentrum muß Nische in der Stadt sein (so wie das Kleinzentrum im Stadtteil). Die Kulturorte müssen in ihrer Architektur, vor allem in ihrer inneren Gestaltung, einschließlich „Wabenbildung", ständig die Oszillation von Individuum und Kollektiv, von Einzel- und Gruppentätigkeit, von Extraversion und Introspektion ermöglichen. Gerade der Schulbau hat, wenn auch nur in wenigen Beispielen, gezeigt, was solche Gehäuse kulturökologisch bzw. kulturtopographisch zu bedeuten vermögen. Nicht, daß durch Architektur a priori kulturelle Symbiosen „produziert" werden können, wohl aber lassen sich die Voraussetzungen dafür schaffen, daß Symbiosen besser gelingen. Die Kulturnische wirkt heuristisch für kulturpädagogisches Tun, d. h. für die Vermittlung von Kultur wie ihre Rezeption. Eine gesprächs- bzw. kommunikationsgerechte Ambiente bestimmt in Rückkoppelung insofern die Inhalte, als Mentalitätsmuster nicht von ihrer Umwelt gelöst betrachtet werden können. Am runden Tisch sind erfahrungsgemäß Auseinandersetzungen humaner, Konsensmöglichkeiten besser als bei einer Ex-cathedra-Konstellation.

Man wird — in einem metaphorischen Sinne — auch von einer Zeitnische sprechen dürfen. Wenn man davon ausgeht, daß Kulturvermittlung nicht rigoros sich ihre eigene Zeitstruktur schaffen darf, sondern sich anpassen muß an den Lebens- und Arbeitsrhythmus der Adressaten, muß die übliche abendliche Kulturvermittlungszeit durch Vermittlungszeiten aufgelockert werden, die neue „Annäherungen" ermöglichen. Unter „Zeitnische" sei vor allem verstanden, was eingefügt werden kann in den „Tageslauf". Etwa Programme, die als Lunch-time-program die Mittagszeit nutzen, an Orten, in denen Menschen bei Arbeitsintervallen sowieso zusammenkommen. Dadurch wird auch das Angebot im Kulturellen bestimmt: Die Zwölf-Uhr-Kulturetüde, angesiedelt in der Kantine, im Café, in der Buchhandlung, im Vorraum des Museums, in der Sparkassen- bzw. Bankschalterhalle muß inhaltlich wie methodisch dem Begriff der Zeitnische entsprechen.

„Nische" unter dem Aspekt von Stadtsanierung betrachtet bedeutet Punktsanierung: Aufwertung depravierter „Einzelteile" im Stadt-Ensemble. Einige einschlägige Metaphern sprechen von „Stadtreparatur" bzw. von der Beseitigung von „Zahnlücken" (allerdings euphemistisch — ist doch die Stadt oft schon zahnlos geworden, wenn man ihren Weg von Metropolis über Profitopolis und Megalopolis zu Nekropolis betrachtet).

IV

Kulturpsychologie. Die Betrachtungsweise auf der Metaebene des Kulturtopographischen impliziert in allen Punkten kulturpsychologische wie kulturpädagogische Aspekte. Die Verzahnung von Topos und Psyche läßt sich besonders gut verdeutlichen, wenn man den Topos „Zentrum" dahingehend definiert, daß er durch die Quantität, Qualität und Kontinuität der Mikroereignisse bestimmt wird. Die Identität des Menschen mit seiner Umwelt, mit seiner Stadt — und Identität ist ja gleichzeitig die Voraussetzung, daß man mit Umwelt nicht nur sensibel geistig-seelisch sich verbindet, sondern sie auch zu gestalten vermag! — wird hergestellt oder gefördert durch die Fülle der Einzelsignale, durch ihre Abwechslung, ihre „kreativierende" Qualität und durch ihren kontinuierlichen „Fluß". So wie die Dachlandschaft einer Stadt oder die Gestaltung von Häuserfassaden, also das Wechselspiel von Impuls und Rezeption, die Identität mit Umwelt cooziert, hat Environmentalpsychology in einem kulturpsychologischen Sinne die Aufgabe, Kultur und Kulturentwicklung so zu gestalten helfen, daß sie in der Fülle von Impulsen sich zu verwirklichen vermag. Die „ästhetische Erziehung des Menschen", um eines der für Kulturpolitik aktuellsten Traktate zu erwähnen (von Friedrich Schiller unter dem Eindruck der Möglichkeit wie Perversion der französischen Revolution geschrieben, im „ästhetischen Staat" die eigentliche Wiederentdeckung des Humanen erwartend), ist die eines engen psychologischen „Verbundsystems", das es zu erforschen, zu strukturieren und zu praktizieren gilt.

Spielraum, umwelt- bzw. kulturpsychologisch interpretiert, ermöglicht dem Einzelnen wie der Gruppe durch Selbstgestaltung und Mitwirkung in einer komplexen und komplizierten Gesellschaft individuelle wie kollektive Identität herzustellen. Auf der Ebene der Stadtentwicklungsplanung bedeutet dies „Spielraumplanung", die u. a. dem ästhetischen Dogmatismus von Stadtplanern und Architekten entgegensteht. „Schrebergarten" ist kommunikativ wertvoller als „Begleitgrün", ein selbstgestalteter Hinterhof (als Hinterhofoase) hat größeren Identifikationswert als Platzgestaltung nach Werkbundnorm. Dies soll natürlich nicht ausschließen, daß es auch Bereiche geben muß, die geschmacksnormativ gestaltet werden. Nicht der Architekt wird kritisiert, sondern sein Absolutheitsanspruch (wenn er besteht). Selbstverständlich ist es Aufgabe von Wissenschaft zu verhindern, daß Menschen immer wieder über ihre Fehler und immer wieder über ihre gleichen Fehler stolpern. Kulturökologie in einem kulturpsychologischen Sinne muß aber auch den Raum bieten, daß Menschen immer wieder neu Erfahrungen sammeln können, gerade im Bereich von kommunikativer Kreativität bzw. kreativer Kommunikation.

„Wiederentdeckung des Ästhetischen" bedeutet auch Wiederentdeckung des Amateurs. Sein Tun ist für ihn stets neu und originell. Auch wenn die Produkte amateurhaften Tuns, objektiv gesehen, sich gleichen und wiederholen — sie wieder-holen, psychologisch gesehen, was vielfach verschüttet ist. Kulturelle Kommunikationszentren für Jugendliche z. B. müssen in einem soziokulturellen wie politischen Sinne Freiräume der Selbsterprobung auch dann sein, wenn Kollisionen mit den Normvorstellungen der Gesellschaft dadurch unvermeidlich sind. „Trial and error" ist stets ein mühsamer Prozeß — Equilibristik (Netz erwünscht!).

V

Deutlich ist geworden: Kulturtopographie und Kulturpsychologie bedeuten gleichermaßen Kulturpädagogik. Die Verzahnung ist bereits mehrfach angedeutet worden. Das Gesagte muß nicht wiederholt werden, doch kann eine gewisse Zusammenfassung vielleicht mit dem Begriff des „kulturellen Curriculums" versucht werden. Kulturelle „Lern"- und „Lehrziele", kulturelle Methoden und kulturelle Stoffe müssen reflektiert werden. Freilich in einem ganz anderen Sinne als beim schulischen Curriculum, das viel stärker stringent aufgebaut ist und seltener fortgeschrieben wird.

Kulturelles Curriculum: die Ziele, Methoden und Stoffe des Theaters, des Museums, Ausstellungswesens, besonders auch neuartiger Kulturvermittlungsstellen, befinden sich in einer konstanten Fortschreibung, was aber keineswegs mit unreflektierter Zufälligkeit gleichzusetzen ist. Am Beispiel Theaterspielplan: zu wenig wird darüber nachgedacht, was Theaterspielpläne in einem kulturökologischen Sinne, die Beziehungen des Menschen als Kulturwesen zum Kulturort Theater betreffend, darzustellen haben. Kulturpädagogische Arbeit ist reflektierte Aleatorik. Dies kann im Detail nicht aufgezeigt werden, da zu wenig empirisches Material hierzu vorliegt. Ich substituiere solches Defizit durch eine Anekdote: „Einige Indianerstämme in Nordamerika lebten von der Elchjagd. Sie folgten den Tieren auf ihren Wechseln und erlegten sie, wie man das mit ihren Waffen tun kann. Aber oft genug trafen sie die Elche nicht auf den gewohnten Pfaden, und dann wandten sie einen Zauber an: Sie warteten, bis ein Elch irgendwo austrat, nahmen einige Elchknochen aus einem Lederbeutel und warfen sie auf den Boden; sie folgten dann — nicht dem Elch, sondern der Richtung, in die die Knochen zeigten, und kamen unfehlbar mit einer reichen Jagdbeute zurück. Anthropologen, die die Indianer beobachteten, versuchten der Sache auf den Grund zu kommen. Nach langem Nachdenken — denn zu sehen gab es nicht mehr als berichtet — kamen sie zu folgender Lösung: Die Elche waren nicht dumm, und wenn sie auf ihren gewohnten Wechseln regelmäßig überfallen wurden, mieden sie diese eben und stöberten in anderen Gegenden umher. Wenn nun die Knochen geworfen wurden, fielen diese in beliebige Richtungen und jedenfalls selten in die Richtung der Elchpfade. So vermieden denn die Elche die regulären Pfade, die Knochen vermieden die regulären Pfade, und die Indianer vermieden die regulären Pfade mit dem Ergebnis, daß sich Jäger und Wild trafen — at random." (Berichtet von Hartmut von Hentig.)

VI

Kulturpolitik muß machbar sein, d. h. die Blütenträume müssen reifen können. Dies kann freilich nicht geschehen, wenn sie weiterhin wie bislang in den öffentlichen Haushalten unbelichtet dahin vegetieren — wenn Politiker ihr Herz für die öffentliche Finanzierung lediglich in Sonntagsreden entdecken. „Der Mensch lebt nicht vom Brot alleine." Es geht dabei nicht um eine kulturökonomische Hybris. Wir wissen, welche wichtigen Aufgaben gesamtgesellschaftlich auf uns zukommen und noch bewältigt werden müssen. Dazu gehört aber auch die mentale Verelendung des Menschen, die bereits eine tragische Dimension angenommen hat; man denke an Alkoholismus, Drogen, Kriminalität als Folgen von Einsamkeit und Frustration. Es ist kulturökonomisch durchaus sinnvoll, wenn nicht zu berechnen, so doch zu kalkulieren, was billiger kommt: Frustration und Frustrationsaggressivität abzubauen, oder Polizei aus- und Rehabilitätionszentren aufzubauen. Diese Hinweise sollten nur das Feld abstecken, auf dem Kultur als Sozialpolitik als volkswirtschaftlich relevant sich erweist. Es wird Zeit, mit den von Finanztechnokraten manipulierten Feststellungen aufzuräumen, daß Kultur eine freiwillige Leistung, eine Frage der Subventionen sei. Kultur ist vielmehr Teil der öffentlichen Finanzierung — Gemeinwesen- und Gemeinwohlarbeit. Dieses Bewußtsein so zu verstärken, daß es zum vorherrschenden Bewußtsein wird, mag auch eine wichtige Aufgabe von Kulturökologie sein; Kulturpolitik bzw. Kulturpraxis, die vielfach — von der Legitimation wie vom allgemeinen Begründungszusammenhang her — recht wacklig auf den Füßen steht, muß deshalb nicht unbedingt auf den Kopf zurückgestellt werden; wohl aber wäre der Kopf beim Handeln (damit dieses sehender wird!) mehr ins Spiel zu bringen.

IV. Städtische Umwelt und sozialwissenschaftliche Forschungen
Approaches of the Sozial Sciences Research on Problems of the Urban Environment

René König

Die Pioniere der Sozialökologie in Chicago
The Pioneers of Social Ecology in Chicago

Summary

This paper deals with the first developments of urban ecology at the University of Chicago between 1914 and 1939 as initiated by Robert E. Park and his colleagues and/or students like Roderick McKenzie, Ernest Burgess, Louis Wirth o. a. As a younger student of this famous school, Morris Janowitz, summarized it recently: "These men were fascinated with the complexities of regularities in its apparent confusion." Among these regularities, the ecological factor is of the utmost importance, insofar as the urban community develops in space. Therefore, the different concepts of population segregation are discussed, like natural area, invasion, dominance, succession. One of the most interesting studies deals with the "Ghettos" in metropolitan areas which are not only to be found with Jewish populations, but with other immigrants as well. The pioneers of Chicago also dealt with the problems of marginality, minorities, crime and deviant behavior considered in their spatial aspects. All these problems have raised a new and considerable attention in contemporary sociology, without, however, taking into consideration most of the time that this has been a well established field of research for more than half a century.

Es gibt einen Bericht über Chicago von einem Engländer, der die Stadt im Jahre 1830 besucht hatte; er beschreibt sie als einen Ort voller „Halunken jeder Art, schwarzer, brauner, roter Rasse ... von Mischlingen mit halber, Viertels- oder gar keiner Rasse". Dies Dokument wurde etwas mehr als 100 Jahre später (1945) von zwei schwarzen Angehörigen der berühmten Chicago Schule der Soziologie und speziell Großstadtsoziologie, St. Clair Drake und Horace R. Clayton, benutzt, um das Bild Chicagos als einer wilden Grenzerstadt zu entwerfen[1]), die es damals zweifellos war. Dementsprechend beschäftigten sich seit Ende des 19. Jahrhunderts vor allem Journalisten und Reporter mit der dramatischen Szenerie der werdenden Großstadt Chicago, insbesondere jene Gruppe, die man später als „muckraker" bezeichnete, also als Schmutzkehrer, die den verhängnisvollen Preis an menschlichen Opfern zeichneten, die als Nebenwirkung des vermeintlich stürmischen Fortschritts anfielen, als Bestätigung der alten These von Henry George[2]), daß „Fortschritt und Armut" eine fatale Tendenz haben, sich gemeinsam zu entwickeln. Der jüngst verstorbene niederländische Soziologe und Amerikanist Arie N. J. Den Hollander[3]) spricht von den „Demaskierern" und „Enthüllern" des amerikanischen „Gilded Age", der eigentlichen Parallele zum britischen „Victorianismus"; eine ähnliche Rolle spielen hierbei Sozialarbeiter aller Art, auch Vertreter der Kirchen, die sich bemühten, die Wirklichkeitsenthobenheit geistlicher Fürsorge zu überwinden und sie mit einem realistischen Unterbau zu versehen, was angesichts der bestürzenden Ausmaße der sozialen Katastrophen von damals und der Neuartigkeit dieser Erfahrungen in der werdenden Metropole Chicago dringlichst erfordert wurde[4]).

Das ist ungefähr die Situation, wie sie sich am Vortag des Ersten Weltkrieges darbot. Sie ist auch der Hintergrund des großartigsten Pioniers der Chicago Schule, aus dessen Tätigkeit die neue Disziplin der Großstadtökologie entsprang. Robert Ezra Park (1864–1944), der genau im Jahre 1914 im relativ späten Alter von 50 Jahren an die Universität Chicago berufen wurde[5]), die bis zum Zweiten Weltkrieg unangefochten führend war auf dem Gebiet der Soziologie insgesamt, speziell auch der Ökologie; zuerst prägte Park den Terminus Stadtökologie in einem Aufsatz von 1915[6]); er wurde dann weiter geklärt durch ihn selber und seinen engen Mitarbeiter Roderick D. McKenzie[7]); wir sind auch darüber informiert, daß Park selber im Jahre 1926 einen Vorlesungskurs über dies Thema hielt[8]). Seit dieser Zeit ist der Terminus in der Weltsoziologie fest eingebürgert. Damit war aber auch eine grundsätzliche Frontenänderung insofern eingetreten, als man sich nicht mehr mit Enthüllung und Demaskierung, mit Anklagen und Aufrufen zur Hilfeleistung an die Unterprivilegierten und die Opfer des „Fortschritts", nicht mehr mit Verurteilung der menschlichen Verderbtheit und Verwahrlosung begnügte, sondern es zum ersten Mal versuchte, diese höchst verwickelten Prozesse realistisch zu beschreiben und methodisch zu beobachten, eventuell auch die Frage nach den spezifischen „Ursachen" der geschilderten Erscheinungen ausfindig zu machen, um eine größere Zielsicherheit in ihrer Überwindung zu erreichen. In einem gemeinsam verfaßten Werk entwerfen Park und sein Schüler Ernest W. Burgess[9]) schon früh (1921) ein ausgearbeitetes methodologisches Programm, dessen Leitlinien auf diesem Gebiet bis heute wegleitend gewesen sind.

Mit dieser Wendung läßt Park seine erste Existenz als Journalist und Reporter hinter sich und entwickelt eine neue wissenschaftliche Optik, mit deren Hilfe er das, was bisher nur als ein Chaos erschien, auf Regelmäßigkeiten und Gesetzlichkeiten abzuhorchen unternimmt. Morris Janowitz in Chicago, selber ein ferner und indirekter Schüler von Park und der anderen Pioniere von Chicago, brachte den Sinn dieses Unternehmens vor kurzem auf eine eindrucksvolle Formel: "These men were fascinated with the complexities of the urban community and the prospects of discovering patterns of regularities in its apparent confusion."[10]) Mit diesem Programm lebt das Erbe der Männer von Chicago weiter bis zu uns, insbesondere auch als wirksames Regulativ gegen jene heute wieder modische Großstadt-Kritik, die es über das Bejammern des vermeintlichen Untergangs unserer Welt völlig vernachlässigt, sich darüber Rechenschaft zu geben, was eigentlich geschieht. Damit nehmen sich aber diese Kritiker jede Chance zu einer wirksamen Aktion; denn um eine substanzielle Veränderung des Geschehenen zu erreichen, muß man zuerst wissen, was man tun will, was man tun kann und was man tun muß. Das ist der allgemeine Rahmen, in dem es zur Ausbildung der Stadtökologie gekommen ist.

Allerdings soll das nicht heißen, daß Stadtökologie die einzige Leistung von Park und der Gruppe seiner Freunde geblieben sei (von denen wir bereits einige genannt haben). So war McKenzie speziell interessiert am Ausbau eines klassifikatorischen Systems der Städte, womit er direkt und indirekt weithin gewirkt hat[11]). Burgess war primär am Entwurf einer ökologischen Entwicklungshypothese der Stadt interessiert, die unter dem Namen „Zonentheorie" bis heute diskutiert wird[12]). Beide Unternehmen sind allerdings eher makroskopischer Natur, womit auch ihr jeweils stark hypothetischer Charakter entschieden ist; das hat sich zwar jeweils als wichtiger Denkanstoß erwiesen, kann aber kaum zu handgreiflichen Resultaten führen, weil naturgemäß die Menge der Variablen (abhängiger und unabhängiger, vor allem aber intervenierender) bei makroskopischer Analyse viel zu groß ist, um theoretisch beherrschbar werden zu können. Dagegen war Park selber eher mikro-, bestenfalls mesoskopisch ausgerichtet, entsprechend der von ihm bevorzugten Methode der Beobachtung[13]). Sie müssen sich Park als einen unermüdlichen Fußgänger vorstellen, der die Stadt Chicago kreuz und quer nach allen Richtungen hin durchstreift und seine Beobachtungen notiert. Sein Ideal war die Aufstellung eines Chicago City Inventory, in dem ausgewählte Daten bis hinab zum letzten Häuserblock gespeichert werden sollten — zur kognitiven Durchsichtigmachung dieses Ungeheuers von Stadt einerseits, zur praktischen Wegleitung für die Stadtverwaltung andererseits. In letzterer Hinsicht hat sich insbesondere bis zu seinem verfrühten Tode sein Schüler Louis Wirth (1897—1952) betätigt[14]), der erste Präsident der von UNESCO gegründeten International Sociological Association.

Die entscheidendste Entdeckung Parks auf seinen zahllosen Exkursionen im Dickicht der großen Stadt, die ihm wie eine Erleuchtung aufgegangen sein muß, wie aus vielen seiner Bemerkungen hervorgeht, war die Vielheit der Beziehungen zwischen Raum und Gesellschaft. Das war natürlich an sich nichts Neues, andere vor ihm haben das auch gesehen (vor allem Georg Simmel, den Park vor dem Ersten Weltkrieg in Berlin besuchte), aber es blieb meist bei allgemeinen Grundsatzerörterungen, so wahr auch die menschlichen Gesellschaften in das Kategoriensystem von Raum und Zeit eingeschlossen sind.

Was Parks besondere Leistung ausmacht, ist die Konkretisierung dieser Allgemeinerfahrung zu einzeln nachprüfbaren Hypothesen und Hypothesennetzen (die übrigens auch zeitliche Entwicklungslinien einschließen)[15].

Die Raumordnungen der Stadt können im wesentlichen nach drei Richtungen hin differenziert werden; sie bedeuten 1. funktionale Differenzierungen, 2. Differenzierungen nach sozialen Klassen und 3. kulturelle (und ethnische) Segregationen, d. h. Differenzierungen nach Bevölkerungsgruppen, die durch z. T. schwere Antagonismen getrennt werden (wie in USA z. B. die Trennung von Schwarz und Weiß, die nicht nur Separation, sondern auch Diskriminierung impliziert)[16]. Hieran kann man übrigens mit Leichtigkeit erkennen, was schon früh den Beurteilern der Chicagoer Schule aufgefallen ist, daß der ganze theoretische Ansatz unwiderruflich gebunden ist an die Realität der Stadt Chicago, was gewiß ein Vorteil und ein Nachteil zugleich ist. Ein Vorteil, weil die Innigkeit des Kontakts eine besondere Schärfe des Blicks ermöglicht; ein Nachteil, weil die Gefahr besteht, daß idiographische Züge, die darum auch kontingent sind, in die allgemeine Theorie unbesehen hineingenommen oder auch, wie man will, hineingeschmuggelt werden. Dieser letztere Zug macht sich natürlich insbesondere beim Vergleich von Chicago etwa mit der Raumgestalt europäischer (oder auch orientalischer) Städte bemerkbar. Dabei zeigt sich aber eine ungleichmäßige Variabilität der verschiedenen oben unterschiedlichen Raumdimensionen, hinter der sich vielleicht eine Prioritätsordnung verbirgt. Funktionale Differenzierungen und solche nach der sozialen Klassenlage (arm/reich) scheinen mir bei allen Städten in der Welt aufzutreten; nicht so sehr dagegen kulturelle und ethnische Segregationen. Wenn wir zurückdenken an den eingangs zitierten Satz des britischen Beobachters von 1830, der in Chicago vor allem einen Hexenkessel von Rassen, Ethnien und Völkern sah, so ist das wohl typisch für eine amerikanische Grenzerstadt, die zugleich als eine der ersten der amerikanischen Großstädte massive Invasionen von Negern aus dem Süden erfuhr – speziell in der Zeit nach dem Bürgerkrieg. Chicagos Industrie wuchs mit den Negern, dann auch mit von der Ostküste her einwandernden Angelsachsen, aber auch mit Finnen, Skandinaviern, Litauern, Deutschen, Italienern, Polen, Iren, Griechen und Juden. Diese sehr besondere Situation war die Voraussetzung für das, was Park ein „natural area" nannte; dieser Ausdruck bedeutet für ihn „an area of population segregation"[17]. Das war auch das Bild, das Chicago damals bot: die Stadt gliederte sich räumlich nach Ethnien. Es gab ein Little Italy, Little Sicily, Little Greece, Little Germany usw., kurz räumliche Teilgebilde von jeweils besonderer kultureller Einfärbung oder „Dominanz". Von heute aus besehen, ein halbes Jahrhundert später, ist die akzidentelle Beschränkung dieses Faktors klar: es trifft nämlich heute kaum mehr auf Chicago zu; denn die ausländischen Einwanderer von damals sind heute schon längst zwei bis drei Generationen später (native born-)„Amerikaner" geworden. Auch die alte Stadt Chicago gibt es nicht mehr, sie ist den Bulldozern und dem Umbau von Chicago zum Opfer gefallen[18], obwohl das alte Zentrum, der „Loop", und das Luxusquartier von Michigan Boulevard noch am alten Ort sind, wenn auch mit brandneuen Fassaden, das Ganze symbolisch überragt vom Hancock Building. Die räumliche Segregierung gilt nur noch für Schwarz–Weiß oder Gelb–Weiß und Arm–Reich. Die arme Negerbevölkerung hat sich nach Süden nach Chicago Hights verzogen, die weißen Bürger sind in die Vorstädte abgewandert, was neue Probleme geschaffen hat.

Trotzdem sind einige Grundbegriffe der Sozialökologie heute noch anwendbar, insbesondere die Dreiheit Invasion, Dominanz und Sukzession mit dem Motor der Segregation. In der Periode nach dem Zweiten Weltkrieg konnte man in New York einen solchen Vorgang mit der Invasion aus Puerto Rico am mittleren Broadway beobachten[19]): dort war eine Art Wartezone entstanden, indem man annahm, daß die gute Mittelklassenbevölkerung vom Broadway von der 50. bis zur 70. Straße weiter hinausziehen würde. Statt dessen erweiterte sich die Negerbevölkerung von Harlem, bis sie sogar Columbia University überflutete, die heute mitten im schwarzen Teil New Yorks liegt; andererseits brach die Invasion der Puerto Ricaner an der schwächsten Stelle des Broadway ungefähr auf der Höhe der 9. Straße ein; infolgedessen verzichteten die Hausbesitzer auf alle Reparaturen, so daß in ein paar Jahren ein slumähnliches Gebilde entstand. Die Neger, Puerto Ricaner und die alte einheimische jüdische Bevölkerung stehen hier heute in schärfster Segregation einander gegenüber. Sie stellen in der Tat, wie oben mit Park gesagt, „areas of population segregation" dar; aber sie stellen gleichzeitig gewisse Ausnahmefälle dar, selbst wenn sie sich noch so mächtig auswirken in der räumlichen Bevölkerungsverteilung auf dem Boden der großen Metropole. Von Europa aus gesehen kann man übrigens sagen, daß sich mit der Zunahme der Gastarbeiter in vielen europäischen Ländern spontan genau die gleichen Verhältnisse herstellen wie in Amerika, so daß also eine teilweise Gültigkeit der von Park und seinen Schülern entwickelten Theorien zweifellos zu vertreten ist, wobei nur die besonderen Bedingungen ausgemacht werden müßten, unter denen das zutrifft.

Das aber stellt natürlich die Formulierung des Begriffs selbst in Frage, denn wenn sich etwas nur unter besonders spezifierten Bedingungen darstellt, dann kann es wohl kaum als „natural area" bezeichnet werden. Vielleicht waren auch die von Park anvisierten „areas" zu groß; von Europa aus gesehen zeigt sich jedenfalls, daß relativ homogene Gebiete meist relativ klein sind, meist nur eine Straße oder einige Häuserblöcke[20]). Trotzdem erweisen sich aber Bewegungen der städtischen Bevölkerung auch in Europa gelegentlich als mächtige dynamische Faktoren, so insbesondere beim massenhaften Exodus der Mittelklassen in die Vorstädte, wodurch die „Schwachen" und administrativ „widerstandslosen" ländlichen Gemeinden in der Nähe der Städte einfach überrollt und „zersiedelt" werden.

Für gewisse Extremsituationen trifft die Bildung relativ geschlossener Gebilde noch immer zu, sowohl in Europa wie in den Vereinigten Staaten, so bei der

Scheidung von Elendsquartieren (slums) und Wohlstandsquartieren (The Gold Coast), die „zwingende" Einflüsse auf die Einwohner ausüben, obwohl sich diese in Nordeuropa zumeist auf einzelne Straßenzüge oder einzelne Häusergruppen beschränken. Anders ist es dagegen in Entwicklungsgesellschaften wie etwa Süditalien oder Nordafrika (bidonvilles) oder in den riesigen Budenstädten an den Rändern der lateinamerikanischen Großstädte (favelas) und in Indien (busti).

Angesichts der Unklarheit der Situation, die natürlich auch in Amerika bald auffiel[21]), versuchte man „quantitative" Maßstäbe zu entwickeln, anhand derer man sich Gewißheit über die jeweilige Zuordnung eines Quartiers oder eines Teilquartiers verschaffen konnte. Dieses Bemühen wuchs sich seinerzeit ähnlich aus wie die Indikatorenbewegung heute und wurde unter dem Titel „Gradienten" abgehandelt. Die Suche danach begann insbesondere in solchen Fällen, wo die Dominanz einer Bevölkerungsgruppe nicht ganz eindeutig war; von der Messung einzelner Züge zur „Kombination" verschiedener relevanter Merkmale wie Bevölkerungsdichte, Miet- und Bodenpreise, Herkunft (aus dem Ausland oder im Inland geboren) usw. war dann nur noch ein Schritt. Ich selber habe schon vor Jahren darauf hingewiesen, daß das die Gefahr der Umdeutung statistischer Indizes mit sozialen Realphänomenen heraufbeschwor, was untragbar ist[22]); statistische Aggregatzahlen sind eben keine sozialen Phänomene. Abgesehen davon, daß dies Verfahren unter Umständen zu einem Zirkelschluß verleitet, indem man eine Reihe statistischer Merkmale aufstellt, die einen bestimmten soziologischen Tatbestand umschreiben sollen, und diese dann aus den Ergebnissen der Analyse wieder herausliest. Ein Ende dieser speziellen Diskussion wurde erreicht mit der Formulierung des Begriffes vom „ökologischen Fehlschluß", wie W. S. Robinson das (1950) nannte[23]), also dem Fehlschluß von den Variationen zwischen (ökologischen) Gebietseinheiten auf die Variation im Verhalten der Individuen. Was wir wissen müßten, erfahren wir gerade dadurch aber nicht, nämlich die „räumlichen und sozialen Faktoren ..., die dich als zwingende Einflüsse auf alle Einwohner eines kulturell und geographisch genau umschriebenen Gebiets auswirken"[24]). Darüber hinaus ist es aber erstaunlich zu sehen, wieviel über bestimmte andere ökologische Begriffe mit der originalen Methode der Beobachtung von Park ausgemacht werden konnte, bevor sie bei anderen statistisch auswucherte und in die Irre ging. Dazu gehört vor allem der Begriff des „Ghettos" und der Ghettobildung, über den jüngstens wieder in der ganzen Welt diskutiert wurde. Die erste Darstellung brachte unter dem Einfluß von Park zuerst ein Artikel (1927), dann die Doktorthese von Louis Wirth über das Ghetto (1928)[25]); hierbei dachte er natürlich auch an gesetzlich festgelegte Segregation bestimmter Gruppen wie der Juden im Mittelalter; wesentlicher war es indessen für ihn, den Begriff auszudehnen auf andere Bevölkerungsgruppen als Juden: "While the Ghetto is, strictly speaking, a Jewish institution, there are forms of Ghettos that contain not merely Jews. Our cities contain Little Sicilies, Little Polands, Chinatowns and Black Belts. There are Bohemias and

Hobohemias, slums and Gold Coasts, vice areas and Rialtos in every metropolitan community. The forces that underlie the formation and development of these areas bear a close resemblance to those at work in the ghetto[26])."
Diese Worte stammen aus einer Abhandlung, die ein Jahr vor seinem berühmten Buch erschien. In unmittelbarem Bezug auf Chicago heißt es dann später, wobei die Aufeinanderfolge von Invasion, Dominanz und Sukzession besonders klar wird, folgendermaßen: "West of the Chicago River, in the shadow of the central business district, lies a densely populated rectangle of crowded tenments representing the greater part of Chicago's immigrant colonies, among them the Ghetto. It contains the most varied assortment of people to be found in any similar area of the world. This area has been the stamping ground of virtually every immigrant group that has come to Chicago. The occupation of this area by the Jews is, it seems, merely a passing phase of a long process of succession in which one population group has been crowded out by another. There is, however, an unmistakable regularity in this process. In the course of the growth of the city and the invasion of the slums by new groups of immigrants there has resulted a constancy of association between Jews and other ethnic groups. Each racial and cultural group tends to settle in the part of the city which, from the point of view of rents, standards of living, accessibility, and tolerance, makes the reproduction of the Old World life easiest. In the course of the invasion of these tides of immigrants the Ghetto has become converted from the outskirts of an overgrown village to the slum of a great city in little more than one generation. The Jews have successively displaced the Germans, the Irish, and the Bohemians, and have themselves been displaced by the Poles and the Lithuanians, the Italians, the Greeks, the Turks, and finally the Negro. The Poles and the Jews detest each other thoroughly, but they can trade with each other very successfully. They have transferred the accomodation to each other from the Old World to the New. The latest invasion of the ghetto by the Negro is of more than passing interest. The Negro, like the immigrant, ist segregated in the city into a racial colony; economic factors, race prejudice, and cultural differences combine to set him apart. The Negro has drifted to the abandoned sections of the ghetto for precisely the same reasons that the Jews and the Italians came there. Unlike the white landlords and residents of former days and in other parts of the city, the Jews have offered no appreciable resistance to the invasion of the Negroes. The Negroes pay good rent and spend their money readily. Many of the immigrants of the ghetto have not as yet discovered the color line[27])."

Die jeweils entstehenden „natural areas" sind auch unabhängig von den Verwaltungsgebieten der Großstadt, also echte soziale Gebilde[28]), von denen „zwingende Einflüsse" auf die Bewohner ausgehen, so daß man vom Wohnplatz mehr oder weniger auf ihren Charakter schließen kann; hier gilt der ökologische Fehlschluß also nicht, was zu beachten ist. Das ist die ursprüngliche Denkform der Chicago Schule in Reinkultur, die sich sehr wesentlich von den späteren statistischen ökologischen Untersuchungen unterscheidet. Dieser Zwiespalt ist übrigens bis heute lebend geblieben, wobei nur die Feststellung erstaunlich ist, wie lange statistische Artefakte weitergetragen werden, obwohl sie schon seit Jahrzehnten als solche entlarvt worden sind[29]).

Ein weiteres Forschungsgebiet, das ebenfalls in der Gegenwart zu neuer Bedeutsamkeit gekommen ist und das unmittelbar zusammenhängt mit dem im Paradigma des Ghettos gefaßten Problem ökologischer Segregation von Bevölkerungsgruppen, ist die spontane Entstehung marginaler Existenzen. Der Ausdruck „Marginalität" ist gleichzeitig ökologisch (indem er bestimmte Personen oder Gruppen räumlich an den „Rand" der Gesamtgesellschaft lokalisiert) und soziologisch (indem er das Entstehen sozialer Assoziationen in dieser Randzone postuliert; später hat man dies Phänomen als „Subkulturen" bezeichnet). Die Anregung für diesen neuen Begriff ging wiederum von Park aus[30]) und wurde von zwei seiner skandinavischen Schüler aufgegriffen: Nels Anderson[31]) und Everett V. Stonequist[32]). Auch das kann man als einen Vorgang von größerer Tragweite auffassen, wie ebenfalls Wirth zeigt, wenn er sagt: "All of us are men on the move and on the make, and all of us by transcending the cultural bonds of our narrower society become to some extent marginal men[33])." Dieser Begriff hat übrigens einen ökologisch-kulturalistischen Aspekt, der ihn verwandt macht mit dem der „Akkulturation", mit dem der Übergang von einer (etwa europäischen) Kultur zu einer anderen (etwa amerikanischen) bezeichnet wird. Er gewinnt aber eine enorme Bedeutung als Forschungsdirektive, indem er den Kulturkonflikt und den Übergang in ökologischen Kategorien faßt (Wohnort). Der Marginale (also buchstäblich: der Randseiter) zeigt zahlreiche Probleme kultureller, psychologischer und sogar ethischer Natur. Er hat etwa Schamgefühle, weil er seine angestammte Gruppe verlassen hat, oder er haßt alles an dieser Herkunftsgruppe; er kann auch Minderwertigkeitskomplexe entwickeln, wenn er spürt, daß eine hundertprozentige Akkulturation unmöglich ist. Diese inneren Konflikte schaffen Spannungen und Ungewißheit[34]). Ich habe das etwas ausführlicher dargestellt, um zu zeigen, wie die ökologische Analyse unmittelbar übergeht in die kulturalistische und sozialpsychologische. Ein weiteres Forschungsgebiet in diesem Kreise mit ähnlichen Perspektiven war naturgemäß das Problem der Minoritäten[35]).

Im übrigen darf es nicht Wunder nehmen, daß sich die Forschungen der alten Chicagoer Schule zuerst an den dramatischen Aspekten der Großstadtexistenz entzündeten; das pflegt in der Forschung häufig der Fall zu sein. So entwickelte sich von hier aus etwa ein wichtiger Ansatz zur Kriminalsoziologie, speziell der Jugendkriminalität, der seine Wirkungen ebenfalls bis heute bemerkbar macht und bei dem ökologische Analysen wiederum eine zentrale Rolle spielen[36]). Frederick M. Thrasher faßt z. B. das Phänomen des „Gangs"[37]) vor allem als eine Gruppe von jungen Leuten, die sich im „gang land" gemeinsam im Raum bewegt, also ganz eindeutig in ökologischen

Dimensionen. Eine besondere Rolle spielt ferner die Differenzierung zwischen Wohnort eines Kriminellen und dem Tatort, also ebenfalls eine ökologische Blickweise. Klassisch geworden sind auch die Untersuchungen von Harvey D. Zorbaugh in seinem Buch über die „Goldküste" und den Slum[38]) von Chicago, worin er zeigen konnte, daß beide entgegengesetzten Gebiete unter Umständen ökologisch dicht nebeneinander liegen können, wenn sich etwa als intervenierende Variable niedrige Mieten und Grundstückspreise in gewissen Randgebieten auswirken, weil diese Gebiete von der Spekulation in eine Wartezone verwandelt werden.

Unangesehen der weiteren Verzweigungen dieser bedeutendsten Schule von Soziologen aus den zwanziger Jahren (vielleicht der einzigen, der man wirklich den Namen „Schule" zu Recht zuschreiben kann) wollen wir zum Schluß die Aufmerksamkeit nochmals zurücklenken auf den Zentralbegriff des „natural area", von dem alles seinen Ausgang genommen hat. Es liegt auf der Hand, daß dieser Ausdruck bei seiner Entstehung sicher durch die Naturwissenschaften beeinflußt worden ist, ebenso sicher ist aber auch, daß er sich im humanökologischen Gebrauch nicht als eine „Biozönose" oder als ein „Biom" begreifen läßt, denn der Mensch befolgt nicht blind die Diktate der Natur[39]). In Gegensatz zur rein ökologischen Kausalität rückt die menschgeschaffene Kausalität des „Habitats", wie ich einem Vorschlag von Herrn Knötig folgend sagen möchte; historische, wirtschaftliche und kulturelle Faktoren werden hier wirksam. Mit anderen Worten, wie ich das einmal in einer anderen Begriffssprache auszudrücken versuchte: das totale soziale System faltet sich auf in das äußere und das innere soziale System (G. C. Homans); so läuft gewissermaßen jedes einzelne Phänomen auf einem doppelten Geleise, dem der räumlichen und dem der kulturellen Determination[40]). So definierte auch Zorbaugh das „natural area" als „a geographical area characterized both by a physical individuality and by the cultural characeristics of the people who live in it"[41]). Und es ist durchaus richtig, wenn bemerkt wird, daß der Ausdruck mindestens zweideutig und darum irreführend ist; so sollte der Ausdruck einzig benutzt werden, um andere Hypothesen zu ergänzen (z. B. die von der Bevölkerungssegregation), speziell wenn ihre symbolischen Aspekte mit berücksichtigt werden[42]). Unangeschen seiner naturalistischen Nebenbedeutung kann man den Begriff des „natural area" wohl am ehesten so definieren, daß man fragt: „natürlich" in bezug worauf? Die Antwort lautet dann: natürlich in bezug auf sozial-kulturelle Assoziationen (also reale Gemeinschaften der Menschen im Gegensatz zu den durch die Verwaltungen von Staaten und Städten gesetzten Bezirke[43]).

Allerdings gibt es einen Aspekt, in dem die Betrachtung der menschlichen Gesellschaften als Biozönosen legitim ist, wenn wir etwa unsere Welt von einem extramundanen Ort aus betrachten. So schrieb ich vor ca. 20 Jahren: „Wenn wir aus interplanetarischen Räumen auf unsere Erde herniederblicken könnten, würden wir überall auf ihrer Oberfläche pflanzliches, tierisches und menschliches Leben zu zahlreichen ‚Gemeinschaften' verbunden finden, die – aus der Entfernung besehen – alle miteinander einen ‚wachstümlichen' Charakter aufweisen. Ansammlungen von Artgenossen mit mehr oder weniger ausgeprägter Struktur sowie Symbiosen, Kommensal- und parasitäre Verhältnisse verschiedener Art finden sich bereits auf der niedersten Stufe des Lebens, etwa im Reiche der Bakterien. Pflanzen zeigen höchst vielfältige Formen von geselligen Assoziationen, die von einfachsten ‚Beständen' bis zu den ungemein komplexen Erscheinungen des Waldes reichen; zwischen seinen Extremen von Humusschicht mit Bodenbakterien, Würmern, Insekten, Moosen und Wurzeln einerseits und seiner Kronenschicht andererseits ordnet sich zudem eine ganze Reihe von Untersystemen ein. Tiere leben in lockeren Schwärmen, Schlafgesellschaften, Brutgemeinschaften, Kolonien, Stöcken und Rudeln oder auch in festeren Verbänden wie Ehe, Familie, Großfamilie, Harem und Staat genau wie die Menschen in ihren Gemeinden. Schließlich umfaßt ein einziger geschlossener ‚natürlicher' Zusammenhang die Bodenbakterien, Pflanzen, Tiere, Menschen, so daß man oft geneigt gewesen ist, Elementarformen menschlicher Gesellung wie etwa die Gemeinde als eine einfache Verlängerung des Zusammenlebens der Lebewesen aus dem Rahmen natürlicher Gegebenheiten und Prozesse bis in das Reich der menschlichen Sozietät anzusehen[44])." Aber das ist nur ein Grenzbegriff der Ökologie als Teil der Pflanzen- und Tiersoziologie. Natürlich ist auch die menschliche Gemeinschaft im Ganzen ein Ökosystem mit einem gewissen Maß an Zwangscharakter. Niemand springt über seinen Schatten, auch der Mensch ist vor allem ein Lebewesen. Damit ist aber auch einzig seine Qualität als Lebewesen und nicht die als Mensch erfaßt. So führt auch der Begriff des „natural area", so paradox das klingen mag, überall über die Natur hinaus. Das gibt heute sogar Amos Hawley[45]) zu im Gegensatz zu James A. Quinn[46]), wobei er sehr mit Recht den unkritischen Charakter des unmittelbaren Übergangs von der Humanökologie auf die biotischen und gewissermaßen „subsozialen" Ansichten der menschlichen Gesellschaft hervorhebt. Wird das aber erst einmal eingesehen, dann wird auch klar, daß das sogenannte „natural area" mindestens zu gleichen Teilen an gewisse geographische Gegebenheiten (also subzosialer Natur) gebunden ist, wie es sie durch Umgestaltung überwindet. Damit treten aber vielfältige Faktoren hervor wie die Technik, Wirtschaft, politische Struktur usw., die alle miteinander der Kultur zuzurechnen sind, die sich letztlich auch des Raumes bemächtigt, um aus der „Lokalität" ein „Habitat" zu schaffen. Das entspricht auch der französischen Konzeption, die in diesem Sinne „morphologisch" ist, nachdem Emile Durkheim bereits 1897/98 in der Année Sociologique eine besondere Rubrik über die Raumproblematik unter dem Titel der sozialen Morphologie eingerichtet hatte[47]), die später durch Lucien Febvre[48]) und Maurice Halbwachs[49]) weiter ausgebaut wurde. Trotz dieser Kritik darf aber die Leistung der frühen Chicago Schule auf dem Gebiet der Human- und Sozialökologie nicht unterschätzt werden, weil sie sich in jahrzehntelanger Auseinandersetzung mit einem Monstrum von Stadt vollzog, das am Ende dieses Bemühens deutliche Regelmäßigkeiten und Gesetzmäßigkeiten sehen ließ, die allerdings vor allem historisch zu sehen sind. Denn heute gibt es dies Chicago nicht mehr; aus dem Ineinanderwirken dieser zahllosen Prozesse ist ein durch und durch neues Gebilde entstanden, das auf neue Pioniere wartet, die sein Lebensgesetz aussprechen könnten.

Anmerkungen/Schrifttum

1) St. Clair DRAKE und Horace R. CAYTON, Black Metropolis. A Study of Negro Life in a Northern City, 2 Bde., New York 1962 (zuerst 1944).
2) Henry GEORGE, Progress and Poverty, zuerst Garden City, New York 1879.
3) A. N. J. Den HOLLANDER, Het Demasque in de samenleving, Amsterdam 1976.
4) Vergl. dazu René KÖNIG, Theorie und Praxis in der Kriminalsoziologie, in: Fritz SACK und René KÖNIG (Hrsg.), Kriminalsoziologie, 2. Aufl. Frankfurt 1972 (zuerst 1968), dort auch zahlreiche Dokumente über die Chicago Schule.
5) Vergl. dazu die vorzügliche Biographie Robert E. PARKS von Helen MixGill HUGHES, in: The International Encyclopedia of the Social Sciences, New York 1968, Bd. 11, S. 416—419.
6) Robert E. PARK, The City: Suggestions for the Investigation of Human Behavior in City Environment, in: American Journal of Sociology, Bd. 20 (1915).
7) Vergl. H, MaxGill HUGHES, a. a. O., S. 418. Siehe auch R. E. PARK und Ernest W. BURGESS, The City, Chicago 1925; Neuausgabe durch Morris D. McKENZIE, The Metropolitan Community, New York 1933 und ders., The Rise of Metropolitan Communities in: Herbert HOOVER (Hrsg.), Recent Social Trends, New York; neu abgedruckt bei Paul K. HATT und A. J. REISS, Jr. (Hrsg.), Cities and Society, Glencoe, Ill. 1957 (zuerst 1951), der erste selber zu einem Klassiker gewordene „Reader" über Großstadtsoziologie. Vergl. über „human ecology" und Stadtökologie auch René KÖNIG, Grundformen der Gesellschaft: Die Gemeinde, Reinbek 1958, englisch: The Community, London 1968 und ders., Artikel Großstadtsoziologie, in R. KÖNIG (Hrsg.), Handbuch der empirischen Sozialforschung, Bd. 2, Stuttgart 1969; erweiterte Aufl. Handbuch der empirischen Sozialforschung, Bd. 10, Stuttgart 1977.
8) H. MaxGill HUGHES, a. a. O., S. 418.
9) R. E. PARK und E. W. BURGESS, Introduction into the Science of Sociology, Chicago 1921.
10) Siehe R. E. PARK und E. W. BURGESS, The City, Ausg. Janowitz, S. VIII.
11) R. D. McKENZIE, The Metropolitan Community; ders., The Ecological Approach to the Study of Human Community, in: R. A. PARK, E. W. BURGESS und R. D. McKENZIE (Hrsg.), The City.
12) E. W. BURGESS (Hrsg.), The Urban Community, Chicago 1926; ders., The Growth of the City, in: R. E. PARK, E. W. BURGESS und R. D. McKENZIE (Hrsg.), The City. Diese Theorie wurde teils aufgenommen, teils weiter modifiziert von Maurice R. DAVIE (1937), Homer HOYT ((1943) u. a. Vergl. dazu R. KÖNIG, Großstadtsoziologie, a. a. O.
13) R. E. PARK und E. W. BURGESS, a. a. O., S. V/VI.
14) Louis WIRTH, Community Life and Social Policy. Selected Papers, Chicago 1956.

[15]) Heute sind seine einschlägigen Aufsätze und Vorworte zu Büchern seiner Schüler gesammelt in R. E. PARK, Human Communities, Glencoe Ill. 1952.

[16]) So zusammenfassend Egon Ernest BERGEL, Urban Sociology, New York — Toronto — London 1955, Kap. 5 und 6.

[17]) R. E. PARK, Human Communities, S. 18. Siehe auch zum Ganzen R. KÖNIG, Grundformen der Gesellschaft: Die Gemeinde, Kap. 6.

[18]) Jane JACOBS, The Death and Life or Great American Cities, New York 1961.

[19]) Elena PADILLA, Up from Puerto Rico, 1958.

[20]) Siehe bei R. KÖNIG, Grundformen der Gesellschaft, a. a. O., S. 58; Fritz SACK, Stadtgeschichte und Kriminalsoziologie. Eine historisch-soziologische Analyse abweichenden Verhaltens, in: Peter LUDZ (Hrsg.), Soziologie und Sozialgeschichte, Sonderheft 12 der Kölner Zeitschrift für Soziologie und Sozialpsychologie, Opladen 1972.

[21]) Kritische Bemerkungen schon bei Louis WIRTH, der über dreißig Jahre jünger war als PARK; siehe dazu Louis WIRTH, Human Ecology, in: ders., Community Life ... (der Aufsatz erschien erst 1945).

[22]) René KÖNIG, Grundformen der Gesellschaft: Die Gemeinde, S. 103 f.

[23]) W. S. ROBINSON, Ecological Correlations and the Behavior of Individuals, in: American Sociological Review, Bd. 15 (1950). Siehe auch Erwin K. SCHEUCH, Art. Ökologischer Fehlschluß, in: W. BERNSDORF (Hrsg.), Wörterbuch der Soziologie, 2. Auflage Stuttgart 1969.

[24]) Vergl. R. KÖNIG, a. a. O., S. 58.

[25]) Louis WIRTH, The Ghetto, in: American Journal of Sociology, Bd. 33 (1927); ders., The Ghetto, Chicago 1928.

[26]) L. WIRTH, a. a. O., 1927, heute wieder abgedruckt in: L. WIRTH, Community Life ..., S. 261.

[27]) a. a. O., S. 271.

[28]) L. WIRTH, Human Ecology, a. a. O., S. 137.

[29]) Man kann das leicht erkennen, wenn man etwa die folgenden beiden „Reader" vergleicht: Ernest W. BURGESS und Donald J. BOGUE (Hrsg.), Contributions to Urban Sociology, Chicago und London 1964 und George A. THEODORSON (Hrsg.), Studies in Human Ecology, Evanston, Ill. 1961.

[30]) R. E. PARK, Human Migration and the Marginal Man, in: American Journal of Sociology, Bd. 33 (1928).

[31]) Nels ANDERSON, The Hobo. Sociology of the Homeless Man, Chicago 1923.

[32]) Everett V. STONEQUIST, The Marginal Man, New York 1937.

[33]) L. WIRTH, Community Life ..., S. 388.

[34]) E. E. BERGLER, a. a. O., S. 379/80.

[35]) Z. B. L. WIRTH, The Present Position of Minorities in the United States, und: The Problem of Minority Groups, in: ders., Community Life ..., S. 218—236 (zuerst 1941) und S. 237—260 (zuerst 1947).

[36]) Siehe Fritz SACK und René KÖNIG (Hrsg.), a. a. O.

[37]) Frederick M. THRASHER, The Gang, 2. revidierte Ausgabe, Chicago 1947 (zuerst 1927).

[38]) Harvey D. ZORBAUGH, The Gold Coast and the Slum, Chicago 1929.

[39]) L. WIRTH, Community Life ..., S. 163.

[40]) René KÖNIG, Soziale Gruppen, in: Geographische Rundschau, Bd. 21 (1969).

[41]) Vergl. H. D. ZORBAUGH, The Natural Areas of the City, in: E. W. BURGESS (Hrsg.), The Urban Community. Vergl. auch E. E. BERGLER, S. 105.

[42]) Vergl. dazu das wichtige Werk von Walter FIREY, Land Use in Boston, Cambridge, Mass. 1947 und dazu ders., Sentiment and Symbolism as Ecological Variables, in: American Journal of Sociology, Bd. 55 (1950). Eine entsprechende deutsche Arbeit von Heiner TREINEN, Symbolische Ortsbezogenheit, in: Kölner Zeitschrift für Soziologie und Sozialpsychologie, Bd. 17 (1965). Vergl. zur heutigen Situation in: R. KÖNIG, Großstadtsoziologie.

[43]) Vergl. dazu L. WIRTH, Community Life ...; E. E. BERGLER, a. a. O.; R. KÖNIG, a. a. O.

[44]) R. KÖNIG, Grundformen ..., S. 12.

[45]) Amos HAWLEY, Art. Ecology, Human, in: The International Encyclopedia of the Social Sciences, Bd. 4, New York 1968, S. 329. Übrigens hat er insgesamt seine Ansichten mehr und mehr in unserem Sinne geändert; vergl. dazu z. B. Amos HAWLEY, Urban Society. An Ecological Approach, New York 1971.

[46]) James A. QUINN, Human Ecology, New York 1950.

[47]) Emile DURKHEIM, Année sociologique, Bd. 2 (1897/8), S. 520; vergl. R. KÖNIG, a. a. O., S. 166.

[48]) Lucien FEBVRE, La terre et l'évolution humaine, Paris 1922.

[49]) Maurice HALBWACHS, Morphologie sociale, 2. Aufl. Paris 1946 (zuerst 1938).

Bernd Hamm

Prozesse der sozialräumlichen Differenzierung in Städten
Processes of Socio-spatial Differentiation in Urban Areas

Summary

The paper presents a hypothesis for the analysis of socio-spatial differentiation in urban areas. The line of reasonning is mainly influenced by Burgess' concept of concentric zones and social area analysis, both considered the most outstanding contributions to urban social ecology. In the first section, urban growth, migration, and the process of ecological expansion are discussed, emphasizing the relevance of tranportation systems. The following topic is on the influence of ecological expansion on functional specialization. Urban social segregation is conceived in part as determined by functional specialization, in part as a function of the urban housing market. The hypothesis stated, some findings of modern factorial acology are summarized, leading to substantially different results. A number of methodological shortcommings, familiar to the host of factorial ecology, seem to be responsible for this lack of consistence. A codex is proposed to prevent such shortcomings in future research on urban socio-spatial differentiation.

1. *Einleitung*

Im vorliegenden Beitrag wird versucht, eine Hypothese zu entwickeln, die zur Erklärung von Prozessen sozialräumlicher Differenzierung in Städten herangezogen werden kann. Die Argumentation bewegt sich auf der Ebene gesamtstädtischer Strukturen; die Differenzierung auf der Ebene größerer, regionaler oder nationaler Siedlungsgebiete, aber auch die auf der Ebene städtischer Subräume wird nicht untersucht. Ich stütze mich auf Materialien vor allem der klassischen Human Ecology und der modernen Faktorialökologie, die überwiegend am Studium amerikanischer Metropolen gewonnen worden sind. Mein Versuch gründet sich auf die Vermutung, daß die dort beobachteten Muster sich im wesentlichen generalisieren lassen und auch für die Beschreibung von Stadtstrukturen in anderen hochindustrialisierten Staaten der kapitalistischen Welt, und nicht nur für Millionenstädte, einen geeigneten Bezugsrahmen abgeben. Es gibt eine Reihe von Arbeiten, die diese Vermutung stützen; ob sie generell zutrifft, kann freilich nur empirisch geklärt werden.

Die Untersuchung gesamtstädtischer Differenzierungsprozesse hat ihre entscheidenden Anregungen aus zwei Beiträgen erfahren, deren Nachwirkung bis heute unübersehbar ist: Burgess' Konzept der konzentrischen Zonen (1925) und der Sozialraumanalyse im Anschluß an Shevky und Bell (1955). In beiden Arbeiten steht der Prozeßaspekt der Differenzierung klar im Vordergrund: Während Burgess die Konsequenzen des Wachstums von Städten und des dadurch ausgelösten Wettbewerbs um Standortvorteile nachzuzeichnen versucht, geht es Shevky und Bell in erster Linie darum, sozialräumliche Differenzierung als eine Funktion gesamtgesellschaftlichen Wandels zu beschreiben. Gerade dieses Interesse an dynamischen Abläufen ist indessen in der Auseinandersetzung mit diesen beiden Beiträgen kaum aufgenommen worden. Die klassische Human Ecology konzentrierte sich überwiegend auf die statistische Analyse von Stadtstrukturen und mit der Entwicklung der Faktorialökologie hat sich diese Tendenz noch verstärkt. Hier soll demgegenüber die Diskussion dynamischer Prozesse wieder aufgenommen werden.

Die Hypothese wird in mehreren Schritten entwickelt: Zunächst wird am Konzept der ökologischen Expansion dargestellt, wie städtisches Wachstum Prozesse der sozialräumlichen Differenzierung auslöst. Dabei wird sichtbar, daß die Stadt immer als Gesamtsystem betrachtet werden muß, in dem jede Änderung von Subsystemen mehr oder weniger deutlich und mehr oder weniger schnell auf die gesamte Struktur durchschlägt. Nur angeschnitten werden kann die Frage, ob das Wachstum der städtischen Bevölkerung – gemeint ist dabei immer die Bevölkerung eines städtischen Gebietes und nicht die innerhalb der politisch-administrativen Grenzen – der einzige Auslöser für solche Differenzierungsprozesse sei.

Daran anschließend wird der Zusammenhang zwischen ökologischer Expansion und funktioneller Differenzierung diskutiert, ein Zusammenhang, der für das Verständnis der Situation unserer Städte außerordentlich aktuell ist.

In einem nächsten Schritt ist zu fragen, ob und auf welche Weise funktionelle Differenzierung sich auswirkt in einer Reorganisation der städtischen Bevölkerung, in sozialer Segregation.

Damit wäre die gesuchte Hypothese formuliert. Im nächsten Abschnitt werden einige empirische Befunde zu referieren sein, die sie teils zu stützen, teils aber auch zu widerlegen scheinen. Es wird sich dabei zeigen, daß den meisten empirischen Untersuchungen methodische Mängel eigen sind, die eine gültige Verifikation oder Falsifikation der Hypothese gar nicht zulassen. Gerade aus solchen Schwächen können wir aber erheblichen Gewinn für künftige Studien ziehen. Das setzt voraus, daß wir uns auf einen methodischen Minimalstandard verständigen, hinter den solche Untersuchungen nicht zurückfallen sollten. Wenn wir uns an einen solchen Standard halten, werden die Befunde unserer empirischen Untersuchungen bestätigen, daß es Regelmäßigkeiten der sozialräumlichen Differenzierung von Städten gibt ähnlich denen, die die amerikanischen Sozialökologen zum ersten Mal sichtbar gemacht haben.

2. *Sozialräumliche Differenzierung: die Hypothese*

2.1 Wachstum und das Konzept der ökologischen Expansion

Das Wachstum städtischer Gebiete resultiert aus Wanderungsüberschüssen auf der einen, aus der Ausdehnung städtischer Gebiete in vorher nichtstädtische auf der anderen Seite: In jedem Fall ist Migration die entscheidende Variable. Richtung und Stärke der Migrationsströme hat Burgess in seinem Modell der konzentrischen Zonen beschrieben. Danach ist die Zuwanderung am größten in den zentrumsnahen Wohngebieten der transitorischen Zone, wo die mobilste Gruppe der Bevölkerung, junge Erwachsene ohne eigene Familie, die am Anfang ihrer beruflichen Karriere stehen, Kleinwohnungen zu relativ günstigen Mieten übernimmt. Mit Familiengründung und beruflichem Aufstieg steigen die Wohnbedürfnisse, und damit beginnt ein Prozeß der Binnenwanderung, der sich sukzessive bis in die periphere Pendlerzone fortsetzt. Bekanntlich zieht dieses Migrationsmuster die Bevölkerungsverluste der Kernstädte und das Wachstum der suburbanen Agglomerationsräume, die wir wohl in fast allen größeren Städten beobachten können, nach sich. Der Ausbau der Nahverkehrssysteme führt dann zu einer immer weiteren Ausdehnung der Pendlerzone, und ehemals landwirtschaftliche Dörfer werden in einen Prozeß der passiven Verstädterung involviert. So gesehen ist die Stadt also ein riesiger Umschlagplatz, der die Einwanderer vom Land und aus dem Ausland aufnimmt, wenn sie sich von ihrer Herkunftsfamilie gelöst haben, und der sie dann in einem späteren Stadium ihres Lebenszyklus an die Peripherie abgibt. Auch die Suburbaniten bleiben freilich auf die Stadt bezogen, angewiesen auf die Arbeitsplätze und Dienstleistungen, die nur die Kernstadt bietet. Der Einzugsbereich städtischer Einrichtungen dehnt sich also sukzessive aus, obgleich die Wohnbevölkerung der Kernstadt abnimmt. Diesen Vorgang bezeichnete man schon in der klassischen Human Ecology als den Prozeß der ökologischen Expansion. McKenzie definiert: „Expansion meint die zentrifugale Bewegung von einem räumlich bestimmten Siedlungsschwerpunkt weg, ohne daß der Bezug zu diesem Zentrum aufgegeben würde. Expansion setzt eine genügende Entwicklung des Zentrums oder Siedlungskerns voraus, um die wechselseitigen Beziehungen innerhalb eines sich ständig ausdehnenden Territoriums sicherzustellen" (McKenzie 1933, S. 20). Die Grenze, bis zu der eine Stadt expandieren wird, ist denn auch gegeben einmal durch die Einzugsbereiche anderer Städte, zum anderen aber durch den erforderlichen Aufwand an Zeit und Kosten für die Überwindung der Distanz zwischen peripheren Wohngebieten und Stadtzentrum — eine Grenze also, die bestimmt wird durch die Art und die Qualität der Verkehrserschließung (Hawley 1950, S. 361 f.). Die Expansion städtischer Gebiete läßt sich auf Stadtplänen leicht ablesen und in ihrer historischen Entwicklung verfolgen: Sie wird dort sichtbar als die sternförmige Ausdehnung des städtisch überbauten Gebietes entlang den wichtigsten Verkehrsachsen.

Ökologische Expansion geht also parallel mit einem Prozeß der räumlichen Reorganisation der städtischen Bevölkerung und wird durch Migration induziert. Man kann sich nun fragen, ob das Wachstum der städtischen Bevölkerung der einzige Auslöser für solche Reorganisationsprozesse sei. Oder anders formuliert: Finden solche Umverteilungsprozesse nicht mehr statt, wenn wir zu einem Stillstand oder gar zu einer Abnahme der Bevölkerung städtischer Gebiete kämen, wie sich das im Zusammenhang mit der gegenwärtigen Wirtschaftskrise andeutet? Zweifellos sind andere Faktoren denkbar, die auf die Prozesse der sozialräumlichen Differenzierung einwirken dürften. Eine entsprechende Hypothese hat die moderne Sozialökologie mit dem Konzept des „Ecological complex" (Duncan 1959) formuliert. Auch wenn dessen Variable bislang in keiner der mir bekannten Studien in einen überprüfbaren Zusammenhang mit der sozialräumlichen Differenzierung von Städten gebracht worden sind, lassen sich solche Zusammenhänge plausibel machen: Denken wir unter dem Stichwort „Technologie" etwa an die Entwicklung neuer Verkehrssysteme, an Flächenerschließungsmittel, die die bisherige axiale Erschließung ablösen könnten; oder an die Einführung neuer Telekommunikationssysteme, die die Beziehung zwischen Wohn- und Arbeitsplatz verändern; an eine stärkere staatliche Kontrolle über den Wohnungsmarkt („soziale Organisation"); oder schließlich an die Segregation sozialer Gruppen, ausgelöst durch Lärmimmissionen („Umwelt") — dann wird klar, daß die räumliche Reorganisation der Bevölkerung nicht alleine von Migrationsüberschüssen abhängt. Allerdings kann man vermuten, daß die genannten Variablen auch einen Einfluß auf Richtung und Stärke der Migrationsströme ausüben, also über Bevölkerungswachstum — und das ist die vierte Variable des ökologischen Komplexes: „Bevölkerung" — wirksam werden. Wir haben darüber freilich kaum empirische Erfahrungen, so daß es hier bei dieser Andeutung bleiben muß.

Der enge Zusammenhang zwischen Transporttechnologie und ökologischer Expansion ist plausibel und auch verschiedentlich beschrieben worden (Kasarda 1971, Hawley 1950, S. 405 f.). Wir können ihn modellartig illustrieren: Der räumliche Einzugsbereich des Geschäftszentrums erstreckt sich, wenn wir als Zeiteinheit eine Stunde annehmen und nur Fußgängerbeziehungen zulassen, über maximal 50 km²; herrschen Pferd und Wagen als Transportmittel vor, dann kommen wir auf eine Fläche von etwa 200 km²; und die elektrische Straßenbahn dehnt den maximal erschließbaren Einzugsbereich auf fast das Doppelte aus. Heute können Nahverkehrs-Schnellbahnsysteme und Automobil in der gleichen Zeiteinheit von einer Stunde theoretisch eine Fläche von 300 km² erschließen — theoretisch freilich nur, weil durch die axialen Erschließungssysteme, die unsere Städte prägen, weite Flächen zwischen den Haupttransportstrecken ausgespart bleiben. Ökologische Expansion kann erst von einem bestimmten Stand der Verkehrstechnologie an einsetzen; vorher, in der Stadt, die nur Fußgängerbeziehungen kennt, wächst die Stadt durch Verdichtung, nicht durch Expansion.

2.2 Ökologische Expansion und funktionelle Spezialisierung

Ich will den gerade angeschnittenen Gedankengang noch einen Schritt weiterführen: Wenn der Entwicklungsstand unserer Nahverkehrstechnologien eine mittlere Geschwindigkeit von 30 km/h erlaubt und wir so zu einer theoretisch erschließbaren Fläche von etwa 3000 km^2 kommen, und wenn wir eine Besiedlungsdichte annehmen, die derjenigen der zehn größten Verdichtungsräume der BRD entspricht (Schäfers 1975, S. 231), also etwa bei 1500 E/km^2 liegt, dann kommen wir auf eine Bevölkerung von 4,2 Mio. Einwohnern. Und für diese hypothetische Bevölkerung stellt nach unserem Modell die Kernstadt Arbeitsplätze und Dienstleistungen zur Verfügung! Bei einer mittleren Erwerbsquote von 45 % müßte dies bedeuten, daß die Kernstadt 1,9 Mio. Arbeitsplätze enthielte — wohlgemerkt immer unter der Annahme einer monozentrischen und axial erschlossenen Stadt. Ganz offensichtlich muß also die ökologische Expansion in einem engen Zusammenhang stehen mit der funktionellen Spezialisierung städtischer Räume.

Der Standort in unserer hypothetischen Stadt, der verkehrstechnisch am besten erschlossen und der damit für die größte Zahl von Menschen am leichtesten erreichbar ist, wird durch das Geschäftszentrum gebildet, den Bereich also, auf den die Verkehrserschließung ausgerichtet ist. Nun ist für eine ganze Reihe von Nutzungen die hohe Erreichbarkeit ein hervorragender Standortvorteil, und diese Nutzungen werden deshalb um Standorte im zentralen Geschäftsbezirk konkurrieren. In einem kapitalistisch verfaßten Wirtschaftssystem hat dies zur Folge, daß die Preise für zentrale Standorte steigen. Die Nutzung, die aus der Zentralität eines Standortes den höchsten Profit ziehen kann, wird sich dort also durchsetzen, und sie wird dort vorhandene Nutzungen verdrängen. Es entsteht also eine Hierarchie von Nutzungsarten, die sich am Kriterium des auf einem Standort erzielbaren Profits unterscheiden, und damit auch eine Hierarchie von Standorten nach ihrer Zentralität. Die klassische Sozialökologie hat dafür den Begriff der Dominanz eingeführt. Dominanz bedeutet allgemein die Eigenschaft einer Einheit innerhalb eines Systems, die Funktionen anderer Einheiten zu integrieren und die Bedingungen ihrer Entwicklung zu kontrollieren. Die dominante Einheit setzt und reguliert die Voraussetzungen, unter denen subordinierte Einheiten sich entfalten und verändern können (McKenzie 1927, Quinn 1950, S. 270). Dabei ist an die soziologische Relevanz des Dominanzkonzeptes zu erinnern: Dominanz meint nichts anderes als das morphologische Analogon zum Begriff der Macht. Dominante Nutzungen setzen sich an dominanten Standorten durch, und sie verdrängen subordinierte Nutzungen auf subordinierte Standorte. Ablesbar ist dieser Prozeß an der Entwicklung der Bodenpreise oder am Verhältnis der Nutzflächen dominanter Nutzungen zu der subordinierter. Am unteren Ende der Dominanzhierarchie steht die Wohnnutzung, die selbst nicht produktiv ist und aus der Zentralität eines Standortes keinen Gewinn zieht. Sie wird am weitesten an die Peripherie eines städtischen Gebietes abgedrängt, und zwar über Sukzessionsprozesse, die im Geschäftszentrum ausgelöst werden. Je größer der Einzugsbereich einer Stadt ist, desto größer wird der relative Anteil ihrer suburbanen Bevölkerung, desto größer wird aber auch der zentrale Geschäftsbezirk sein.

Kasarda (1971) hat in einer Längs- und Querschnittsanalyse der amerikanischen Metropolitanregionen den engen Zusammenhang zwischen ökologischer Expansion und funktioneller Spezialisierung empirisch nachgewiesen. Der direkte Zusammenhang erwies sich in den Pfadanalysen als dermaßen eng, daß daran zumindest für die USA kein Zweifel bestehen kann. Und ich sehe keinen Grund, warum er nicht auch für europäische Metropolen, aber auch für kleinere Agglomerationen gelten sollte, auch wenn ein empirischer Beleg dafür noch aussteht. Als weiteres Ergebnis seiner Untersuchung ist hier der enge Zusammenhang zwischen dem Verwaltungsaufwand der Kernstädte und der ökologischen Expansion zu erwähnen — auch er erwies sich als direkt und hochsignifikant. Es kann für die USA keinen Zweifel daran geben, daß die finanzielle Belastung der städtischen Haushalte mit anhaltender Suburbanisierung ansteigt. Unter Systemen der Wohnortbesteuerung bedeutet dies gleichzeitig, daß die Einnahmen der Kernstädte mit der ökologischen Expansion abnehmen.

Der Begriff der ökologischen Expansion kann damit noch präziser gefaßt werden: In erster Linie sind es die unterschiedlichen Nutzungsarten, die auf Kosten subordinierter Nutzungen sukzessive expandieren. Dienstleistungsnutzungen im zentralen Geschäftsbezirk verdrängen die Wohnnutzung, und an der Peripherie verdrängt die Wohnnutzung die noch schwächere landwirtschaftliche Nutzung. Die Stadt dehnt sich von innen nach außen aus, gesteuert durch die Vorgänge im Zentrum, und diese wiederum sind in einem engen Zusammenhang zu sehen mit dem Wachstum der Bevölkerung und der Verkehrserschließung. Genau darin liegt übrigens der Kern des Burgess'schen Modells der konzentrischen Zonen: Beschrieben wird darin der Prozeß der funktionellen Spezialisierung, und nicht der Prozeß der sozialen Segregation, wie zuweilen vermutet worden ist (Hamm 1977, S. 44 ff.). Dieses Mißverständnis konnte daraus entstehen, daß Burgess selbst beide Phänomene nicht klar genug auseinandergehalten hat. An sich selbstverständlich, zur Vermeidung von Fehlinterpretationen aber doch nützlich mag es sein, wenn hier ausdrücklich darauf hingewiesen wird, daß es sich beim Modell der konzentrischen Zonen und bei der hier geschilderten Hypothese der sozialräumlichen Differenzierung um idealtypische Konstruktionen handelt, die in der empirischen Wirklichkeit nur mehr oder weniger genau angenähert erscheinen.

Die funktionelle Spezialisierung eines städtischen Gebietes führt also der Tendenz nach zu einem konzentrischen Strukturmuster, oder mit anderen Worten: zu einer hohen Korrelation von Spezialisierungsvariablen mit der Distanz vom Zentrum. Die Diskussion des Einflusses der Verkehrserschließung läßt dabei schon vermuten, daß dabei mit einem geometrischen Distanzbegriff wenig anzufangen ist. Distanz im Sinne der sozialökologischen Theorie ist zu operationalisieren als ein Zeit-Kosten-Maß der Erreichbarkeit (Burgess 1925, McKenzie 1926, Quinn 1940). Die ökologische Distanz eines städtischen Subgebietes vom dominanten Zentrum kann dabei als ein Indikator seiner ökologischen Position in der Dominanzhierarchie dienen und damit auch als Indikator dafür, mit welcher Intensität und mit welchem time-lag Veränderungen im Zentrum bis zu ihm durchschlagen. Je näher ein solches Subgebiet beim Zentrum liegt, desto stärker wird es von den Vorgängen dort in Mitleidenschaft gezogen, und desto rascher wirkt sich dieser Einfluß aus.

2.3 Funktionelle Spezialisierung und soziale Segregation

Im Prozeß der funktionellen Spezialisierung entscheidet sich, an welchen Standorten eines städtischen Gebietes Wohnnutzung auftritt und an welchen Standorten sie über andere Nutzungen dominiert. Wenn nun Prozesse der sozialen Segregation untersucht werden sollen, wird man dabei zu Beginn zwei wesentliche Voraussetzungen zu bedenken haben: 1. Ist die Bausubstanz einer Stadt ein relativ statisches, die Bevölkerung ein relativ dynamisches Element. Die Bevölkerung paßt sich also an die Bausubstanz an, und nicht umgekehrt die Bausubstanz an die Bevölkerung*). 2. Ist der Wohnungsmarkt, durch dessen Vermittlung Haushalte zu Wohnungen kommen, hochgradig segmentiert, Angebot und Nachfrage sind nicht beliebig elastisch. Für bestimmte Typen von Haushalten kommen also von vornherein nur bestimmte Typen von Wohnungen in Frage. Vor allem muß die Wohnungsgröße in einem akzeptablen Verhältnis zur Haushaltsgröße und die Miete in einem akzeptablen Verhältnis zum Haushaltseinkommen stehen. Statisch betrachtet ergibt sich daraus bereits eine gewisse räumliche Differenzierung der städtischen Bevölkerung: In Gebieten mit hohen Anteilen an Kleinwohnungen werden wir auch hohe Anteile an Kleinhaushalten finden, in Gebieten mit hohen Anteilen an Großwohnungen eben auch größere Haushalte. Wohnungen, die eng, schlecht ausgerüstet, ungenügend besonnt und durchlüftet oder nach Grundrissen konzipiert sind, die heutigen Anforderungen nicht mehr entsprechen, werden zu billigen Preisen vermietet und daher in der Regel eher von Angehörigen der Unterschichten belegt, während Angehörige höherer Schichten vorwiegend in Wohnungen anzutreffen sein werden, für die das Gegenteil zutrifft. Die Struktur des Wohnungsangebotes wirkt folglich als Selektionsmechanismus.

---

*) Selbstverständlich gilt das so nur unter dem Interesse an den Prozessen der sozialräumlichen Differenzierung. Wir könnten — dies jedoch außerhalb eines engeren Verständnisses von Sozialökologie, aber innerhalb des Objektbereiches von Siedlungssoziologie — auch nach den Prozessen der Produktion räumlicher Umwelten fragen und müßten dann zeigen, wie sich die Bausubstanz einer Stadt an die Bevölkerungsentwicklung anpaßt.

Nun ist freilich das Wohnungsangebot nicht unabhängig von der funktionellen Spezialisierung: Wenn mit der Expansion des zentralen Geschäftsbezirkes gerechnet wird, dann steigt in den Erwartungen der Besitzer von innenstadtnahen Wohngebäuden die künftige Grundrente, und sie spekulieren darauf, durch Umnutzung des bestehenden Gebäudes oder durch dessen Abbruch und die Neubebauung des Areals, womöglich mit höherer Ausnutzung, ihren Gewinn zu maximieren. Um dies bereits in der Zeit des Abwartens zu erreichen, werden sie dazu neigen, Unterhaltsinvestitionen in das Gebäude zu unterlassen. Und da bei gegebenem Nutzungsgrad wenige Großwohnungen geringere Mieteinnahmen bringen als viele Kleinwohnungen, werden sie nach Möglichkeit Kleinwohnungen vermieten, und zwar, weil die Dauer bis zur Realisierung des höheren Profites nicht absehbar ist, mit kurzfristigen Mietverträgen. Daraus resultiert die typische Bevölkerungsstruktur der transitorischen Zone: überwiegend junge Erwachsene in Kleinhaushalten, hohe Ausländeranteile, hohe Fluktuation. Wer damit rechnet, nur kurze Zeit in einer Wohnung bleiben zu können, die dann wahrscheinlich dem Abbruch zum Opfer fällt, der wird kaum geneigt sein, zur Instandhaltung seiner Wohnung viel beizutragen — die Gebäude werden also rasch unbewohnbar, und das sollen sie in der Kalkulation des Spekulanten auch werden. Das Gebiet wird zum Sanierungsgebiet.

Die Migrationsbereitschaft hängt nun vor allem mit Stadien im Lebenszyklus zusammen: Besonders mobil ist, wer sich gerade von seiner Herkunftsfamilie gelöst hat, und zwar bis zu dem Zeitpunkt, zu dem er eine eigene Familie gründet. Wenn die gewünschte Kinderzahl erreicht ist, nimmt die Mobilitätsbereitschaft deutlich ab; eine zweite Mobilitätsschwelle mag dann zu beobachten sein, wenn die Kinder den elterlichen Haushalt verlassen, aber die Umzugsbereitschaft der Eltern ist dann schon wesentlich geringer. Der Umzug in die suburbanen Neuüberbauungen findet statt, wenn das erste Kind geboren ist und wenn die berufliche Position es erlaubt, die dort verlangten Mieten zu bezahlen. Ist das Einkommen dafür zu niedrig, dann wird die junge Familie in die Zone der Arbeiterwohnquartiere einziehen. Segregation sozialer Gruppen nach Einkommen und Lebenszyklus findet also beständig statt. Vom Tempo der funktionellen Spezialisierung hängt es dabei ab, wie schnell sich die Bevölkerungsstruktur eines Gebietes vollständig ändert. In der Regel wird der Sukzessionszyklus in der transitorischen Zone kurz sein und sich um so mehr verlängern, je weiter man an die Peripherie des städtischen Gebietes kommt.

In dramatisch verkürzter Form werden Sukzessionszyklen dann beobachtet, wenn die in ein Gebiet einwandernde Gruppe sich in sozial signifikanten Merkmalen, etwa der Hautfarbe, von der dort ansässigen erheblich unterscheidet (Hoffmeyer-Zlotnik 1976). Von einem bestimmten „tipping-point" (Schelling 1971) an setzt die massive Evasion der bisher ansässigen Bevölkerungsgruppe ein, begleitet von einer meist noch stärkeren Invasion der neuen

Wohnbevölkerung. Ist sie einmal in einem Gebiet dominant, dann zieht sie die für sie typische Quartierausrüstung — Läden, Restaurants, Schulen etc. — nach: das Gebiet wird zu einem exotischen Ghetto. Auch hier folgt der Prozeß der Slumbildung den Mustern, die für die transitorische Zone beschrieben worden sind. Häufig wird er indessen dadurch beschleunigt, daß die Stadtverwaltung das Gebiet zum Sanierungsverdachtsgebiet erklärt. Am Ende steht oft eine totale Flächensanierung, die durch die Grundstückskäufe des Sanierungsträgers vorbereitet wird. Und auch hier liegt der Nachweis der Unbewohnbarkeit der Gebäude im Interesse des Sanierungsträgers, für den eine Flächensanierung lukrativer ist als gezielte Erneuerung ohne Renovation.

Nun steht zwar die Wohnungsgröße in einem Zusammenhang mit funktioneller Spezialisierung, und folglich werden auch Lebenszyklus-Variable mit Merkmalen der Spezialisierung systematisch variieren. Das gilt aber nicht notwendig auch für Merkmale der sozialen Schicht außerhalb der transitorischen Zone. Der Selektionsmechanismus, der zur Segregation sozialer Schichten führt, liegt im wesentlichen in der Mietpreisbildung begründet, die ihrerseits aber in einem nur sehr lockeren Zusammenhang steht mit dem Bodenpreis. Auch hier wirkt sich die Segmentalisierung des Wohnungsmarktes aus. Der Entscheidungsspielraum für die Wohnstandortwahl ist nämlich um so größer, je höher das Haushaltseinkommen ist. Bezüger unterer Einkommen werden so quasi zwangsweise in Wohnungen mit billigen Mieten eingewiesen, einfach weil ihnen keine Alternative zur Verfügung steht. Dagegen entscheiden sich die Bezüge hoher Einkommen für Wohngebiete, mit denen und mit deren Einwohnern sie sich identifizieren und die meist auch deutlich erkennbar höhere Wohnwerte bieten (Hamm 1976). Es gibt deswegen keinen Grund, auch für die Segregation nach sozialer Schicht ein konzentrisches Verteilungsmuster zu erwarten, wie Burgess das für Chicago vermutet hat. Wir werden vielmehr hochgradig segregierte Unterschicht- und Oberschichtgebiete finden, die Angehörigen der Mittelschicht aber in weitaus weniger segregierten Subräumen (Duncan und Duncan 1955, Herlyn 1974). Dabei ist die Unterschicht konzentriert auf die älteren Blockbebauungen der gründerzeitlichen Mietskasernen, die Oberschicht auf wenige und relativ kleine Gebiete mit besonderen Wohnqualitäten, unabhängig von der ökologischen Distanz zum dominanten Zentrum.

3. *Die Konfrontation mit der Empirie*

3.1 Empirische Befunde — Methodenprobleme

Damit wäre die Hypothese zur Erklärung von Prozessen der sozialräumlichen Differenzierung in Städten formuliert. Sie reflektiert eine Vielzahl theoretischer und empirischer Beiträge und dürfte den aktuellen Stand der Diskussion einigermaßen adäquat wiedergeben. Ich will nun die Frage aufnehmen, ob und wie weit die empirischen Befunde neuerer faktorialökologischer Untersuchungen damit konsistent sind. Damit ist die sozialraumanalytische Tradition innerhalb der Stadtsoziologie angesprochen, die auf die Arbeiten von Shevky und seinen Mitarbeitern zurückgeht (vgl. für eine eingehendere Darstellung dieser Forschungstradition Hamm 1977, S. 87 ff.).

In gröbster Verallgemeinerung lassen sich die Befunde faktorialökologischer Stadtuntersuchungen wie folgt zusammenfassen:
1. Die sozialräumliche Differenzierung von Städten läßt sich in relativ wenigen Dimensionen (Faktoren) beschreiben. Je nach dem Umfang des untersuchten Datenraumes ist die Zahl dieser Dimensionen größer oder kleiner, die Zahl der Faktoren, die mehr als 10 % der Ausgangsvarianz erklären, ist selten größer als 5. Die inhaltliche Interpretation der extrahierten Faktoren ist außerordentlich unterschiedlich. Eine relative Übereinstimmung besteht allenfalls darin, daß Dimensionen der sozialen Schicht, des Lebenszyklus, der ethnischen Zugehörigkeit und des Lebensstils (die urbanism-familism-Dimension) extrahiert werden. Damit sind nach Annahme der überwiegenden Zahl der Autoren voneinander unabhängige Dimensionen der sozialräumlichen Differenzierung gefunden.
2. Eine geringere Zahl von Studien beschäftigt sich mit den räumlichen Verteilungsmustern dieser Dimensionen. Eine relative Übereinstimmung besteht dahingehend, daß die Dimensionen des Lebenszyklus und des Lebensstils ein konzentrisches, die Dimension der sozialen Schicht ein sektorielles und die Dimension der ethnischen Zugehörigkeit ein zufälliges Verteilungsmuster aufweisen.
3. Kaum ein halbes Dutzend Untersuchungen sind mir bekannt, die Prozesse des Wandels sozialräumlicher Strukturen diskutieren und empirisch angehen. Durchgehend wird dabei von Zensusdaten ausgegangen, die in Zehnjahresintervallen erhoben worden sind, und es werden Vergleiche zwischen Datenreihen angestellt, die maximal 30 Jahre zurückreichen. Es gibt keine Übereinstimmung in den Befunden.

Offensichtlich stützen diese empirischen Ergebnisse die hier vorgetragene Hypothese nicht oder doch nur zu einem geringen Teil. Die Frage ist, warum es zu solchen Unterschieden kommen kann. Ich neige dazu, dafür eine Reihe methodologischer und methodischer Schwächen verantwortlich zu machen, die sich in der überwiegenden Mehrzahl dieser Untersuchungen feststellen lassen, und ich will dafür einige Belege anführen:

In bezug auf die Dimensionen sozialräumlicher Differenzierung ist vor allem festzustellen, daß die untersuchten Datenräume nicht theoretisch begründet werden, sondern mehr oder weniger willkürlich einbeziehen, was der Zensus an Daten zur Verfügung stellt. Die Faktorenanalyse kann diese Theorie nicht ersetzen; ihr Ergebnis ist einzig und allein abhängig von der Definition des Datenraumes, d. h. von der Merkmalsauswahl. Darüber hinaus werden die statistischen Voraussetzungen, die erst eine Korrelationsanalyse zulassen: Normalverteilung der Variablen, Unabhängigkeit der Variablen voneinander, Stetigkeit der Funktionen und Linearität, in kaum einer Untersuchung kontrolliert. Kritiklos werden Proportionaldaten verwendet, ohne daß die Möglichkeit von Scheinkorrelationen in Betracht gezogen würde (darauf hat aufmerksam gemacht Dent 1972, S. 24 ff.). Fehlerquellen, die durch die Datenerhebung selbst oder durch die Definition der Variablen durch die Zensusbehörden einfließen könnten, werden in keiner Studie diskutiert. Ebenfalls undiskutiert bleiben die Kriterien, nach denen die Beobachtungseinheiten gebildet wurden: Meist sind es die Standard Metropolitan Statistical Areas als Bezugsgröße und die Census tracts als Beobachtungseinheit, zuweilen aber auch nur die Kernstädte oder anders definierte Beobachtungseinheiten. Als faktorenanalytische Verfahren herrschen die Hauptkomponenten- und die Hauptachsenanalyse, beide mit Varimax-Rotation, bei weitem vor, Verfahren also, die definitionsgemäß zu voneinander unabhängigen Faktoren führen müssen. Außerordentlich häufig sind unvollständige Angaben: oft werden einfach Faktormuster präsentiert, deren Interpretation nicht nachvollziehbar ist, weil die Verteilungsparameter der Variablen, die Korrelationsmatrix und die Kommunalitäten fehlen. Die inhaltliche Interpretation der Faktoren, ihre Benennung, geschieht vollends willkürlich, jedenfalls dort, wo man sich nicht an den Indikatoren der Shevky-Bell-Sozialraumanalyse orientieren kann.

Die räumlichen Verteilungsmuster werden dort, wo sie überhaupt untersucht werden, durch rein schematische Zonen- und Sektorenbildungen dargestellt. Der Zirkelschlag auf einem Plan führt indessen nicht zu ökologischen Zonen, und die Abtragung irgendwelcher Winkel nicht zu relevanten Sektoren. Es ist nachgewiesen worden (Quinn 1940), daß eine Verteilung, die prima vista auf einem Plan alle Anzeichen für Sektorialität zeigen kann, in Begriffen der ökologischen Distanz unter Umständen als konzentrisch beurteilt werden muß. Die Operationalisierung ökologischer Distanz kann nur in Zeit-Kosten-Begriffen geschehen, selbst die Verwendung mittlerer Reisezeiten ist problematisch (Wachs und Kumagai 1973), wenngleich als Approximation noch am ehesten akzeptabel. Sektoren können, wenn sie in der Wirklichkeit irgendeine Bedeutung haben sollen, nicht willkürlich gebildet werden. In Frage kommen dafür große Ausfallstraßen, Bahnlinien, topographische Barrieren wie Niveauunterschiede, Flußläufe und dergleichen.

Die Untersuchung von dynamischen Prozessen des Strukturwandels leidet einmal daran, daß ausschließlich auf einer deskriptiven Ebene argumentiert wird. Versuche zur Kausalanalyse, die sich an Konzepten der klassischen Human Ecology oder gar am Ecological Complex orientierten, fehlen völlig. Darüber hinaus besteht auch eine nahezu vollständige Ignoranz gegenüber Forschungsbemühungen in den Nachbardisziplinen, vor allem gegenüber den ökonomischen und geographischen Ansätzen zur Beschreibung und Erklärung des Strukturwandels. Außerdem sind diese Untersuchungen in den meisten Fällen mit den früher schon genannten Mängeln behaftet. Ein so ausgezeichnetes Instrument zur vergleichenden Analyse wie das Sozialraumdiagramm ist in keiner faktorenanalytischen Untersuchung verwendet worden. Keine der mir bekannten neueren Untersuchungen vermeidet alle diese Fehlerquellen, in vielen sind sie gar alle gleichzeitig enthalten. Eine wichtige Ursache dafür mag darin liegen, daß der Computer und fertige Analyseprogramme zusammen mit dem leichten Zugang zu kleinräumig aufbereiteten Zensusdaten zu empirizistischen Spielereien geradezu verführt, deren Ergebnisse uns dann als relevante Beiträge zur Forschung präsentiert werden. Eine zweite und damit zusammenhängende Ursache liegt ohne Zweifel darin, daß die theoretischen und empirischen Erkenntnisse aus Jahrzehnten sozialökologischer Stadtforschung nicht aufgearbeitet werden. Das aber kann nur eine Fortsetzung punktueller Fallstudien-Forschung bedeuten, die auf die systematische Akkumulation von Wissen verzichtet. Und schließlich scheint es, daß viele Autoren sich über die Ziele der Untersuchungen, die sie durchführen, nicht genügend im klaren sind. Wer die Ergebnisse seiner Faktorenanalyse nur einer Varimax-Rotation unterzieht, der will — implizit oder explizit — voneinander möglichst unabhängige Faktoren extrahieren. Das mag dann gerechtfertigt sein, wenn wir vor einem Problem der Ableitung sozialer Indikatoren stehen; dann aber sollten nur Variable mit den höchsten Ladungen interpretiert und die Kommunalitäten angegeben werden. Wenn wir aber Dimensionen sozialräumlicher Differenzierung untersuchen, dann können wir nicht a priori davon ausgehen, daß die Faktoren nicht untereinander korreliert seien. In den allermeisten Fällen wären deshalb schiefwinklige Rotationen angebracht, die alleine uns darüber Auskunft geben können.

Trotz dieser umfangreichen Mängelliste bin ich natürlich nicht der Meinung, das umfangreiche Paket vorliegender faktorialökologischer Stadtuntersuchungen sei gänzlich wertlos. Sein größter Wert liegt aber wohl nicht in den inhaltlichen Informationen, die es gebracht hat, sondern in der kritischen Reflexion des Vorgehens und in der Rückbesinnung auch auf die Erfahrungen der klassischen Human Ecology. Wir können daraus einige Anforderungen formulieren, denen künftige Studien zu genügen hätten, wollen wir nicht hinter den Erkenntnisstand von gestern zurückfallen. Einige dieser Anforderungen will ich hier noch einmal aufführen — ein Katalog, der zu Kritik, zur Ergänzung und Modifikation anregen will.

3.2 Kodex für künftige Untersuchungen — ein Vorschlag

Wer Untersuchungen der sozialräumlichen Differenzierung in Städten betreiben und wer damit einen relevanten Beitrag zu unserer Kenntnis der städtischen Ökologie leisten will, der sollte

1. sein Untersuchungsziel präzise und intersubjektiv nachvollziehbar formulieren und seine Relevanz begründen;

2. sich des Erkenntnisstandes der neueren sozialökologischen Forschung vergewissern, daran systematisch anschließen und die zentralen Konzepte dieses Forschungsansatzes verwenden;
3. die Auswahl seiner Beobachtungseinheiten und die Kriterien ihrer Abgrenzung nennen;
4. die Auswahl seiner Variablen begründen und nicht vermeidbare Fehlerquellen und ihren wahrscheinlichen Einfluß auf die Resultate darstellen;
5. vollständige Angaben machen, damit die Datenanalyse nachvollziehbar wird. Dazu gehören insbesondere Angaben darüber, ob die statistischen Voraussetzungen für die Berechnung von Korrelationskoeffizienten erfüllt sind; Mittelwerte, Standardabweichungen und Variationskoeffizienten der Datenreihen; die vollständige Korrelationsmatrix; Angaben über das gewählte faktorenanalytische Modell und das Rotationsprinzip; Angabe der erklärten Varianzanteile und der Kommunalitäten; wenn immer möglich die Schätzung der Faktorwerte;
6. in der Regel schiefwinklige Rotationsverfahren vorziehen; die rechtwinklige Rotation ist die theoretische Ausnahme und daher zu begründen;
7. sich in der inhaltlichen Interpretation und Benennung der extrahierten Faktoren orientieren an vorhandenen Studien, die unter vergleichbaren Zielsetzungen und mit vergleichbaren Methoden vorgegangen sind;
8. bei der Analyse räumlicher Verteilungsmuster keine schematische, sondern eine theoretisch fundierte Zonen- oder Sektorenbildung vornehmen;
9. bedenken, daß die Faktorenanalyse keine Theorie ist und keine Theorie ersetzen kann; sie liefert nur deskriptive Aussagen, die vollumfänglich davon abhängen, was an Voraussetzungen über die Variablenauswahl in die Untersuchung eingegangen ist. Sie kann Datenräume reduzieren und damit zur Kausalanalyse beitragen – wir sollten denn auch nicht bei der Deskription stehenbleiben;
10. daran denken, daß es niemandem dient, wenn die große Zahl ungenügender Untersuchungen durch eine weitere vermehrt wird.

Schlußfolgerungen

Die empirische Untersuchung der sozialräumlichen Differenzierung von Städten wird, wenn wir diese Regeln einhalten, aller Wahrscheinlichkeit nach zu den folgenden Befunden führen:

1. Die Ausgangsvarianz auch großer Datenräume wird sich zu einem großen Teil auf drei Faktoren zurückführen lassen, die interpretiert werden können als
   a) Spezialisierung der Landnutzung, mit hohen Ladungen auf Variablen wie Bodenpreis, Arbeitsplätze, Anteil der Dienstleistungs- an der Gesamtnutzfläche etc.;

b) Familien-, Lebenszyklus, mit hohen Ladungen auf Variablen der Altersstruktur, der Haushaltsgrößen, der Wohnungsgrößen etc.;

c) soziale Schicht, mit hohen Ladungen auf Variablen wie Miete, berufliche Stellung, Ausbildung etc.

Die beiden ersten Faktoren werden miteinander korreliert sein, der dritte Faktor von den beiden anderen aber relativ unabhängig. Die beiden letzten Faktoren stehen für die klassischen Dimensionen, nach denen soziales Verhalten differenziert ist, und sind deswegen auch im Rahmen einer allgemeineren soziologischen Theorie plausibel. Wir können, wenn wir diese drei Faktoren extrahieren, darin einen Beleg dafür sehen, daß wir tatsächlich die relevanten Dimensionen sozialräumlicher Differenzierung gefunden haben.

2. Wir werden sehen, daß die beiden ersten Faktoren der Tendenz nach ein konzentrisches Verteilungsmuster zeigen, der dritte aber nach keinem der gängigen Modelle — es sei denn, man betrachte auch das unsystematische Harris-Ullman-Model der polyzentrischen Stadt als solches — verteilt ist. Wenn wir in unsere Analyse Variable einführen für die Wohnqualität eines Gebietes, also etwa Lärm- und Geruchsimmissionen, Reliefenergie, Exposition, Nähe zu Wald, Flußläufen, Seen etc., dann wird der dritte Faktor damit korrelieren.

3. Wir haben damit die sozialökologische Struktur von städtischen Gebieten theoretisch und methodisch einigermaßen im Griff; es kommt jetzt darauf an, von der statischen Struktur- zur dynamischen Prozeßanalyse fortzuschreiten. Als brauchbarstes Instrument sehe ich gegenwärtig an, was im Rahmen der Sozialraumanalyse vorgeschlagen worden ist: das Sozialraumdiagramm. Wir können hier einen Zustand t_0 der sozialräumlichen Differenzierung konstant halten und Strukturveränderungen graphisch nachvollziehen. Dabei werden wir feststellen, daß es gemäß der Dominanzhypothese Typen von Subräumen in Städten gibt, die spezifische ökologische Positionen besetzen und spezifische Entwicklungszyklen in bestimmten Zeiträumen durchlaufen.

4. Erst damit haben wir dann ein theoretisch und empirisch fundiertes Prognoseinstrument, das wir in die Stadtentwicklungsplanung einbringen können. Es erlaubt Aussagen der folgenden Art: Wenn im zentralen Geschäftsbereich die Bodenpreise innerhalb eines bestimmten Zeitraumes um einen bestimmten Betrag steigen, dann werden wir in den Subgebieten vom Typ a die Auswirkungen x, in solchen vom Typ b die Auswirkungen y etc. erwarten können. Aufgabe der Stadtentwicklungsplanung wäre es dann, den so prognostizierten Zustand zu bewerten und, wo Prognose und Ziel nicht übereinstimmen, korrigierend einzugreifen. Das Prognoseinstrument dient im nächsten Schritt dann der Erfolgskontrolle.

5. Dann haben wir aber auch eine Beschreibung der „morphologischen Außenseite" von Raum-Verhalten-Systemen, von der aus wir leisten können, was

Robert Park anstrebte: eine Analyse der Zusammenhänge zwischen Raumstruktur und Verhaltens- und Wahrnehmungsmustern, d. h. wir können hier systematisch unsere verhaltenstheoretischen und umweltpsychologischen Einsichten anschließen.

In diesem Sinne würde ich meinen, daß die Sozialökologie uns die festeste Basis abgibt, auf der wir Siedlungssoziologie und einen soziologischen Beitrag zur Stadtplanung aufbauen können. Wir verfügen gegenwärtig über genügend theoretische und empirische Erfahrungen, um solche Theoriebildung voranzutreiben, Erfahrungen freilich, die erst noch systematisch aufzuarbeiten und auf ihre Generalisierbarkeit hin zu überprüfen wären.

Schrifttum

BURGESS, E. W. (1925): The Growth of the City: Introduction to a Research Project, in: The City, hrsg. R. E. PARK, E. W. BURGESS, R. R. McKENZIE, Chicago: University of Chicago Press.

DENT, O. (1972): Aspects of Change in Urban Social-Spatial Structure, unveröffentlichte Dissertation Brown University.

DUNCAN, O. D., und B. DUNCAN (1955): Residential Distribution and Occupational Stratification, American Journal of Sociology 60, 493—503.

DUNCAN, O. D. (1959): Human Ecology and Population Studies, in: The Study of Population, hrsg. P. M. HAUSER und O. D. DUNCAN, Chicago: University of Chicago Press.

HAMM, B. (1976): Soziale Indikatoren der Stadtentwicklung, Berlin: Institut für Städtebau.

HAMM, B. (1977) a: Die Organisation der städtischen Umwelt, Frauenfeld: HUBER.

HAMM, B. (1977) b: Zur Revision der Sozialraumanalyse. Zeitschrift für Soziologie 6 (1977).

HAWLEY, A. H. (1950): Human Ecology. New York: RONALD.

HERLYN, U. (Hrsg.) (1974): Stadt- und Sozialstruktur. München: NYMPHENBURGER.

HOFFMEYER-ZLOTNIK, J. (1976): Der Prozeß der Sukzession, unveröffentlichte Dissertation Universität Hamburg.

HUNTER, A. (1974): Symbolic Communities, Chicago: University of Chicago Press.

KASARDA, J. D. (1971): Metropolitan Population Growth and Central City Organization, unveröffentlichte Dissertation University of North Carolina.

KASARDA, J. D. (1972): The Theory of Ecological Expansion, Social Forces 51, 165—175.

KASS, N. (1972): The Impact of Functional Specialization on Population Characteristics of Metropolitan Communities, unveröffentlichte Dissertation Brown University.

McKENZIE, R. D. (1926): The Scope of Human Ecology, dt. in: Materialien zur Siedlungssoziologie, hrsg. P. ATTESLANDER und B. HAMM, Köln, KIEPENHEUER und WITSCH 1974.

McKENZIE, R. D. (1927): The Concept of Dominance and World Organization, American Journal of Sociology 33.

McKENZIE, R. D. (1933): Industrial Expansion and the Interrelations of Peoples, in: Race and Cultural Contacts, hrsg. E. B. REUTER, New York: McGRAW-HILL.

QUINN, J. A. (1940): BURGESS' Zonal Hypothesis and Its Critics, American Sociological Review 5, 210—218.

QUINN, J. A. (1950): Human Ecology, Englewood Cliffs: Prentice Hall.

SCHÄFERS, B. (1976): Sozialstruktur und Wandel der Bundesrepublik Deutschland, Stuttgart: ENKE.

SCHELLING, T. C. (1971): Dynamic Models of Segregation, Journal of Mathematical Sociology 1, 143—185.

SCHWIRIAN, K. P. (1974): Comparative Urban Structure, Lexington: HEATH.

SHEVKY, E., und W. BELL (1955): Social Area Analysis, Stanford: Stanford University Press.

WACHS, M., und G. T. KUMAGAI (1973): Physical Accessibility as a Social Indicator, Socio-Economic Planning Sciences 7, 437—456.

Heide Berndt

Elemente des städtischen Sozialcharakters
Elements of Urban Social Character

Summary

The social character of modern urbanized people is formed by bourgeois traits, foremost the necessity to adapt to the laws of "commercialism and monetarism" (N. Elias). The author reaffirms Georg Simmel's considerations on the "City and Mental Life" (1905) and tries to strengthen his sociological analysis by referring to similar aspects in the work of K. Marx and Norbert Elias, and also Max Weber. Modern occidental rationality, as Max Weber delineated it from the Protestant movement during the 16th century, also determines the thinking and acting of urbanized people. It explains the anonymity of the urban way of life. This rationality stems from the rising interdependencies, into which people are drawn when their economic relations enforce continuous exchange of goods and money. From this system of interdependencies the author interpretes D. Riesman's reflections on the "other-directed" behaviour of modern urbanites. She states that the urban character so far has been more or less identical with bourgeois traits, first of all a calculating attitude towards all things and a correspondig lack of sense for individuality, but she hopes for an emancipation from this bourgeois origin.

Ich möchte hier ein paar Überlegungen skizzieren, die mit der Großstadtsoziologie, wie sie von den amerikanischen Soziologen aus Chicago in den 20er Jahren entwickelt wurde, fast nichts zu tun haben. So sehr die Stadt, die moderne Großstadt zumal, als räumliches Gebilde imponiert, so wenig ist sie doch, dank der Technologie, auf der ihr Funktionieren beruht, an räumliche Voraussetzungen gebunden. Die Verstädterung der Umwelt ist ein primär gesellschaftlicher Prozeß; räumliche Konsequenzen dieses Prozesses sind sekundärer Natur. Die Verstädterung betrifft nicht nur die äußere Natur, sondern auch die innere Natur des Menschen. Der urbanisierte Mensch unterscheidet sich psychologisch sehr stark von seinen steinzeitlichen nomadisierenden oder ackerbauenden Vorfahren.

Wenn ich hier von „urbanisiertem Menschen" oder „Verstädterung" rede, dann meine ich damit die moderne gesellschaftliche Entwicklung, die von Norbert Elias auch als „Prozeß der Zivilisation"[1]) bezeichnet wurde. Auch für Elias besteht der zivilisatorische Prozeß nicht nur in äußerlich erkennbaren Veränderungen der Umwelt, sondern ebenso in tiefgreifenden inneren Umwälzungen psychischer Kräfte. Im Gegensatz zu Elias identifiziere ich diesen Prozeß auch mit „bürgerlicher" Entwicklung im Sinne Marx', für den diese

Entwicklung gleichbedeutend war mit einem System „sachlicher Abhängigkeit"[2]). Trotz aller Unterschiede in der Terminologie und der theoretischen Zielsetzung stimmen Marx und Elias in der Beschreibung der modernen Zivilisation insoweit überein, als sie unablässig deren Funktionieren nach abstrakten, objektiv vorgegebenen gesellschaftlichen Mechanismen, oder „Figurationen" wie Elias sagt, betonen. Es ist meine These, daß die durchschnittlichen Charaktereigenschaften, die den modernen urbanisierten Menschen zugeschrieben werden, von ihrem Ursprung her als „bürgerliche" Eigenschaften zu fassen sind. Ich werde darum auf einige historische Konstellationen eingehen, die den bürgerlichen Charakter prägen halfen, um diese Verwandtschaft zwischen bürgerlichen und städtischen Eigenschaften ein wenig zu klären.

In Georg Simmels klassischem Aufsatz über „Die Großstädte und das Geistesleben" wurden dem Großstädter Eigenschaften attestiert: Unpersönlichkeit und Reserviertheit an erster Stelle, Präzision und Berechenbarkeit des Verhaltens an zweiter Stelle[3]), die als solche bürgerliche Tugenden anzusehen wären. Horkheimer hebt als das besondere Merkmal des bürgerlichen Individuums hervor, daß es die Fähigkeit habe, ein gegebenes Versprechen einhalten zu können. Dazu gehöre die Konstanz einer Triebstruktur, die man Charakter nenne. Ohne diese psychischen Strukturen der Einzelnen sei das Funktionieren der bürgerlichen Gesellschaft, ihr Zug von Berechenbarkeit und Präzision in der Produktion, nicht denkbar[4]). Der Zusammenhang von großstädtischen Reaktionsweisen und bürgerlicher Gesellschaft, vor allem deren Wirtschaftsweise, ist von Simmel angesprochen, wenn er das Verhalten der Großstädter aus den Bedingungen der universalen „Geldwirtschaft" ableitet, aus den anonymen Beziehungen, wie sie zwischen Lieferanten und Abnehmern herrschen[5]).

Aus der „Geldwirtschaft" leitete Simmel weitere kollektive Charaktereigenschaften ab: Verstandesherrschaft, Sachlichkeit, „in der sich eine formale Gerechtigkeit oft mit rücksichtsloser Härte paart", vor allem Gleichgültigkeit gegenüber der Individualität der Erscheinungen. „Formale Gerechtigkeit" und „kalte Intellektualität" hatte Max Weber als Erbe der protestantischen Religionserneuerung im bürgerlichen Charakter erkannt[6]). Simmel leitete diese Eigenschaften ohne die vermittelnde Rolle der Religion, ähnlich wie später Elias die Tugenden des zivilisierten Menschen, unmittelbar aus den ökonomisch gegebenen Beziehungen der Individuen ab. Louis Wirth, zweifellos der brillanteste Schüler der „Pioniere der Chicagoer Sozialökologen", war zwar in seiner Arbeit über „Urbanism as a Way of Life" stark von Simmels Kritik des Großstädters inspiriert, aber er maß dem Einfluß der „Geldwirtschaft" weniger Bedeutung für das Verhalten der modernen Städter bei als bestimmten räumlichen Gegebenheiten der heutigen Lebensweise[7]).

Wie Simmel hatte auch Marx die Gleichgültigkeit gegenüber dem Individuellen als Folge tausch- und geldwirtschaftlicher Beziehungen gesehen. Er kritisierte die „individualitätslose" Qualität des Reichtums in Form von Geld. Der „natürliche Reichtum", „ehe er durch den Tauschwert versetzt ist", fördere bestimmte Eigenschaften in den Individuen und entwickelte damit ihre Individualität. Das Geld dagegen, der abstrakt gemessene Reichtum, unterstelle „durchaus keine individuelle Beziehung zu seinem Besitzer; sein Besitzen ist nicht die Entwicklung irgendeiner der wesentlichen Seiten seiner Individualität, sondern vielmehr Besitz des Individualitätslosen ..."[8]). Das Unpersönliche, dem Individuellen gegenüber gleichgültige Verhalten der Großstädter oder modernen zivilisierten Menschen hat darum weniger mit der Stadt als solcher zu tun, als mit der bislang unauflöslichen Verknüpfung von städtischer und bürgerlicher Entwicklung. Weder Simmel noch Marx gingen dabei auf den Begriff der Anonymität ein, der für die fortschreitende Verstädterung eine Rolle spielte; aber wenn sie die Gleichgültigkeit der Menschen, die sich wesentlich als Käufer und Verkäufer begegnen, betonten, so suchten sie zugleich die Erklärung für die Ausbreitung anonymer Verhältnisse, wie sie für die Verstädterung typisch ist.

Besonders Marx bemühte sich um eine Rückführung dieses sozialpsychologischen Tatbestands auf gesellschaftliche Mechanismen. Die Gleichgültigkeit der Tauschenden zueinander rühre von ihrem Gleichgelten im Tauschakt. Das „Verkehrsverhältnis", worin sie stehen, bedeutet, daß jeder „dieselbe gesellschaftliche Beziehung zu dem andren (hat), die der andre zu ihm hat. Als Subjekte des Austauschs ist ihre Beziehung daher die der Gleichheit[9])." Zum Motiv der „Integrierung dieser Individuen" komme hinzu, daß sie nicht nur „als Gleiche vorausgesetzt sind und (sich) bewähren", sondern daß sie sich in Freiheit begegnen. Sie anerkennen sich wechselseitig als Eigentümer von Waren und bemächtigen sich der Waren der anderen nicht mit Gewalt, sondern erwerben sie durch Kauf[10]). Die Voraussetzung der „sozialen Gleichheit im Akt des Austauschs" sei zwar „natürliche Verschiedenheit" der Eigentümer wie vor allem auch ihrer Waren, aber die individuellen Unterschiede werden im Tauschakt nicht beachtet. Das Gleichgelten bewirkt einerseits Freiheit und Gleichheit der Austauschenden, andererseits aber auch Gleichgültigkeit, anonymes Nebeneinander. Gleichgültigkeit, Unpersönlichkeit und Blasiertheit sind bürgerliche Tugenden, nicht ewige Eigenschaften städtischer Menschen. Solange die Individuen dem Wertgesetz gehorchen müssen und ihr Denken vom Kalkulieren von Preisen oder äquivalenten Vergünstigungen bestimmt ist, werden die von Simmel genannten „typischen" Eigenschaften der verstädterten Menschen lebendig bleiben. Insbesondere die „Blasiertheit" des Großstädters, seine „Unfähigkeit, auf neue Reize mit der ihnen angemessenen Energie zu reagieren", die Negierung aller „qualitativen Unterschiede" zwischen den Dingen zugunsten ihrer abstrakten Gleichsetzung im „Wieviel", sei der „getreue subjektive Reflex der Geldwirtschaft"[11]).

Der Charakter einzelner Menschen oder auch ganzer Menschengruppen wird durch die „Einwirkung der gesamten gesellschaftlichen Einrichtungen" geformt, wie Horkheimer zur Einführung in die „Studien über Autorität und Familie" schrieb[12]). Er wollte damit sagen, daß weder eine absolut gesetzte Triebdynamik noch eine absolut gesetzte Ökonomie die Erklärung dafür geben kann, welche Charakterzüge der Menschen in einer bestimmten Epoche besonders ausgeprägt sind. Die Erforschung des Sozialcharakters müsse zu den „tieferliegenden psychischen Faktoren, mittels derer die Ökonomie die Menschen bestimmt", vorstoßen und die Psychologie unbewußter Kräfte berücksichtigen. Dazu ist die Kenntnis der Geschichte notwendig. Um den modernen städtischen Sozialcharakter zu verstehen, ist es darum notwendig, auf bestimmte Momente des Funktionierens und der Entstehung der bürgerlichen Gesellschaft einzugehen; denn die bürgerliche Gesellschaft brachte die Verstädterung auf Grundlage der Industrialisierung erstmalig hervor. Längst bevor Industrialisierung und Urbanisierung als sichtbare Resultate der bürgerlichen Entwicklung erkennbar waren, hatten sich die Beziehungen und Eigenschaften der Menschen umgeformt.

Die „spezifisch abendländische Rationalität", die die bürgerliche Entwicklung begleitet hat, von Max Weber auch „Zweckrationalität" genannt, von Horkheimer als „instrumentelle Vernunft" kritisiert, hatte nach Webers Auffassung ihre stärksten Wurzeln in der protestantischen Reformationsbewegung. „Zweckrationales Verhalten" bestimmt in weitem Maße die Handlungen urbanisierter Menschen; der moderne Mensch ist durch ein hochentwickeltes kalkulatorisches Vermögen, vorab im Beruf und im Umgang mit Geld, gekennzeichnet. Weber suchte in sehr allgemeiner Weise eine Antwort auf die Frage zu geben, in welcher Weise „der ökonomische Rationalismus in seiner Entstehung auch von der Fähigkeit und Disposition der Menschen zu bestimmten Arten praktisch-rationaler Lebensführung überhaupt abhängig" ist[13]). Er hat dabei nicht, wie etwa Sombart, den Kapitalismus aus einer besonderen Wirtschaftsgesinnung ableiten wollen. Vielmehr erklärte er umgekehrt die spezifisch moderne Form rationalen Verhaltens aus der kapitalistischen Arbeitsorganisation, die auf „exakte Kalkulation" zugeschnitten ist[14]).

Weber sah nur einen sehr vermittelten Zusammenhang zwischen „protestantischer Ethik" und dem „Geist des Kapitalismus". Der Protestantismus beinhaltete eine andere Einstellung zur Arbeit, die als Feld der Bewährung für den Protestanten wichtig wurde. Das bewirkte eine neue Berufsethik, eine moralische Aufwertung von Arbeitern überhaupt. Obwohl diese Einstellung zum Arbeiten nur als Nebenprodukt der Reformation zu betrachten sei, hatte sie doch für die kapitalistische Entwicklung eine große Bedeutung.

Die gesellschaftlichen Umwälzungen, die mit der „Monetisierung und Kommerzialisierung" auch des alltäglichen Lebens, wie Herbert Elias es nennt, einhergingen, zwangen die Menschen, ob sie es wollten oder nicht, sich an den „Geist des Kapitalismus" anzupassen. Noch im 17. Jahrhundert hielten viele der vom Land vertriebenen Menschen das Betteln für einträglicher als das Arbeiten. Sie zogen es vor, nachdem sie meist nur kurze Zeit gearbeitet hatten,

„solange müßig zu bleiben, bis der bei ihren geringen Bedürfnissen ziemlich lang reichende Verdienst vertan und vertrunken war"[15]). Da Elend und raffiniert ersonnene Todesstrafen nicht ausgereicht hätten, um die Masse der Menschen zu unbedingter Pünktlichkeit und Zuverlässigkeit gegenüber der Arbeit zu erziehen, sagt Horkheimer, erscheine der „theokratische Irrationalismus Calvins" wie die „List der technokratischen Vernunft", die ihr Menschenmaterial erst zu präparieren, ja zu produzieren hatte"[16]).

Eine wichtige Errungenschaft des erneuerten religiösen Empfindens war die Betonung des individuellen Gewissens, wodurch der einzelne unmittelbar zu Gott kommunizierte, ohne die vermittelnde Rolle von Sakramenten oder der Fürsprache von Heiligen. Die Verpönung von Sakramenten, die Verurteilung der Vorstellung, daß Gottes Wirken durch Menschen beeinflußt werden könnte, führte zur Formulierung neuer religiöser Dogmen, durch die letzte Reste magischen Handelns innerhalb der Religion beseitigt wurden. Für Weber war diese Beseitigung magischer Überreste wiederum nur Teil des allgemeinen Rationalisierungsprozesses, der auch vor der Religion nicht haltmachte. Bei Calvin erhielt die Entwertung des persönlichen Wollens und Tuns zur Erlangung des Seelenheils einen besonders harten Akzent. Die Erlösung hänge von der Gnadenwahl Gottes ab, eines verborgenen Gottes zumal, der diese Gnadenwahl unabhängig von den Bestrebungen des einzelnen treffe. Einzig ein „heiliger Lebenswandel" konnte als Anzeichen dafür gewertet werden, daß die Gnade Gottes wirksam und für den betreffenden günstig ausgefallen war.

Die Verinnerlichung gesellschaftlicher Gebote zu Gewissensfragen, z. B. pünktlich, genau und zuverlässig zu sein, war die große massenpsychologische Leistung der Reformation. Die „innerweltliche Askese" förderte eine „antinatürliche", aber zugleich auf praktische Dinge bezogene Lebenshaltung, die den sich ständig verändernden Verkehrs- und Produktionsverhältnissen sehr zustatten kam. Längst bevor die Industrialisierung und die mit ihr verbundene Verstädterung einsetzte, kristallisierten sich so die Züge des urbanisierten Menschen heraus. Die Fähigkeit, sich auf exakte Termine einstellen zu können, Weitsicht und Vorausplanen zu beherrschen, Eigenschaften, die moderne verstädterte Menschen zu einem gewissen Grad besitzen müssen, haben sich bereits seit dem 16. Jahrhundert entwickelt.

Widersprüchlich wie die bürgerliche Gesellschaft war die Glaubenserneuerung, die den neuen Sozialcharakter prägen half. Nicht nur war die auf weltlichen Erfolg bezogene asketische Lebensführung widersprüchlich; widerspruchsvoll waren die moralischen Forderungen insgesamt. Denn angesichts der Gnadenwahl und der Unmöglichkeit, mit eigenen guten Werken auf Gottes Ratschluß einzuwirken, ist die moralische Anstrengung und das „heilige" Leben sinnlos. Zum „Siegel der Gnade" wurde schließlich, wie Horkheimer ironisch bemerkte, „die Höhe des Einkommens, das sich, irrational, aufgrund des ökonomischen Wertgesetzes verteilt"[17]).

Im Unterschied zu dieser Analyse bürgerlicher Rationalität und modernen rationalen Verhaltens, in der die Widersprüchlichkeiten und negativen Ausprägungen besonders betont werden, hat Norbert Elias eine Untersuchung über die Wandlungen des Affektausdrucks, wie er sich gemäß der gesellschaftlichen Veränderungen vom 16. bis 18. Jahrhundert vollzog, vorgenommen, das die moderne Rationalität mehr von ihrer positiven Seite zeigt. Genau wie Weber bemühte sich auch Elias um eine Erklärung der Verhaltensweisen, „die man als typisch für die abendländischen zivilisierten Menschen ansieht"[18]). Obwohl sich Elias' Fragestellung fast wörtlich mit der Weber'schen Einleitung zur „Protestantischen Ethik" deckt und ihm Weber als Autor selbstverständlich vertraut ist, ignorierte er dessen Begründung der „spezifisch abendländischen Rationalität". Dabei stehen beide Begründungen in einem Zusammenhang, durch die sie sich als wechselseitige Ergänzungen auffassen lassen. Obwohl auch Elias gelegentlich vom „Doppelcharakter" der abendländischen Zivilisation spricht[19]), sind seine Angriffe auf die Rationalität des zivilisierten Menschen niemals so hart wie die von Max Weber oder etwa von Max Horkheimer, der die zur bloß „instrumentellen Vernunft" gebrauchte Rationalität als die „Umnachtung der Vernunft" ansah (Eclipse of Reason). Die Unterdrückung unmittelbarer Affekte, die Zügelung des Gefühlslebens, nach Elias notwendiges Resultat steigender gesellschaftlicher Verflechtung und verstärkter wechselseitiger Abhängigkeiten der einzelnen voneinander, bringt überhaupt erst psychische Differenzierungen zuwege, mindert brutale Gewaltanwendung und Angst in den alltäglichen Beziehungen.

Stärkere Affektkontrolle, Verfeinerung in den Sitten des täglichen Umgangs, zeichnete zuerst die Oberschichten aus und gehörte zur herrschaftlichen Distinktion. Die spezifisch abendländische Rationalität, die mit dieser Affektbeherrschung geboren wurde, stammt nach Elias Auffassung aus den Umgangsformen am Hofe. Dabei mündete die „höfisch-aristokratische Menschenmodellierung" zuletzt in die „berufsbürgerliche", wie Elias es nennt[20]). Zwischen beiden Formen rationalen Verhaltens bestanden trotz inhaltlicher Widersprüche wesentliche formale Ähnlichkeiten: „Beiden gemeinsam ist ein Übergewicht langfristiger realitätszugewandter Überlegungen über momentane Affekte in der fluktuierenden Spannungsbalance am Steuer des Verhaltens in bestimmten sozialen Feldern und Situationen. Aber in dem berufsbürgerlichen Typ der Verhaltenssteuerung spielt bei der ‚typeigenen' Rationalität die Kalkulation von Gewinn und Verlust finanzieller Machtchancen eine primäre Rolle, in dem höfisch-aristokratischen Typ die Kalkulation von Gewinn und Verlust an Prestige- und Status-Chancen der Macht[21])." Das Gemeinsame ist das Kalkulierende, das kühle, leidenschaftslose Abschätzen gegebener Mittel in einer bestimmten Situation, eben „zweckrationales" Verhalten.

Anders als Max Weber stellt Elias die verstärkte Affektkontrolle als ein Resultat herrschaftlichen Verhaltens dar. Die „guten Manieren", in denen das gezügelte Gefühlsleben sich zeigen durfte, wurden am Hofe erlernt, an dem die Aristokratie ihre ökonomische Abhängigkeit vom absoluten König erfuhr. Verstellung und Maskerade, „die gute Miene zum bösen Spiel" gehörten zum höfischen Leben, das durch die Rituale der Etikette zu einer nie gekannten Raffinesse der Selbstdarstellung und der Menschenbehandlung gelangte. Im Barock wurde das Bösartige dieser Fähigkeiten sehr deutlich wahrgenommen und die Falschheit dieser Welt beklagt. Die Zurückhaltung und Verstellung des unmittelbaren Gefühlsausdrucks eröffnet Möglichkeiten der Täuschung und Überlistung derjenigen, die über diese Fähigkeiten des nuancierteren Gefühlsausdrucks nicht verfügen. Darum bestand eine enge Verbindung zwischen „guten Manieren" und Ausübung herrschaftlicher Funktionen.

Der „Prozeß der Zivilisation" zeichne sich allerdings dadurch aus, daß die rasch aufsteigenden Schichten sich dem Lebensstil der oberen Schichten, von denen sie beherrscht werden, anzupassen versuchen. Das hatte bereits das Bürgertum mit der Adaption vieler höfischer Gepflogenheiten vollzogen. Diese Anpassung an rationalere und affektkontrolliertere Verhaltensweisen wird von Elias als typisch für die Dialektik bürgerlicher Kolonisationsprozesse beschrieben. Dank der Zwänge erstarkender Verflechtungsmechanismen würden die einst Unterdrückten und Ausgebeuteten der Kolonialländer selbst in die Zivilisation integriert: „Für die Menschen einer Gesellschaft mit starker Funktionsteilung genügt es nicht, einfach mit der Waffe in der Hand . . . über unterjochte Völker und Länder zu herrschen . . . man braucht nicht nur den Boden; man braucht auch die Menschen; man wünscht die Einbeziehung der anderen Völker in das arbeitsteilige Geflecht des eigenen, des Oberschichtlandes, sei es als Arbeitskräfte, sei es als Verbraucher; das aber zwingt sowohl zu einer gewissen Hebung des Lebensstandards, wie zu einer Züchtung von Selbstzwang- oder Über-Ich-Apparaturen bei den Unterlegenen nach dem Muster der abendländischen Menschen selbst; es erfordert wirklich eine Zivilisation der unterworfenen Völker[22])." Dieser Prozeß der Eingliederung in die Zivilisation vollzieht sich, mehr als Elias das würdigt, nicht automatisch, sondern unter heftigen Kämpfen. „Selbstzwang" und „Über-Ich-Apparaturen" entstehen nicht aus Nachahmung und Einsicht, sondern aufgrund bitterer Abhängigkeitsverhältnisse, die die einzelnen in mühsamen Emanzipationskämpfen abzuschütteln versuchen.

Man kann diese Emanzipationsproblematik auch auf die Verhältnisse der modernen Großstädte übertragen, die ja als „Schmelztiegel" der verschiedenen Rassen gelten und die Einwanderer aus allen Ländern, insbesondere auch der ehemaligen Kolonialländer, auffangen. Die Chicagoer Sozialökologen hatten der Anpassung der fremdrassigen und fremdsprachigen Immigranten an die amerikanische Zivilisation besondere Aufmerksamkeit gewidmet und gerade das subjektiv Leidvolle dieses Anpassungsvorganges betont. In seiner Arbeit über das Ghetto hat Louis Wirth gezeigt, daß die moderne Gesellschaft oder Zivilisation nicht jeden assimiliert, sondern die ökonomisch und sozial Schwachen in Ghettos ohne Mauern isoliert. Dort finden sie zwar Rückhalt bei Ihresgleichen und psychologischen Schutz, aber sie bleiben von der vollen Teilhabe an der Zivilisation, die sie umgibt, ausgeschlossen[23]).

Die Begriffe „Selbstzwang" und „Über-Ich-Apparatur" zeigen, daß Elias stärker als Weber die moderne Rationalität auf eine psychologische Theorie zu beziehen versucht. Der Begriff des Überichs ist der Psychoanalyse entlehnt. Elias versucht diesen Begriff zu historisieren, indem er nachweist, daß „das Über-Ich, ebenso wie das psychische Gefüge und das individuelle Selbst als Ganzes" sich zwangsläufig und „in steter Korrespondenz mit dem gesellschaftlichen Verhaltenscode und dem gesellschaftlichen Aufbau" wandelt[24]). Die Differenzierung des psychischen Apparats sei selbst erst Produkt der Zivilisation. Den Nachweis dieser These führt Elias an den Veränderungen der alltäglichen Umgangsformen seit dem 16. Jahrhundert. Er illustriert sie an der allmählichen Entwicklung von Tischsitten.

Die Einhaltung der vielen Regeln guten Benehmens bei zivilisierten Menschen lasse auf ein Vorrücken von „Scham- und Peinlichkeitsschwellen" schließen. Vor allem wachse der „Zwang zur Selbstkontrolle". Die Selbstkontrolle, die zunächst von außen, nämlich den sozialen Erfordernissen entsprechend erzwungen werde, bilde schließlich den inneren Kontrollapparat und damit ein stabileres Überich. Elias setzt innere Kontrollapparatur und Überich weitgehend identisch. Unzivilisiertes Verhalten zeichne sich durch mangelnde Selbstkontrolle und ungleich intensiveres Ausleben aller Leidenschaften, vor allem Gewalttätigkeiten aus. Der Preis der geringeren Affektkontrolle waren furchtbare Ängste, wovon die mittelalterlichen Höllenbilder drastische Vorstellungen vermittelten[25]). Die Affekte, die ursprünglich zwischen den Menschen stärker zum Ausdruck gebracht wurden, müßten im Zuge der Zivilisation in innere Kämpfe umgewandelt werden, und das bedinge jene „Selbstumformung", die den zivilisierten Menschen vom unzivilisierten unterscheide. Es ist klar, daß Elias hauptsächlich eine soziologische Vorstellung von der Wirkungsweise des Überichs hat. Die Psychoanalyse sieht die Genese des individuellen Überichs in der Verarbeitung inzestuöser Triebregungen. In der soziologischen Betrachtung entfällt dieser Bezug zum Triebleben gewöhnlich. Daß der so rationale Kontrollapparat sich aus verpönten Triebregungen aufbaut, bleibt auch außerhalb Elias' Konstruktion; darum tendiert er mehr als Max Weber, der im bürgerlichen Überich das dunkle Wesen eines deus absconditus erblickte, zur Vernachlässigung der irrationalen Elemente dieser Kontrollapparatur.

Zwiespältig wie die bürgerliche Entwicklung ist auch der „seelische Fortschritt", den sie bedingte. Die größeren moralischen Anforderungen an das persönliche Gewissen, wie sie der Protestantismus stellte, ohne jedoch auf Erden die moralische Anstrengung belohnt sehen zu wollen, führten zu einer Verstärkung von Schuldgefühlen. Der Katholizismus, der von der Sündhaftigkeit der menschlichen Natur ausging, erteilte dem Gläubigen nach korrekt vollzogenem „Unterwerfungsritual" die Absolution. Psychologisch bedeutete dies eine Entlastung von Schuldgefühlen. Solche Gnadenmittel wie die Absolution lehnte der Protestantismus aber ab. Seine Anhänger waren damit vor härtere Aufgaben an Schuldbewältigung gestellt. Der Psychoanalytiker G. Piers leitete daraus die Entstehung kollektiver Charakterzüge ab, die als zwangsneurotisch anzusehen wären[26]). Das protestantische Überich fordere „Übermenschliches". Das führe zu einem Konflikt zwischen Ich und Überich, weil das Ich die hochfliegenden Ideale des Überichs niemals erfüllen könne und darum von chronischen Schuldgefühlen geplagt sei. Sofern das Ich durch unterdrückte Triebregungen zusätzlich heimgesucht würde, flüchte es sich in zwangsneurotische Symptome und suche Beruhigung in der geordneten Welt der Rituale.

Die Spannung zwischen Ich und Überich ist nicht nur auffällig in zwangsneurotischen Verhaltensweisen, sondern äußert sich auch in der Melancholie. Auf diesen Zusammenhang verwies Freud, als er die „unzweifelhaft genußreiche Selbstquälerei der Melancholie" auf die Befriedigung von Haßregungen und sadistischen Tendenzen – „ganz wie das entsprechende Phänomen der Zwangsneurose" – zurückführte[27]). Er sah zwischen einem allzu strengen Überich oder einem „übermoralischen" Gewissen eine enge Beziehung zur Befriedigung anal-sadistischer Regungen. Die übermäßige Strenge verhindert eine Verinnerlichung der geforderten Gebote; die von der Moral verpönten Gelüste verschaffen sich in verhüllter Form Durchbruch. Das Verhalten der Individuen ist damit von Widersprüchen durchsetzt. Nicht nur zwangsneurotische Züge, sondern ebenso melancholische gehören zum bürgerlichen Charakter. Die dem Protestantismus eigentümliche Entwertung des unmittelbaren Empfindens begünstigte den Abzug libidinöser Besetzungen von der Umwelt; dort, wo diese Besetzungen zurückgekommen sind, erscheint die Welt leer und sinnlos.

Die emotionelle Verarmung, die den vom Erleben seiner tatsächlichen Gefühle abgespaltenen Menschen kennzeichnet, hatte Simmel als typisch für den modernen Großstädter erkannt. Er beschrieb sie unter dem Stichwort Blasiertheit. Dem Blasierten erscheine die Welt „in einer gleichmäßig matten und grauen Tönung, keines wert, dem anderen vorgezogen zu werden. Es sei nicht so, daß er die Unterschiede der Dinge nicht richtig erkennen könne, aber er empfinde ihre Unterschiede als „nichtig".

Der zeitgemäße Sozialcharakter, wie Ravid Riesman ihn beschrieb, scheint mit dem Charaktertyp, wie er in der Renaissance und Reformation zuerst ausgebildet wurde, nicht mehr viel gemeinsam zu haben. Der moderne Sozialcharakter, nach Riesman am deutlichsten bei den Angehörigen des gehobenen großstädtischen Mittelstandes ausgeprägt, wird durch die Anforderungen des Kollektivs gelenkt, weniger durch eine starke innere Kontrollapparatur. Er sei „außen-geleitet", i. G. zum „innen-geleiteten" Menschen der frühbürgerlichen Epoche. Der „innen-geleitete" Mensch, der den literarischen Beispielen zufolge das Ideal wirtschaftlicher Selbstgenügsamkeit à la Robinson Crusoe verkörperte, besaß nach Riesmans Dafürhalten ein hohes Maß seelischer Autonomie[28]). Sein Verschwinden hat mit der Veränderung der Eigentumsverhältnisse zu tun. Durch den Mechanismus der Konkurrenz verschwanden die vielen kleinen Privateigentümer, die jene selbstgenügsamen, nach festen Prinzipien lebenden Individuen waren. Die Entwicklung des zerstreuten Privateigentums zum großen Kapital hat andere Verkehrsverhältnisse gesetzt. Um in den Hierarchien der großen Konzerne oder Verwaltungen aufzusteigen, ist „weitgehende Verhaltenskonformität" angebracht, die Riesman als typisch für „außen-geleitetes" Verhalten ansah, und die weniger durch „Zucht und vorgeschriebene Verhaltensregeln" erzwungen wird, als durch „außergewöhnliche Empfangs- und Folgebereitschaft" für die Handlungen und Wünsche anderer. Nicht „Furcht vor Schande" wie beim „traditionsgeleiteten" Menschen, noch Schuldgefühl wie beim „innen-geleiteten", sondern „diffuse Angst" diktiere dem „außen-geleiteten" Menschen sein Verhalten.

Diese Angst entspricht der Eigentumslosigkeit der Einzelnen. Sie sind in bewußt fühlbarer Weise vom Kollektiv abhängig, auf dessen Signale sie auch im Bereich des Konsums und der Freizeit mit höchster Feinheit reagieren. Diese Angst, sagte Adorno, entspricht der „Angst vorm Ausgestoßenwerden". „Sie ist geschichtlich zur zweiten Natur geworden; nicht umsonst bedeutet Existenz im philosophisch unverderbten Sprachgebrauch ebenso das natürliche Dasein wie die Möglichkeit der Selbsterhaltung im Wirtschaftsprozeß[29])." Im Überich der modernen Menschen verschmelze diese Angst vorm Ausgestoßenwerden mit der älteren Angst, durch das Ausgestoßenwerden zugleich physisch vernichtet zu werden. Darum ist die seelische Autonomie der eigentumslosen Menschen vor härtere Bewährungsproben gestellt als die des Privateigentümers, der den Wert beständiger psychischer Strukturen in der Beständigkeit seines Eigentums bestätigt fand.

Die Anpassungsbereitschaft der modernen zivilisierten Menschen bedingt aber nicht nur Konformität, sondern setzt auch, wie Riesman hervorhob, Einfühlung in die „Handlungen und Wünsche anderer" voraus. Psychische Autonomie ist auch bei „außen-geleiteten" Menschen denkbar. Aber diese Autonomie beruht — im Gegensatz zu der des „innen-geleiteten" Menschen — auf einem höheren Niveau an „Selbstbewußtheit". „Seine Autonomie hängt nicht davon ab, mit welcher Leichtigkeit er seine Gefühle abtun oder verschleiern kann, sondern ganz im Gegenteil gerade davon, mit welchem Erfolg er sich darum bemüht, seine eigenen Gefühlsbewegungen, Entfaltungsmöglichkeiten und Grenzen zu erkennen und zu achten[30])."

Die Rituale höflichen Verhaltens ermöglichen dem urbanisierten Menschen sehr differenzierte Formen des Umgangs. Neben den intensiven Gefühlsbeziehungen, die nach wie vor im Kreise der Familie ausgelebt werden, bestehen vielfältige Möglichkeiten, Beziehungen von höchst unterschiedlicher emotionaler Beteiligung aufzunehmen. Anonymität und Sachlichkeit als allgemeine Verkehrsformen erlauben die Aufnahme flüchtiger Kontakte, die gewöhnlich rasch fallengelassen werden, aber doch den Anknüpfungspunkt einer neuen und emotional bedeutsamen Beziehung sein können, die der Ausbildung der Individualität förderlich ist. Das hat Alfred Lorenzer als das positive psychologische Resultat der Verstädterung hervorgehoben. In der Fähigkeit, auf flüchtige, dennoch emotional bestimmte Kontakte reagieren zu können, stecke eine „große Sublimierungsleistung“[31]). Anonymität sei dabei eine wichtige Voraussetzung für die Offenheit der möglichen Beziehungen. Zwar gebe es Verfallsformen des ritualisierten, sich selbst darstellenden Verhaltens, das Bahrdt auch als Merkmal moderner Städter ansah; das Rituelle erstarre dann zu Pedantischem. Aber die Beherrschung des „feinen Systems von Regeln und Ritualen“, das den großstädtischen Alltag bestimmt, erfordere ein „hohes Niveau der Affektkultur“[32]).

Die erhöhten psychischen Anforderungen, denen die einzelnen in der modernen städtischen Zivilisation unterworfen sind, wenn sie sich als Individuen zu bewähren versuchen, würdigte Mitscherlich als ein neues historisches Ziel. Weil die Ich-Identität des verstädterten Menschen weniger durch „sozialen Gehorsam“ vermittelt ist, sondern „Selbsteinsicht“ verlangt[33]), sei sie schwerer zu verwirklichen. Ähnlich wie Riesman verwies auch Mitscherlich auf die nivellierenden Gegenkräfte, die dem „Trend nach Mündigkeit“ entgegenwirken. Die typisierten Konsumgegenstände und die durch die Massenmedien nahegelegte Identifikation mit ihnen fördere „narzißtische Objektwahl“ und damit wechselseitige Isolierung. Zur Ich-Identität, die auf Individuierung strebt, gehöre aber die Konstanz affektiver Beziehungen, nicht narzißtische Selbstgenügsamkeit und Rückzug aus emotionell bedeutsamen Beziehungen. „Auf der Konstanz allein können wir unsere Identität als Affektwesen aufbauen. Zur Identität beruflichen Spezialistentums, das so überaus schmal in seinem Erprobungsbereich geworden ist, muß die Identität kluger Gefühle als Rückhalt treten, wenn überhaupt Individuierung, individuelle Entscheidungsfreiheit als gesellschaftlich akzeptiertes Ziel des menschlichen Lebens angesehen wird[34]).“ Da diese Ich-Identität nicht mehr auf dem Besitzen dinghafter Reichtümer aufbauen kann, obgleich sie materiellen Reichtum voraussetzt, ist der „Trend nach Mündigkeit“ gleichzustellen mit dem Streben nach menschlichen Beziehungen und psychischen Strukturen, die dem Individuum Selbstbewußtsein und Spontaneität ermöglichen.

Gerade am Charaktertyp des „Außen-Geleiteten“ läßt sich die dialektische Beziehung zwischen bürgerlichem und städtischem Verhalten wiederum erkennen: zweckrational an der Behauptung seines sozialen Status innerhalb der Geld- und Tauschbeziehungen determinierten Welt orientiert, entwickelt der verstädterte Mensch zugleich besondere Fähigkeiten der Einfühlung; er ist genötigt, eine Affektkultur zu erreichen, die nicht länger auf rigider Triebunterdrückung aufbauen kann, sondern, um der Feinheit ihrer Reaktionsmöglichkeiten willen, Spontaneität und Reflektiertheit einbeziehen muß. Die Zwanghaftigkeit und die depressive Verstimmung, negatives Korrelat der Autonomie des „innen-geleiteten" Menschen, zergehen in der Emanzipation des total urbanisierten Menschen in Wut und Schmerz über die Fesseln der bürgerlichen Verkehrsverhältnisse.

Schrifttum

1) ELIAS, Norbert: Über den Prozeß der Zivilisation. Soziogenetische und psychogenetische Untersuchungen. 2 Bde. Francke Verlag, Bern/München (2) 1969, 1. Auflage 1939. Neudruck: Suhrkamp, Frankfurt 1976 (hier zit. nach der 2. Aufl.).
2) Vgl. vor allem „Rohentwurf" = MARX, K.: Grundrisse zur Kritik der politischen Ökonomie. Frankfurt/Wien o. J.
3) SIMMEL, Georg: Die Großstädte und das Geistesleben (1903). In: C. W. MILLS: Klassik der Soziologie. Frankfurt 1966, S. 381—393.
4) HORKHEIMER, Max: Kritische Theorie, Bd. I. Frankfurt 1968, S. 213.
5) SIMMEL, a. a. O., S. 383.
6) WEBER, Max: Die Protestantische Ethik. (1920) München/Hamburg 1965.
7) WIRTH, Louis: Urbanität als Lebensform. In: Stadt- und Sozialstruktur (Hg. U. HERLYN), München 1974, S. 42—66.
8) Rohentwurf, a. a. O., S. 133.
9) ebd., S. 153.
10) ebd., S. 155.
11) SIMMEL, a. a. O., S. 385.
12) HORKHEIMER, Max: Studien über Autorität und Familie, Paris 1936, S. 9.
13) WEBER, a. a. O., S. 20/21.
14) ebd., S. 16/17.
15) KULISCHER, Joseph: Allgemeine Wirtschaftsgeschichte, Bd. 2, München/Berlin 1929, S. 149.
16) HORKHEIMER, Max: Vernunft und Selbsterhaltung. In: Autoritärer Staat. Amsterdam 1967 (zuerst 1941/42), S. 97.
17) HORKHEIMER, Krit. Theorie, Bd. II, a. a. O., S. 223.
18) ELIAS, Zivilisation, Bd. 1, a. a. O., S. LXXI.
19) ebd., Bd. 2, S. 347.
20) ebd., S. 418.
21) ELIAS, Norbert: Die höfische Gesellschaft. Neuwied 1969, S. 141.
22) ELIAS, Zivilisation, Bd. 2, S. 427
23) WIRTH, Louis: The Ghetto. (1928) Chicago/London/Toronto (2) 1956.
24) ELIAS, Zivilisation, Bd. 1, S. 262.
25) ebd., S. 328—330.
26) PIERS, Gerhart: Die drei Gewissen des Abendlandes. In: Psyche 28 (1974), S. 171.
27) FREUD, Sigmund: Trauer und Melancholie, GW X, S. 439.
28) RIESMAN, David; R. DENNEY; N. GLAZER: Die einsame Masse. Reinbek bei Hamburg, 1958, S. 105.

[29]) ADORNO, Th. W.: Zum Verhältnis von Soziologie und Psychologie. In: Ges. Schriften, Bd. 8, S. 47.
[30]) RIESMAN et al., a. a. O., S. 272/272.
[31]) LORENZER, Alfred: In: Architektur als Ideologie (Hg. BERNDT, LORENZER, HORN), Frankfurt 1968, S. 68.
[32]) ebd., S. 65.
[33]) MITSCHERLICH, Alexander: Die Unwirtlichkeit unserer Städte. Frankfurt 1965, S. 158.
[34]) ebd., S. 158.

Eberhard Mühlich

Die Forschung zum Zusammenhang von gebauter Umwelt und sozialem Verhalten*)
Research on Interrelations between Built-up Environment and Social Behaviour

Summary

There are three thesis included in this paper: First, the relationship between spatial structure of the environment, the social structure and the social process became an issue and was analyzed primarily because of a specific housing and urban policy; second, the decision for whose benefit knowledge about built environment and social processes should be produced has had some impact on the formulations of problems as well as on the scientific methods used; third, in order to produce applicable and systematic knowledge in our field we have to follow new approaches which could be similar to action research. They should produce knowledge by organizing experiments in real life, with the partizipation of people whose relation to the built environment we wish to study.

Vorbemerkung

Unser Beitrag ist die Zusammenfassung einer Durchsicht der einschlägigen Literatur nach planungs- und baupraktisch verwertbaren Ergebnissen:
„In einer Expertise sollen die in Wissenschaft und Planungspraxis vorliegenden Erfahrungen über den Zusammenhang von gebauter Umwelt und sozialem Verhalten zusammengestellt und systematisiert werden. Es sollen die gebaute Umwelt und das soziale Verhalten innerhalb und außerhalb der Wohnung untersucht werden ... Die Expertise soll auch die Forschungslücken und den Forschungsbedarf aufzeigen" (Projekt 1974.19 Mittelfristiges Forschungsprogramm Raumentwicklung und Siedlungsentwicklung; Bundesministerium für Raumordnung; Bauwesen und Städtebau).

Nachdem der letzte Boom im Wohnungsbau noch einmal zahlreiche Großanlagen des Massenwohnungsbaues gebracht hat, ist eine verwirrende Situation entstanden. Die neuen Wohnanlagen werden von Fachleuten und von der Presse vernichtend kritisiert. Gleichzeitig können die Wohnungsunternehmen auf Befragungsergebnisse verweisen, die eine relativ hohe Wohnzufriedenheit

*) Die Ausführungen basieren auf der Studie des Instituts Wohnen und Umwelt (E. Mühlich, H. Zinn, W. Kröning, I. Mühlich-Klinger): Expertise zum Zusammenhang von gebauter Umwelt und sozialem Verhalten, Darmstadt 1976 (vorläufiger Abschlußbericht).

der Bewohner bezeugen. Solche Befragungsergebnisse wiederum werden von Sozialwissenschaftlern als belanglos und irreführend disqualifiziert. Sie entsprechen nicht dem Entwicklungsstand der Erhebungsmethodik und berücksichtigen — gewollt oder ungewollt — nicht alle für die Einstellung der Bewohner bedeutsamen Faktoren, so daß die Ergebnisse die Wirklichkeit nur verzerrt wiedergeben.

Diese Situation ist politisch von Bedeutung, weil Bund, Länder und Kommunen, also das politisch-administrative System auf allen Ebenen, über Raumordnungspolitik, Verkehrspolitik, Bau- und Bodenrecht, Bauleitplanung, Wohnungsbauförderungspolitik und auch über die Beteiligung an Wohnungsbauunternehmen für die Ergebnisse des Wohnungsbaus politische Verantwortung tragen.

Jene politische Verantwortung für die Wohnungsversorgung motiviert in erster Linie den Auftrag, planungs- und baupraktisch verwertbares Wissen über den Zusammenhang von gebauter Umwelt und sozialem Verhalten zu sammeln, systematisch aufzubereiten und Wissenslücken aufzuzeigen. Wo das vorhandene Wissen aufbereitet ist und Forschung dort angesetzt wird, wo folgenreiche Zusammenhänge vermutet werden können, läßt sich die staatliche Verantwortung für die Wohnungsversorgung besser tragen. Staatliche Eingriffe in die Wohnungsversorgung sind dann weniger blind und weniger anfällig gegen Kritik.

Forschungsmotive

Das Interesse an Forschung über die Auswirkungen der gebauten Umwelt auf ihre Bewohner besteht, seit aus den Marktstädten Industriestädte geworden sind, seit die privatwirtschaftlich organisierte Industrialisierung die Menschen in die Städte zog, ohne sie so mit Wohnraum zu versorgen, wie das mit den rasch wachsenden Produktivkräften möglich gewesen wäre. In nahezu allen großen Industriestädten wurden nach den ersten Jahrzehnten der Industrialisierung Berichte über die Wohnungsversorgung der Lohnarbeiterschaft angefertigt, in denen wir das soziale Elend der Arbeiterklasse beschrieben finden und Vermutungen über die Auswirkungen der engen und unhygienischen Wohnungen auf Gesundheit und soziales Verhalten, insbesondere auf das Familienleben und auf das politische Verhalten lesen können. Tatsächlich mußte der Staat in allen Ländern mit privatwirtschaftlich organisierter Wirtschaft früher oder später in die Wohnungsversorgung der einkommensbenachteiligten Bevölkerungsschichten ebenso eingreifen, wie in deren Alters-, Gesundheits- und Bildungsversorgung, um Gesundheit und Arbeitskraft ebenso wie Glaubwürdigkeit und Geltungsanspruch der Gesellschaftsordnung zu stützen. Nationale Unterschiede der Wohnungspolitik sind auf Besonderheiten wie z. B. Kriegszerstörungen, klimatische Besonderheiten und soziokulturelle Unterschiede in den Wohnbedürfnissen zurückzuführen.

Zieht man solche national unterschiedlichen Voraussetzungen der Wohnungspolitik in Betracht, dann bleibt immer noch eine deutliche Ähnlichkeit des politisch-administrativen Eingriffsinstrumentariums und des Bedarfs an Eingriffswissen. Forschung über gebaute Umwelt und soziales Verhalten steht als Enquêteforschung am Beginn staatlicher Eingriffe in die Wohnungsversorgung und erfährt mit deren Vermehrung und mit der Entwicklung der human- und sozialwissenschaftlichen Grundlagenforschung ihren Aufschwung.

Die sozialstaatlichen Eingriffe in die Wohnungsversorgung stehen in engem Zusammenhang mit den wichtigsten sozialstaatlichen Eingriffen zur Sicherung des privatwirtschaftlichen Wirtschaftssystems als ganzem. Unterscheidbar sind primäre und sekundäre Eingriffe:

a) Unstetigkeiten des wirtschaftlichen Wachstums, bedingt durch Absatzkrisen oder Umbrüche der Produktionsstruktur, bedeuten auch Unstetigkeiten in der Entwicklung der Siedlungsstruktur. Das beschleunigte Wirtschaftswachstum ist begleitet von beschleunigter Siedlungskonzentration, Wohnungsknappheit, Hypothekenverteuerung und Mietsteigerungen; während das verzögerte Wachstum die Fertigstellung von Wohnanlagen und ihre Ausstattung mit Versorgungseinrichtungen verzögert, Arbeitslose zum Umzug in billigere Wohnungen oder zum Verkauf verschuldeter Eigenheime zwingt. Fehlentwicklungen der Produktionsstruktur und die externen Kosten der privaten Produktion sind bei der Wohnungsversorgung spürbar als Verknappung der öffentlichen Mittel, die nach den aufwendigen Korrekturen an der Produktionsstruktur, nach der aufwendigen Erstellung produktiver Infrastruktur und nach der noch aufwendigeren Beseitigung oder Eindämmung von Umweltbelastungen und Gesundheitsschäden noch übrigbleiben für Zwecke der Wohnungsversorgung. Sozialstaatliche Eingriffe zur Verstetigung des wirtschaftlichen Wachstums werden üblicherweise als Primäreingriffe bezeichnet. Sie bedeuten das Aufarbeiten von Folgeproblemen der privaten Produktion, für die deren Disponenten nicht verantwortlich gemacht werden. Eingriffe in die Wohnungsversorgung gelten auf dieser Ebene der Vollbeschäftigung und der Mobilität der Arbeitnehmer.

b) Die im privatwirtschaftlichen Wirtschaftssystem angelegte Privilegienstruktur kann von der gewerkschaftlichen Organisation der Arbeitnehmer allein nicht so stark korrigiert werden, daß für alle ein ausreichendes Einkommen gewährleistet oder gar Einkommensbenachteiligungen beseitigt werden könnten. Hier muß der Staat mit Sozialhilfe und mit bedarfs- oder zweckgebundenen Einkommenszahlungen wie z. B. Kindergeld oder Wohngeld bzw. Subventionierung von Wohnungsbau zusätzliche Korrekturen vornehmen, um die Wohnungsversorgung der Einkommensbenachteiligten zu gewährleisten. Sozialstaatliche Eingriffe zur Korrektur der Struktur sozialer Ungleichheit sind Sekundäreingriffe. Sie bedeuten soziale Sicherung und Gewährleistung der Grundversorgung auf einem politisch bestimmten Niveau. Eingriffen in die Wohnungsversorgung auf dieser Ebene gilt unsere Aufmerksamkeit vor allem, denn auf dieser Ebene ist mit der Wohnungspolitik die Verantwortung für den Ausgleich von einkommensbedingter Wohnbenachteiligung und für die Gestaltung der Wohnumwelt verbunden.

Die politischen Konzepte zum Eingriff in die Wohnungsversorgung sind bei aller politischen Notwendigkeit, die in den genannten Aufgaben steckt, sehr unterschiedlich und bilden ein breites Spektrum. Wir wollen das Spektrum hier nicht anhand empirischer Beispiele ausbreiten, sondern beschränken uns auf eine idealtypische Gegenüberstellung der Randpositionen. Diese sehen wir auf der einen Seite im wohnungspolitischen Konzept der Gewährleistung eines historisch bestimmten Minimalstandards der Wohnungsversorgung für die untersten Einkommensgruppen. Die andere Randposition wird vom wohnungspolitischen Konzept der Gewährleistung einer Gleichversorgung mit Wohnraum eingenommen.

Jedes der beiden wohnungspolitischen Konzepte an den Rändern unseres Spektrums folgt einem gesellschaftspolitischen Konzept der Integration der Gesellschaft. Und jedes der beiden wohnungspolitischen Konzepte hat seinerseits einen spezifischen Bedarf an Forschung zum Verhältnis von gebauter Umwelt und sozialem Verhalten im Gefolge, d. h. einen spezifischen Bedarf an Wissen über den Zusammenhang, in den in bestimmter Absicht eingegriffen werden soll.

Wir wollen den Zusammenhang, den wir zwischen alternativen Konzepten der Sozialintegration, der Wohnungspolitik und der Forschung sehen, in den beiden folgenden Abschnitten an den Beispielen unserer idealtypischen Randpositionen erläutern. Um aber Mißverständnissen vorzubeugen, sei folgendes vorangestellt:

Die Gegenüberstellung alternativer Wohnungspolitiken samt den mit ihnen korrespondierenden Forschungsansätzen beschreibt weder die Wirklichkeit der Wohnungspolitik noch die Wirklichkeit der Forschung über gebaute Umwelt und soziales Verhalten zutreffend. Das ist auch nicht der Anspruch. Die im Auftrag geforderte systematische Darstellung der Forschungsergebnisse haben wir auf die Gegenüberstellung der beiden Forschungsansätze gegründet und wir haben zu zeigen versucht, welchem Typ von Wohnungspolitik mit den Ergebnissen des einen oder anderen Forschungsansatzes am ehesten gedient ist. Die Begründung für diese Systematik anstelle denkbarer anderer Systematiken ist eine praktische. Weil planungs- und baupraktisch verwertbares Wissen gesammelt und systematisch dargestellt werden soll, ist es sinnvoll, Forschungsansätze und Forschungsfragen nach dem Kriterium der Verwertbarkeit im Rahmen wohnungspolitischer Alternativen zu unterscheiden. Diese Art der systematischen Darstellung verliert allerdings auch dann nicht ihren praktischen Sinn, wenn in der wohnungspolitischen Wirklichkeit keine der idealtypisch skizzierten Alternativen sich durchsetzt, sondern Kompromisse an der Tagesordnung sind.

Verhaltenstheoretische Forschung

Die Wohnungspolitik der Minimalversorgung setzt auf die Integration der Gesellschaft durch das marktwirtschaftliche, d. h. zweckrationale Verhalten aller Mitglieder: jedes Gesellschaftsmitglied muß durch den Verkauf von Arbeitsleistungen sich die Mittel für den Lebensunterhalt beschaffen, dabei seine Arbeitsleistungen dem Arbeitsbedarf entsprechend so hoch wie möglich qualifizieren, so teuer wie möglich verkaufen und sich die Wohnungsversorgung so günstig wie möglich verschaffen. Jeder Eingriff in die Wohnungsversorgung, der über die Sicherung minimaler Ausgangschancen — vor allem für Kinder — hinausgeht, wird in dieser wohnungspolitischen Einstellung als Gefährdung der zweckrationalen Integration der Gesellschaft betrachtet. Forschung, die von dieser — hier nur grob idealtypisch beschriebenen — wohnungspolitischen Motivation getragen wird, fragt nach den Minimalstandards des Wohnens, die erreicht werden müssen, damit die Leistungsfähigkeit der Bewohner für einen potentiellen sozialen Aufstieg nicht gefährdet wird.

Einfachstes Kriterium hierbei ist die physische Gesundheit der Bewohner. Der Minimalstandard wird dort festgesetzt, wo diese nicht mehr gefährdet ist. Das allgemeine Ansteigen des Lebensstandards und die Entwicklung von psychosomatischer Medizin und Psychologie hat die Rechtfertigung dieses Minimalstandards ins Wanken gebracht. Die Leistungsfähigkeit wird deshalb auch in Abhängigkeit von einem Zustand der Zufriedenheit bzw. Aggressionsfreiheit gesehen, welhalb in die wissenschaftliche Ermittlung von Minimalstandards auch Fragen nach der Erzeugung von Aggression durch bestimmte Wohndichten und Bauformen einbezogen werden. Mit der Befragung der Bewohner nach ihrer Wohnzufriedenheit wird geprüft, ob diese jenen Grundsatz der Minimalversorgung subjektiv anerkennen und für sich ausreichend Chancen sehen, auf der gegebenen Grundlage aus eigener Kraft bestimmte Aufstiegsziele zu erreichen.

Die vom wohnungspolitischen Motiv der Minimalversorgung für die untersten Einkommensgruppen getragene Forschung verkürzt das Mensch-Umwelt-Verhältnis mehr oder weniger auf ein Reiz-Reaktions-Verhältnis. Weil es um die Ermittlung von Minimalstandards, um die Ermittlung von Grundbedürfnissen geht, wird der Bewohner sozusagen von unten her betrachtet. Mit Blick auf das organische Substrat ist der Mensch dem Tier noch ähnlich, erscheint er als Organismus mit relativ festgelegten biologischen oder in einfachsten Lernprozessen gesellschaftlich bestimmten Bedürfnissen nach Raum und Sicherheit. Diese Betrachtungsweise, die sich auf die Tradition des Behaviorismus stützt, wird dann sehr häufig so weit verallgemeinert, daß der Mensch im Verhältnis zur physischen und sozialen Umwelt überhaupt als durch Reiz und Reaktion gelenktes und lenkbares Wesen erscheint. Die Subjektivität des Menschen, die wir als Individualität, als Fähigkeit zur selbständigen, von objektivem und moralischem Wissen geleiteten Auseinandersetzung mit der physischen und sozialen Umwelt beschreiben, kommt dann nicht mehr in Betracht. Wir nennen diese Forschungen, einer üblichen Unterscheidung folgend, „verhaltenstheoretisch".

Der „verhaltenstheoretische" Ansatz muß offenbar aus grundsätzlichen Erwägungen darauf verzichten, das beobachtete Verhalten als ein subjektiv motiviertes und subjektiv sinnvolles soziales Handeln zu verstehen, weil er Subjektivität für wissenschaftlich nicht faßbar hält. Er abstrahiert damit, was wir für besonders problematisch halten, von der kaum bestreitbaren Erkenntnis, daß der Bewohner die Umwelt mit ihren sozialen Normen und baulichen Formen keineswegs so, wie er sie vorfindet, hinnehmen muß, sondern diese Umwelt auch kritisieren, in Frage stellen und verändern kann. Und tatsächlich ist unsere Welt ja voll von Beispielen, wie die Bewohner gegebene Spielräume nutzen, um ihre Umwelt entsprechend ihren spontanen Bedürfnissen zu manipulieren und darin neue Formen der Selbstdarstellung zu suchen. Glücklicherweise gelingt es ihnen auch dort, wo scheinbar keine Spielräume bestehen, sehr zum Leidwesen der Planer immer wieder, den prognostizierten Trends zuwiderzuhandeln.

Für zahlreiche dieser Forschungen gilt, was am Beispiel der standardisierten soziologischen Bewohnerbefragungen wie auch am Beispiel der neueren experimentellen Psychologie festgestellt worden ist: daß die übliche Befragungs- oder Experimentalsituation den Befragten bzw. die Versuchspersonen von vornherein in eine Rolle zwingt, die eine offene Verständigung mit dem Forscher über ihre Motive, die sie zu bestimmten verbalen und nichtverbalen Verhaltensäußerungen veranlassen, ausschließt. Die Versuchsanordnung tendiert vielmehr dazu, abweichendes Verhalten und subjektive Erläuterungen oder etwaige Gegenfragen der Versuchspersonen bzw. des Befragten als irrational wegzufiltern. So trägt die heute vorherrschende Forschungsmethodik erheblich dazu bei, daß in der Tat die potentielle Vielfalt menschlichen Alltagshandelns im empirischen Befund auf eindimensionalen Reaktionsweisen ähnlich denen tierischer Organismen reduziert erscheint.

Handlungstheoretische Forschung

Das wohnungspolitische Konzept der Gewährleistung einer Gleichversorgung mit Wohnraum liegt am anderen Rand des Spektrums. Es folgt der Vermutung, daß die hochentwickelten Gesellschaften unfähig sind, ihre wachsenden Probleme zu lösen, solange sie ihre Mitglieder nur mit materiellen Motiven und mit Einübung in zweckrationales Handeln zur Erlangung materieller Entschädigung und Aufstieg im Privilegiensystem zusammenhalten. Es verfolgt die Absicht, die kommunikative, auf moralisches Bewußtsein und anerkannte soziale Normen gestützte Integration der Gesellschaft zu stärken, Konkurrenz zugunsten von Solidarität zurückzudrängen. Diese Absicht führt neben entsprechender Wirtschafts- und Bildungspolitik zu einer Wohnungspolitik, die durch zweckgebundene Einkommenszahlungen korrigiert, den Bewohnern die Kontrolle über Planung und Verwaltung der Wohnungen überträgt und ihnen Beratung und Forschung bereitstellt.

Die vom wohnungspolitischen Motiv der materiellen Gleichversorgung getragene Forschung stellt sich die Frage, ob bei der gegenwärtigen praktizierten ungleichen Wohnungsversorgung, bei der die Einkommensbenachteiligten auch wohnbenachteiligt sind, individuelle Lernpotentiale bei den wohnbenachteiligten Gruppen unausgeschöpft bleiben. Und es wird gefragt, wie weit eine umverteilende, in Planung und Verwaltung durch die Bewohner kontrollierte Wohnungsversorgung diese Lernpotentiale ausschöpfen kann.

Diese Forschung setzt dem deterministischen Modell vom Reiz-Reaktions-System die Vorstellung einer dialektischen Beziehung, also einer aktiven Auseinandersetzung zwischen Mensch und Umwelt entgegen. Danach erwirbt der Mensch unter bestimmten Voraussetzungen in dieser Auseinandersetzung ein Repertoire von mehr oder weniger differenzierten kognitiven, moralischen und sprachlichen Fähigkeiten, die ihn in die Lage versetzen, selbständig zu handeln und die Umwelt nach eigenen Vorstellungen zu gestalten. Die erworbenen Fähigkeiten erlauben es ihm, die Anpassung an die physische und soziale Umwelt und die Unterordnung unter gesellschaftliche Notwendigkeiten nicht blindlings, sondern — zumindest der Möglichkeit nach — in freier Einsicht zu vollziehen, sich darüber hinaus aber auch bewußt von der Umwelt abzugrenzen und ihr seine eigene Individualität aufzuprägen. Der handlungstheoretische Ansatz nimmt entwicklungslogisch als Bedingung für Bildung die aktive Auseinandersetzung mit der Umwelt an. Die Chance, sich mit der sozialen und der gebauten Umwelt auseinanderzusetzen, sie zu kontrollieren, zu gestalten und zu verändern und in den Ergebnissen dieser Tätigkeit ein Stück Selbstverwirklichung zu finden, wird als Voraussetzung für Individuierung und freie Integration in die Gesellschaft nachgewiesen.

Inwieweit sich diese Voraussetzung im Alltag unterschiedlicher Sozialgruppen tatsächlich auffinden läßt, ist eine empirische, in hohem Maße von den gegebenen gesellschaftlichen Privilegienstrukturen abhängige Frage. Man könnte vermuten, daß sich die sehr unterschiedlich unter den Sozialgruppen verteilte Chance, in den Produkten der eigenen Arbeit Identität und Selbstverwirklichung zu finden, irgendwie auch auf das Verhältnis dieser Gruppen zu ihrer gebauten Umwelt im allgemeinen und zu ihrer Wohnumwelt im besonderen auswirkt. Da der Begriff der „Entfremdung" aber leider immer nur auf das Verhältnis des Menschen zur Arbeitswelt bezogen worden ist, existieren heute erst sehr vage Hypothesen über das Problem der Entfremdung des Menschen von seiner Wohnumwelt und die gegenseitigen Abhängigkeiten von Wohnumwelt und Arbeitswelt.

Die Gegenüberstellung von verhaltenstheoretischem und handlungstheoretischem Forschungsansatz könnte als bloßer Streit um weltanschauliche Positionen abgetan werden, wenn sie nicht ganz unmittelbar praktische Konsequenzen für die bauliche Planung hätte. Wer sich als Planer am verhaltenstheoretischen Modell orientiert, wird primär nach einer Umwelt suchen, die möglichst „hautnah" an bestimmte Bedürfnis- und Verhaltensstrukturen und die daraus entwickelten, notwendigerweise starren Nutzungsprogramme angepaßt ist. Das Hauptproblem besteht dann darin, wie angesichts finanzieller und rechtlicher Restriktionen die empirisch ermittelten Bedürfnisse noch in einem baulich realisierbaren Nutzungsprogramm untergebracht werden können. Das handlungstheoretische Modell dagegen lehnt derart starre, nur bestimmte Nutzungsmuster zulassende Bauprogramme ab. Es orientiert sich am Prinzip einer maximalen „Wahlfreiheit" des Nutzers, dessen Fähigkeit und Bereitschaft zu alternativen Verhaltensweisen bzw. Handlungsformen in der gebauten Umwelt möglichst wenig eingeschränkt werden soll. Es strebt bauliche und organisatorische Formen an, die dem Nutzer die Chance eröffnen, sich die Umwelt allmählich in einer zuvor nicht konkret bestimmbaren Weise „anzueignen" und im Verlauf des Nutzungsprozesses auch neue Bedürfnisse zu entwickeln, ihn also, kurz gesagt, möglichst frei über seine Umwelt verfügen zu lassen. Wobei ergänzt werden muß, daß die heute vielfach vorgeschlagene direkte Mitwirkung künftiger Bewohner an Planungsprozessen allein dieser Forderung nicht gerecht wird, wenn die Planung nicht zugleich darauf aus ist, Nutzungsoffenheit und permanente Veränderbarkeit des Produkts anzustreben.

Das läßt sich am Vergleich von unterschiedlichen Bauformen zeigen, die bei gleichen Kosten, mithin beim gleichen verteilungspolitischen Kompromiß unterschiedlichen Nutzen bringen. Es läßt sich unseres Erachtens nachweisen, daß die Bewohner von Siedlungen, die vorwiegend aus Reihenhäusern oder anderen Formen des verdichteten Flachbaus bestehen, auch als Mieter vergleichsweise große Handlungs- und Entscheidungsspielräume besitzen, um gestaltend und verändernd in ihre Wohnumwelt einzugreifen und ihre Identität darin darzustellen. In starkem Kontrast dazu scheinen uns die bürokratischen Einschränkungen, Regulierungen und Verhaltenskontrollen zu stehen, denen die Bewohner von genauso „dicht" gebauten, aber im hochgeschossigen Massenwohnungsbau errichteten Großwohnanlagen ausgesetzt sind.

Ob ein vorhandener Handlungs- und Entscheidungsspielraum allerdings auch wirklich ausgenutzt wird, ist — wie wir zeigen können — von einer ganzen Reihe weiterer, nur teilweise bekannter Faktoren abhängig. Eine besondere Bedeutung kommt dabei offenbar der Rechtsstellung des Nutzers zu. Wer als Eigentümer oder als Nutzungsberechtigter mit Dauerwohnrecht sicher sein kann, daß er seine Wohnumwelt nie gegen seinen Willen wird verlassen müssen, ist viel schneller bereit, Eigeninitiativen zur Ausgestaltung seiner Umwelt zu entwickeln und diese auch in die Tat umzusetzen, als jemand, der seine Wohnung nur als Übergangsstation betrachtet oder damit rechnen muß, eines Tages unfreiwillig die Wohnumwelt wechseln zu müssen.

Wir haben unsere Auswertung der vorliegenden Forschung nach einer Reihe von Themenschwerpunkten mit jeweils mehreren Forschungsfragen entlang der Unterscheidung von verhaltenstheoretischem und handlungstheoretischem Forschungsansatz gegliedert. Die Themenschwerpunkte sind im einzelnen: „Territorialverhalten", „Wahrnehmung gebauter Umwelt", „Wohngewohnheiten im historischen Wandel", „sozialräumliches Verhalten", „Gebaute Umwelt und soziales Verhalten in alten Wohngebieten" und „Wohnbauexperimente unter Bewohnerkontrolle". Wir können hier aus den Ergebnissen nur Beispiele vorstellen.

In den beiden Themenschwerpunkten Gebaute Umwelt und soziales Verhalten in alten Wohngebieten stellen wir die Ansätze und Ergebnisse von sozialökologischen Untersuchungen vor, die sich auf die eine oder andere Weise und zu unterschiedlichen Anlässen mit der Entwicklung von der Marktstadt zur Industriestadt auseinandersetzen. Diese Entwicklung ist vor allem dadurch gekennzeichnet, daß sich der in der Marktstadt auf den Finanz- und Warenhandel beschränkte Organisationstyp des strategischen Handelns auf die Organisation der menschlichen Arbeitskraft ausdehnt. Mit der strategischen, von sittlichen Normen und Gebrauchswertnormen weitgehend befreiten Organisation der Güterproduktion durch private Kapitalbesitzer wurde die bekannte Entwicklung der Produktivkräfte in Gang gesetzt, die eine Veränderung der Siedlungsstruktur und einen tiefgreifenden Umbau der Städte zur Folge hatte. Das Ergebnis des Stadtumbaus ist die räumliche Trennung von Bereichen des vorwiegend strategischen oder zweckrationalen Handelns von Bereichen des vorwiegend kommunikativen, an moralischen Werten und sittlichen Normen orientierten Handelns. Oder mit den gebräuchlichen Funktionsbegriffen ausgedrückt: die Trennung von gewerblicher Funktion und Wohnfunktion. Zusätzlich zu dieser Trennung unterschiedlicher Funktionsbereiche mit unterschiedlicher sozialer Organisation bzw. unterschiedlichen Typen sozialen Handelns hat sich in der Industriestadt auch noch eine Trennung innerhalb der Funktionsbereiche nach Kriterien der Rentabilität bzw. der Privilegienstruktur und des Lebenszyklus durchgesetzt. Für den Zusammenhang von gebauter Umwelt und sozialem Verhalten ist die räumliche Trennung der Einkommens- und Bildungsschichten sowie der Altersgruppen besonders bedeutsam.

Die stadträumliche Trennung der Einkommens- und Bildungsschichten vollzieht sich am Boden- und Wohnungsmarkt, wo gebaute Umwelt als Ware gehandelt wird. Hier überlagern sich zweierlei Tendenzen. Einmal beeinflussen die von unterschiedlichen Sozialgruppen unterschiedlich bewerteten Standortqualitäten der gebauten Umwelt die räumliche Verteilung der städtischen Bevölkerung. Insbesondere Haushalte verschiedener Lebenszyklusstufen, z. B. solche mit und ohne Kinder, besitzen einen abweichenden

Wohnflächen- und Infrastrukturbedarf und abweichende Bedürfnisse hinsichtlich Haustypen wie Einfamilienhäuser mit Gärten oder Appartementwohnungen. Dabei läßt sich vorerst nicht generell sagen, inwieweit die Segregation von Haustypen mehr eine Frage der Standortpräferenz von Lebenszyklusgruppen oder der Grundrentenerwartungen ist. Zweitens wird durch die segregierten Formen des Wohnens in der gebauten Umwelt in augenfälliger Weise ein soziales „Bedürfnis" realisiert, das mit der Privilegienstruktur zusammenhängt. Es äußert sich in dem Bestreben, nach Möglichkeit in der sozialen Nähe von seinesgleichen wohnen zu wollen und sich zugleich durch die Wohnung von anderen, insbesondere von den unteren Sozialgruppen demonstrativ abzuheben und zu distanzieren. In den USA geschieht das in so ausgeprägtem Maße, daß die Wohnadresse als eines der markantesten Statussymbole gilt und dementsprechend auch bei der Aufstellung von Statusindices in der empirischen Sozialforschung berücksichtigt wird. Dieses Bestreben nach sozialer Homogenität und Distanzierung von „den anderen" ist bei den oberen Einkommensschichten sowie bei Leuten mit hoher Mobilitätsfähigkeit amerikanischen Untersuchungen zufolge primär von dem Wunsch äußerlicher Statusabgrenzung getragen. Bei den unteren Sozialschichten sowie den weniger mobilen Bewohnern scheint dagegen die Suche nach einem stabilen Interaktionsnetz im räumlichen Nahbereich von ausschlaggebenderer Bedeutung zu sein; wobei sich Bekannten- und Verkehrskreise durch alle Schichten hindurch tatsächlich in besonders hohem Maße als sozial homogen erweisen.

Uns kommt es in diesem Zusammenhang vor allem auf folgendes an: Der sozialräumliche Segregationsprozeß zeigt deutlich wie kaum ein anderes Beispiel an, wie die gebaute Umwelt unmittelbar soziale Funktionen, in diesem Falle diejenige der sozialen Distanzierung zwischen sozial ungleichen Gruppen, übernehmen und in aller Offenheit räumlich wahrnehmbar abbilden kann. In einer Gesellschaftsordnung, die auf den Anspruch gegründet ist, daß die Verteilung von Entschädigungen nach individuellen Leistungen erfolgt, wirken krasse Unterschiede der Wohnungsversorgung legitimationsgefährdend. Dieser Gefährdung der Gesellschaftsordnung wird durch räumliche Trennung vorgebeugt.

Historisch gesehen ist die gebaute Umwelt jedoch nicht immer ein Instrument sozialer Distanzierung gewesen, diese Funktion ist vielmehr das Produkt relativ neuer gesellschaftlicher Entwicklungen. In dem Maße, in dem sich das Prinzip der politischen, religiösen, rassischen und schließlich auch sozialen Gleichheit aller Menschen als ideologische Zielsetzung durchgesetzt hat und in Widerspruch zu der faktisch weiterbestehenden ökonomischen und sozialen Konkurrenzsituation zwischen den Schichten getreten ist, scheint die räumliche Nähe zwischen den nur ideologisch Gleichen, materiell und kulturell aber Ungleichen, Spannungen und Unsicherheiten erzeugt zu haben, von denen die räumliche Segregation Entlastung verspricht. Segregation erweist sich somit als ein neuartiges Mittel, um ein Eindringen des ideologisch nicht mehr in Frage gestellten, aber keineswegs generell praktizierten Gleichheitsprinzips in den Lebensalltag der Bewohner zu erschweren. Das ist vorläufig freilich nur eine Hypothese, die in der wissenschaftlichen Diskussion bisher nicht behandelt worden ist. Ihre Plausibilität läßt sich u. E. durch den Wandel der Wohngewohnheiten seit dem Mittelalter ebenso bestätigen wie durch die Beobachtung, daß in den USA die rassische Segregation in den Nordstaaten weit stärker ausgeprägt war als in den Südstaaten, wo eine Rassenmischung auf Blockebene solange als „normal" galt, wie die Ungleichheit der Rassen ideologisch unumstritten war.

Die Untersuchungen alter Wohngebiete für einkommensbenachteiligte Gruppen haben die eben geschilderten Ergebnisse und Erklärungsversuche unterstützt. Die von der Privilegienstruktur des Wirtschaftssystems durch Arbeitslosigkeit oder niedriges Einkommen benachteiligten Gruppen konnten in diesen Gebieten eine auf besondere sittliche Normen und besondere Werte gegründete Subkultur der Armut ausbilden, die ihnen eine gewisse Unterstützung und Schutz vor gesellschaftlicher Geringschätzung und Selbstverachtung brachten. Wurden solche alten Wohngebiete für andere Nutzungen abgeräumt, dann haben jene einkommensbenachteiligten Gruppen meistens materiellen und immateriellen Schaden erlitten, auch wenn ihnen Ersatzwohnraum angeboten wurde. Vielfach wurden zur Rechtfertigung derartiger Stadtumbaumaßnahmen verhaltenstheoretische Erhebungen des Zusammenhangs von schlechter Bausubstanz und Krankheit oder Kriminalität herangezogen, wobei mit demselben Forschungsansatz auch auf entsprechende Fragen Reaktionen der Zufriedenheit mit dem Gebiet hätten erhoben werden können.

Wirksame Hilfe ist in alten Wohngebieten nur dann gegeben, wenn nicht nur die Erhaltung und Modernisierung der Bausubstanz soweit subventioniert wird, daß die Wohnkosten tragbar sind. Dazu muß die Einkommensbenachteiligung durch Arbeitsbeschaffung und Arbeitsqualifizierung abgebaut und den Bewohnern die Kontrolle über die gebaute Umwelt erhalten bzw. ausgedehnt werden. Zu diesem Ergebnis kommen die Untersuchungen, die nach 1950 in den USA durchgeführt wurden, als dort in den Innenstädten alte Wohngebiete einkommensbenachteiligter Gruppen zugunsten steuerbringender Nutzungen und Verkehrsmaßnahmen abgerissen wurden.

Damit haben wir aber erst wenige grobe Merksätze zum Problem der Segregation der Städte nach Funktionen und nach Privilegienstruktur. Wir wissen noch nicht, wie die Subkulturen alter Wohngebiete zur eigenständigen Entwicklung konkret unterstützt werden können; entsprechende Experimentalprogramme in den USA sind am Widerstand der lokalen Machteliten gescheitert und Untersuchungen dieser Art in der Bundesrepublik werden gerade erst begonnen. Noch weniger wissen wir, wie denjenigen geholfen werden kann, die auch nicht durch eine Subkultur vor den materiellen und immateriellen Schädigungen durch Armut geschützt sind.

Methodologisch läßt sich allerdings bereits gut begründen, daß entsprechendes Wissen nur in langfristigen, umfassend und personalintensiv angelegten Hilfsprogrammen für bestimmte Gebiete gewonnen werden kann. Ob solche Programme und Projekte wie das kürzlich in Freiburg begonnene Obdachlosenprojekt erfolgreich durchgeführt werden und auf breiter werdender Wissengrundlage wiederholt werden können, wird davon abhängen, ob angesichts der Probleme des wirtschaftlichen Wachstums materielle Gleichheit zu einem starken politischen Motiv wird. Das dürfte dann der Fall sein, wenn der Zusammenhalt der Gesellschaft durch die materiellen Motive der Gesellschaftsmitglieder angesichts zunehmender, auch außenpolitischer Verteilungskonflikte brüchig wird und durch andere Motive (wie z. B. befriedigende soziale Beziehungen) hergestellt werden muß. Die Wahrscheinlichkeit eines solchen sozialen Wandels ist schwer einzuschätzen.

Im Themenschwerpunkt Territorialverhalten führte die Auswertung der Forschung zu folgendem Ergebnis: Ähnlich wie die meisten Tierarten grenzen auch Menschen gern bestimmte räumliche Territorien ab, zu denen anderen der Zugang ohne Erlaubnis des Besitzers nicht gestattet ist. Die Unverletzlichkeit der Wohnung wie überhaupt der „privaten Sphäre" ist das bekannteste Beispiel. Darüber hinaus hat jeder Mensch eine Reihe besonders geschützter privater Eigenterritorien, zu denen auch das eigene „Körperterritorium" gehört. Wird die Kontrolle und Selbstbestimmung über diesen Bereich eingeschränkt, wie das etwa in überbelegten Wohnräumen der Fall sein kann, so stellt sich ein subjektives Gefühl des „Beengtseins" ein, das oft von Streßreaktionen begleitet ist und im Extremfall zu Persönlichkeitsstörungen beitragen kann. Weiterhin halten Menschen ihren Artgenossen gegenüber ähnlich wie Tiere charakteristische Mindestabstände ein, die je nach Kultur variieren, aber generell beim Kontakt mit Fremden in der Öffentlichkeit größer sind als bei Interaktionen in einer vertrauten Gruppe und die bei persönlichen und intimen Beziehungen am geringsten sind. Zu allen diesen Fragen liegen zahlreiche empirische Untersuchungen vor.

Was aber ist die Funktion menschlichen Territorialverhaltens. Wir können uns hier nicht mit den stark verkürzten Interpretationen beschäftigen, die aus der Beobachtung tierischen Verhaltens abgeleitet und umstandslos auf menschliche Beziehungen übertragen wurden. Wir wollen vielmehr anknüpfen an dem schon beschriebenen Drang des Menschen zur Auseinandersetzung mit seiner Umwelt, an seinem Bestreben, sich einerseits der Umwelt zu integrieren und sich andererseits als unverwechselbares, eigenständiges Subjekt von ihr abzuheben und darzustellen. Diese Interaktionen zwischen Individuum und Gesellschaft sind immer mit dem Risiko belastet, daß dabei entweder die Autonomie der Person auf der Strecke bleibt und das Verhältnis in Unterwerfung und Unterdrückung mündet oder daß umgekehrt die Gesellschaft unter mangelndem Konsens, Verantwortungsgefühl und Engagement ihrer Mitglieder leidet. Hier scheint nun den Eigenterritorien in der gebauten Umwelt eine stabilisierende Funktion eigen zu sein. Abgesichert durch einen vertrauten Individualbereich mag es dem Individuum leichter fallen, jene Autonomie und kritische Distanz zu entwickeln, die notwendig sind, damit der Sozialisationsprozeß sowohl der Entfaltung individueller Anlagen und Fähigkeiten als auch der Weiterentwicklung der Gesellschaft dient.

So wäre der private Freiraum eines Territoriums nicht primär ein Ort angstvollen Rückzugs vor der Gesellschaft, sondern vielmehr eine Basis, die dem Individuum einen größeren Spielraum für Interaktionen unterschiedlichster Art verschafft, seine Freiheit vermehrt, beliebig Kontakte aufzunehmen, zu intensivieren oder auch wieder zu reduzieren, und ihm eine bessere Kontrolle erlaubt, wie es sich anderen gegenüber darstellen und wem es näheren Zugang zu sich selbst gestatten will. Das Gefühl des Beengtseins in Dichtesituationen wäre ein Warnsignal dafür, daß die Fähigkeit zur Kontrolle der eigenen Interaktionen mit der Umwelt und die Freiheit alternativen Verhaltens verlorenzugehen drohen.

Wir vermuten, daß das „territorial" zu nennende Bedürfnis nach räumlicher Abgrenzung und autonomer Verfügung über einen räumlichen Wohnbereich in der historischen Entwicklung der Menschheit eher zu- als abgenommen haben dürfte, je komplexer und für den einzelnen undurchschaubarer die gesellschaftlichen Bezüge geworden sind und je weniger reale Möglichkeiten ihm zur Selbstverwirklichung in der Arbeitswelt zur Verfügung stehen. Unsere historische Analyse über den Wandel von Wohngewohnheiten hat uns deshalb auch die Chancen von Wohnexperimenten, die eine Überwindung der kleinfamiliären Wohnform durch Wohngemeinschaften oder andere „kommunikative" Wohnformen zum Ziel haben, eher skeptisch beurteilen lassen. Solche Wohnformen scheinen in dem Bestreben, Alternativen zum Konkurrenzmodell der Sozialintegration zu entwickeln, zu weit vorauszugreifen.

In den Themenschwerpunkten Wahrnehmung und Entwicklung von Handlungsfähigkeit haben wir den verhaltenstheoretischen Forderungen, die sich mit der Reaktion der Bewohner auf wahrgenommene Umwelt beschäftigen, jene Arbeiten gegenübergestellt, die sich die Frage stellen, ob und wie gebaute Umwelt dazu beitragen kann, den Bewohner zu einem aktiven anstatt reaktiven Verhältnis zu seiner Umwelt, der gebauten und der sozialen, zu befähigen. Diese Frage ist bisher unter einem ganz spezifischen Aspekt untersucht worden, nämlich am Beispiel der Entwicklung räumlichen Denkens und Wahrnehmens und „räumlicher Intelligenz", d. h. der Fähigkeit, sich handelnd in der Umwelt zu orientieren. Die Entwicklungspsychologie hat festgestellt, daß sich räumliches Denken beim Kinde in mehreren Stufen entwickelt. Jede Stufe baut auf den Entwicklungsleistungen der vorigen Stufe auf, und die Fähigkeit zur Interpretation, Umsetzung und Verarbeitung des Wahrgenommenen nimmt von Stufe zu Stufe zu. Auf allen diesen Entwicklungsstufen spielt nun die Möglichkeit zum direkten Umgang mit den konkreten Gegenständen und Formen der räumlichen Umwelt für das Kind eine außerordentlich wichtige Rolle. Anschauung der räumlichen Umwelt ist niemals bloß Ablesen der Eigenschaften der Gegenstände, sondern vielmehr immer ein auf die Gegenstände ausgeübtes Handeln. Je reichhaltiger und komplexer die Erfahrungen sind, die in früher Kindheit bei der Auseinandersetzung mit der unmittelbaren Umwelt gesammelt und in objektivem Wissen über Regeln verarbeitet werden, um so stärker bildet sich Handlungsfähigkeit aus.

Wenn dagegen der freie Umgang des Kindes mit seiner Umwelt behindert worden ist, wird dieser ganze Entwicklungsprozeß gestört, da die Anschauung versagt, wenn das Handeln fehlt. Erst nach erfolgreicher Bewältigung der verschiedenen Entwicklungsstufen entsteht allmählich der „erwachsene“ Raumbegriff, der es schließlich erlaubt, sich auch abstrakt, d. h. losgelöst vom realen, manipulativen Umgang mit Objekten und Räumen in der Umwelt zurechtzufinden, ein Abbild oder Modell der Realität im Kopf zu bilden und die Welt denkend zu begreifen, ohne sie wie das Kind noch jeweils unmittelbar konkret begreifen zu müssen.

Aus diesen Ergebnissen lassen sich einige interessante und für die Baupraxis bedeutsame Folgerungen und Fragen ableiten. Es sieht z. B. ganz so aus, als ob Kinder in den ersten Lebensjahren nicht nur — wie bekannt — auf enge und stabile Beziehungen zu ihrer sozialen Umwelt, sondern in ähnlicher Weise auch zu ihrer gebauten Umwelt angewiesen sind. Aufgrund der bisher vorliegenden Untersuchungen ist davon auszugehen, daß nicht nur die Entwicklung von Intelligenz und logischem Denken in direkter Abhängigkeit von den Bedingungen der gebauten Umwelt steht, sondern auch der gesamte Prozeß der Sozialisation des Kindes, also der Einübung in die Erwartungen, Werte und Normen der Erwachsenengesellschaft, durch die Wohnbedingungen mitbestimmt wird. Daraus sind bereits erste baupraktische Schlußfolgerungen für die Planung kindergerechter Familienwohnungen gezogen worden.

Offener ist die Frage, wie sich unter diesem Gesichtspunkt die im heutigen Mietwohnungsbau vorherrschende, außerordentlich schwache Stellung des Nutzers, der kaum noch Einfluß auf die Herstellung, Gestaltung und Veränderung der gebauten Umwelt nehmen kann, auswirkt. Bis zu welchem Grade werden die Heranwachsenden dadurch an der Entwicklung eines voll ausgebildeten, abstrakten Raumbegriffs behindert? Trägt diese Situation ggf. auch bei Erwachsenen zu einer Verkümmerung der räumlichen Intelligenz bei? Immerhin ist bekannt, daß Erwachsene aus sozial benachteiligten Gruppen die höchste Stufe räumlicher Intelligenz, das formaloperationale Denken, vielfach nur unzureichend beherrschen. Kann man daraus folgern, daß für diese Gruppen das Bedürfnis nach einer Umwelt, die sich konkret manipulieren läßt, besonders ausgeprägt und von größerer Bedeutung ist als für Erwachsene aus anderen Sozialgruppen mit voll ausgebildeter räumlicher Intelligenz? Das sind Forschungsfragen, die bisher vernachlässigt wurden.

Im Themenschwerpunkt Wohnbauexperimente unter Bewohnerkontrolle schließlich wurden die Erfahrungen mit neuen Baukonstruktionen und Bauformen unter folgenden Gesichtspunkten geprüft: bieten die neuen Baukonstruktionen und Bauformen Ansätze für eine neue Förderungspolitik, für neue rechtliche Regelungen der Verfügung über Wohnraum und für laufende bauliche Veränderungen entsprechend dem sich wandelnden Bedarf der Bewohner?

In dem vorliegenden Material lassen sich drei Ansätze unterscheiden. Erstens gibt es den Versuch, die Beteiligung der Bewohner an der Planung so weit auszudehnen, daß der Einfluß von Mietern auf die Gestaltung demjenigen von Eigentümern gleichkommt; die Baukonstruktion spielt dabei keine Rolle. Zweitens gibt es den Versuch, mit hohem technischen Aufwand die vom Bauträger ohne Beteiligung der Nutzer fertiggeplanten Gebäude flexibel zu halten, z. B. durch verstellbare Wände. Drittens gibt es Versuche, das Gebäude aufzuteilen in einen Rohbau (Primärstruktur), der vom Bauträger fertig erstellt wird, nur Etagenflächen und die wichtigste Installation enthält, und den Ausbau (Sekundärstruktur), der nach Wunsch ganz dem Nutzer überlassen bleibt. Jeder dieser Ansätze wirft eine Fülle von technischen, rechtlichen, finanziellen und organisatorischen Problemen auf.

Der dritte Ansatz scheint aber am ehesten geeignet für neue Förderungsformen, neue rechtliche Regelungen der Verfügung über den Bau und laufende bauliche Veränderungen nach dem sich wandelnden Bedarf der Bewohner. Die bisher vorliegenden empirischen Belege dafür reichen allerdings noch lange nicht für eine sichere Einschätzung aus. Weitere baupraktische Experimente mit diesem Ansatz sind daher notwendig. Wir planen eine Erfolgskontrolle der bisher durchgeführten baupraktischen Experimente in verschiedenen Ländern, um die Grundlage der Erfahrungen noch zu verbreiten.

Aus diesem noch sehr heterogenen Erfahrungsmaterial lassen sich durchaus auch Schlüsse zur Beurteilung der gegenwärtig vorherrschenden Bauformen ziehen. Diese Bauformen, die ja nichts anderes sind als in der politischen Wirklichkeit mehr zufällig als systematisch durchgesetzte verteilungspolitische Kompromisse, unterscheiden sich auch bei gleichen Kosten wie bereits oben erwähnt ganz erheblich in ihrer Nutzungsqualität für die Bewohner.

Wo eine gewisse Selbstbestimmung der Bewohner grundsätzlich gegeben ist, wird die räumliche Umwelt in einer sehr vielfältigen Weise als Spielraum zur Verwirklichung der unterschiedlichsten Bedürfnisse genutzt. Daraus scheint uns ableitbar zu sein, daß es nicht nur unmöglich, sondern im Gegenteil auch gar nicht wünschenswert wäre, nach einer nahtlos an angeblich statisch feststehende „Grundbedürfnisse" angepaßten und unveränderbaren Idealwohnung oder Idealumwelt zu suchen, da diese Umwelt den Handlungsspielraum der Bewohner eher einschränken als erweitern würde. Es gibt übrigens viele ältere Siedlungen, die ursprünglich ganz ohne Anspruch auf Originalität meist im verdichteten Flachbau gebaut worden sind und heute als ausgezeichnete Beispiele für eine „funktionierende Interaktion" zwischen Bewohnern und gebauter Umwelt gelten können, selbst wenn sie in anderer, z. B. städtebaulicher Hinsicht Mängel aufweisen mögen. Wenn die Forschung diejenigen baulichen und sozialen, ökonomischen und rechtlichen Kriterien herausfinden will, die das „Funktionieren" solcher älteren Siedlungen erklären können und die bei der Planung neuer Siedlungskomplexe berücksichtigt werden müßten, wird sie nicht umhin können, sich direkter als bisher üblich an Planungs- und Bauprozessen zu beteiligen. Ohne unmittelbare Erfahrungen mit experimentellen Projekten dürfte es kaum möglich sein, die Relevanz der am Schreibtisch erdachten Theorien, Methoden und Vorschläge zu überprüfen.

Manfred Eisenbeis

Städtische Umwelt und Kommunikation — Überlegungen zu Voraussetzungen und Wechselbeziehungen von Stadtentwicklung und Kommunikationsprozessen
Urban Environment and Communications — Some Considerations on the Conditions and Relationship of City Development and Communication Processes

Summary

The development and change of human settlements and all forms of social and political organization are dependent on complex conditions. A part of them is constituted by patterns and technology of communication. In relation to this premise and the ecology of urban systems the paper discusses some aspects of the following points:
– The relationship between communication processes and the ecology of urban systems.
– The influence of spatial organization on communication behaviour in urban environment.
– The influence of communication processes and -patterns on planning and use of urban spaces.
– The impact of new communication technologies on the development and change of urban spaces.

Einleitung

Die Entstehung von menschlichen Siedlungen, Städten und diese wiederum zusammenfassende Formen sozialer und politischer Organisation bis hin zum Flächenstaat beruhen auf komplexen Voraussetzungen. Dennoch läßt sich sagen, daß alle diese Formen gesellschaftlicher Organisation spezifische Kommunikationsmuster und Technologien bedingen, deren Weiterentwicklung beeinflussen und gleichzeitig in ihrem Bestehen von ihnen funktional abhängig sind.

Aufgrund dieser Vorbemerkung lassen sich für den hier zu behandelnden thematischen Zusammenhang fünf Problemfelder auswählen:
1. Eine inhaltliche Beziehung zwischen Kommunikation und Stadtökologie herzustellen;
2. Den Einfluß von räumlichen Organisationsmustern (Architektur und Stadtgestalt) auf Kommunikationsverhalten einzuschätzen;

3. Den möglichen Einfluß von spezifischen Kommunikationsmustern auf die Entwicklung räumlicher Organisation und ihre Nutzung zu überprüfen;
4. Die Kommunikationstechnologien in ihrem möglichen Einfluß auf die Entwicklung räumlicher Organisation zu untersuchen;
5. Die vorangegangenen Überlegungen mit einem sozio-kulturellen Umwelt- bzw. Ökologiebegriff zu integrieren.

1. *Kommunikation und Stadtökologie – inhaltliche Zusammenhänge*

Bei der sich wandelnden Thematisierung der wissenschaftlichen und öffentlichen Diskussion über urbane Lebenszusammenhänge und Probleme werden immer häufiger die Begriffe von Kommunikation und Ökologie benutzt. Daraus geht nicht unmittelbar eine inhaltliche Präzisierung hervor, aber wir können diese Tatsache dennoch mit Gewinn als Hinweis sehen auf eine Reihe schwer bestimmbarer Probleme im urbanen Alltag und als Anregung, wenn nicht sogar als Aufforderung betrachten, bestimmte Positionen und Prozesse neu zu bedenken. Denn es ist nicht von der Hand zu weisen, daß hier Problemfelder vorliegen, die weitgehend nur kooperativ angegangen werden und nicht durch Forschung, politische Entscheidungen oder fachliche Kompetenz allein, im Rahmen jeweils spezialisierter Institutionen, wie etwa Planungsbehörden, eine ausreichende und ausschließliche Behandlung erfahren können. Wenn wir hier den Kommunikationsbegriff einführen, so muß das in mehreren Stufen erfolgen und unter Einbeziehung des Informationsbegriffes. Mit Kommunikation im engeren Sinne bezeichnen wir Austauschprozesse zwischen Menschen, die unvermittelt ablaufen, also ohne technische Medien vollzogen werden. Damit wird ein erster Problembereich erfaßbar, der einen außerordentlich wichtigen Teil von sozialen Kontakten und Beziehungen im privaten und öffentlichen städtischen Raum beinhaltet. Das Spektrum der damit angesprochenen Phänomene reicht vom Grüßen bis zu nachbarlichen Gesprächen, Spielen und ähnlichen Interaktionsformen. Wichtigster Aspekt ist die physische Präsenz der Partner, von der Dyade bis zu Gruppen unterschiedlicher Größe.

Art und Umfang dieser interpersonalen, direkten Kommunikation werden zweifellos – und in einer angemessenen Relation zwischen privaten und öffentlichen Anteilen – für jeweilige Individuen und sozialen Gruppen zu einem wichtigen Moment zufriedenstellenden Lebensvollzuges in einer konkreten räumlichen Ordnung, die ihrerseits durch Art und Umfang dieser Beziehungen und Aneignungsprozesse symbolisch bestimmt wird. Damit wird bereits über den Kommunikationsbegriff hinaus auch die ökologische Dimension angesprochen.

Diese Verbindung setzt sich fort, wenn wir die durch technische Medien vermittelten kommunikativen Abläufe betrachten. Einerseits bestehen diese in der Weiterführung interpersoneller Kommunikation über Medien mit der Möglichkeit, räumliche Distanz zu überbrücken, das Telefon ist hier als Beispiel zu nennen, andererseits sind an dieser Stelle als zentrale weitere Kategorie technischer Kommunikationsinstrumente die weitgehend ohne Rückkopplung funktionierenden Massenmedien anzuführen, wie etwa Zeitung und Fernsehen, deren unmittelbare Konsequenz für Umweltbewußtsein und symbolische Ortsbezüge schwerer einzuschätzen und durchaus gewichtig sein können. Verkürzt und zusammenfassend läßt sich sagen, daß die Artefakte technischer Kommunikation einerseits materiell in die jeweilige Umwelt eingehen und daß sie andererseits die Beziehung zu dieser Umwelt — teilweise konkurrierend — mit bestimmen. Sie konstituieren, insbesondere als Bildmedien, einen sekundären, mittelbaren Erfahrungsbereich, darauf wurde häufig hingewiesen, sind aber in ihrer inhaltlichen Gestaltung — im Rahmen der jeweiligen technischen und ökologischen Bedingungen vom nationalen bis zum lokalen Fernsehen — durchaus bestimmten Zielsetzungen, wie der Förderung lokaler Informations- und Entscheidungsprozesse, anpaßbar.

Diese technischen Medien, die sich nach Kommunikations- und Informationsmedien unterscheiden ließen, je nachdem ob sie eine Rückkopplung zulassen oder nicht, erfordern bereits eine urbane Infrastrukturplanung sowie eine entsprechende Ausrüstung von Haushalten und Institutionen.

Sie stellen neben den, den baulichen Strukturen komplementären allgemeinen Zeichensystemen für einzelne städtische Funktionen, wie etwa räumliche Orientierung und Verkehr, auch die Mittel bereit für die Kontrolle und Lenkung energetischer Prozesse sowie für Datengewinnung und -verarbeitung und tragen dazu bei, das Ökosystem Stadt funktionsfähig zu machen und zu erhalten.

Die sozialen Kommunikationsprozesse, die gesellschaftliches Leben und dessen Bezüge zur materiellen Umwelt qualitativ bestimmen, die einzelnen konkreten sozialen Einheiten, von der Nachbarschaftsbeziehung bis zur Gemeinde, sind also der eine Pol. Der andere wird mit den technisch vermittelten, indirekten Kommunikations- und Informationsprozessen gegeben: Bei dem einen handelt es sich im wesentlichen um Sozialisations- und Aneignungsprozesse, beim anderen um institutionell und organisationell bestimmte Regelungsvorgänge des Gesamtsystems, einzelner Teile oder Funktionsbereiche. Soziosphäre, Technosphäre und Biosphäre verschränken sich in dieser Sehweise.

2. Der Einfluß räumlicher Organisation auf Kommunikation und Verhalten

Die Entwicklung von Architektur und Städtebau kann durchaus als die Entfaltung spezifischer Verkaufsformen und gesellschaftlicher Organisation interpretiert werden.

Die räumliche Organisation von Städten kann unter diesem Aspekt als funktionale, symbolische und materiale Entsprechung zu diesen Verkehrsformen gesehen werden, ohne daß diese Beziehung deterministisch einzuschätzen ist.

Deren Unterscheidung als privat und öffentlich erscheint weniger zweckmäßig in der strengen Dichotomie als vielmehr als gestufte Beziehung. In den beiden Bereichen sowie in den Zwischenstufen, den mehr oder weniger öffentlichen bzw. privaten Zonen differenzierter Nutzung, haben sich in verschiedenen historischen Momenten und Kulturen unterschiedliche Organisationsformen und Verhaltensmuster herausgebildet, die die Beziehungen zwischen privater und öffentlicher Sphäre regeln.

In der Architektur- und Stadtraumentwicklung sind also eine Reihe von Makro- und Mikroeinheiten entstanden, in denen Verhaltensspektren entfaltet werden können, deren Beschränkung zu Störungen der Sozialbeziehungen und zu pathologischen Erscheinungen führen kann.

3. *Kommunikations- und Verhaltensmuster in ihrer Beziehung zu räumlicher Organisation und deren Entwicklung*

In der Umkehrung der vorhergehenden Betrachtungsweise können wir uns also die Frage vorlegen, ob nicht Kommunikationsverhalten die spezifischen Muster von Nutzung räumlicher Strukturen beeinflussen.

Der Beliebigkeit räumlicher Organisation sowie der Zuordnung von Räumen und Verhalten sind damit, wie wir bereits erörtert haben, Grenzen gesetzt, die auch nicht durch kurz- oder mittelfristige Lernprozesse oder den Versuch der multifunktionalen Gestaltung überschritten werden können. Die Elastizität von Verhaltensmustern wird durch institutionelle Bindungen im Sinne klarer Funktionsbestimmung, durch Öffentlichkeit oder Privatheit, sozialspezifische Zuordnung und materielle Faktoren, einschließlich Nähe bzw. Entfernung, Kontext, Zeitbudget oder Kosten für die Benutzer beeinflußt. Es zeigt sich hier die Unauflöslichkeit der Verbindung von soziokulturell begründeten Verhaltensmustern und Umweltorganisationen, wenn diese auch ständigem Wandel unterliegen.

Gerade aber diesen Wandel gilt es angemessen, d. h. keineswegs konfliktfrei, aber unter Beteiligung der Bürger und anderer Gruppen zu beeinflussen und sinnvoll in den Zusammenhang von städtischer Umweltentwicklung und Veränderung des gesellschaftlichen Gesamtzusammenhangs einzufügen. Unterschiedliche Modi der Kommunikation, die den prozeßhaften Wandel kontinuierlich begleiten, mit dem Stichwort Partizipation nur in wichtigen Teilaspekten erfaßt, erscheinen dazu als notwendige Ergänzung der Tätigkeit von Legislative und Exekutive.

4. *Mögliche Einflüsse von Kommunikationstechnologien auf die Stadtentwicklung*

In einem Entwurf zukünftiger Stadtentwicklung, der die Entwicklung der Kommunikationstechnologien zur Grundlage hat, prognostizierte William L. Libby das Ende des täglichen Arbeitsweges und damit der Aufhebung der Trennung von Wohn- und Arbeitsplatz. Er stellt detailliert Möglichkeiten daraus resultierender Veränderungen von Stadtstruktur und Funktion sowie der Sozialbeziehungen dar. In die gleiche Richtung zielen Peter C. Goldmarks Überlegungen und experimentellen Ansätze unter der Bezeichnung „New Rural Society", und in einem Gutachten für die amerikanische Regierung aus dem Jahre 1971 wird die Reduzierung des Verkehrsaufkommens — beeinflußt durch den Einsatz und die Entwicklung von Kommunikationstechnologien — um 14 bis 21 % für die folgenden Jahre eingeschätzt.

Die Vorgänge, die damit angesprochen sind, Substitution von bestimmten Verkehrsflüssen und Arbeitsvollzügen durch Kommunikationstechnologien, sind in ihrer tatsächlichen Entwicklung mit der gebotenen Zurückhaltung zu beurteilen. Sie sind aber zum Kontext zukünftiger urbaner Planungen zu zählen und werden langfristig Tranformationsprozesse urbaner Umwelten beeinflussen. Sie können durchaus als Mittel gesehen werden, Verkehrsbelastungen zu reduzieren und die Qualität öffentlichen Raumes für soziale und kulturelle Nutzungen in den großen Agglomerationen zu verbessern.

5. *Stadtökologie und Kommunikation im soziokulturellen Zusammenhang*

Es ist zweifellos schwierig, den so unterschiedlichen Realitäten und Aufgaben in den Städten verschiedener Geschichte, Funktion sowie Größe und Sozialstruktur mit einigen allgemeinen Überlegungen gerecht zu werden.

Eine Möglichkeit ist mit der prozeßhaften Betrachtung gegeben, die einerseits die Dynamik und Gestaltbarkeit ökologischer Beziehungen im sozio-kulturellen Zusammenhang berücksichtigt, und andererseits den Kommunikationsbegriff in den bereits dargestellten Bereichen operationalisierbar erscheinen läßt. Eine Notwendigkeit jedoch besteht darin, vor dem Hintergrund der ökologischen Fragestellung auf die Wert- und Konsensusabhängigkeit in den Antworten, die zu geben sind, und es sind häufig verschiedene, konkurrierende, ja sich widersprechende, doch jeweils folgenreiche, noch einmal hinzuweisen.

Damit werden wesentliche Faktoren in der Konstituierung und Veränderung konkreter stadtökologischer — als gesellschaftlich erlebte — Bedingungen, nämlich
— Zielbestimmung
— Planung und Gestaltung

— Forschung
— Entscheidung
in den Rahmen der Wirkung und Verantwortung gestellt, der ein jeweils konkretes Gemeinwesen ist und dessen Bürger in ihrem Verhalten und Erleben beeinflußt werden.

Vor diesem Hintergrund sollte sich unser Interesse, stadtökologische Forschung zu fördern, zu einem erheblichen Teil auf mittel- oder langfristige multidisziplinäre Gemeindestudien konzentrieren. Damit würde die Tradition stadtökologischer Forschung wieder aufgenommen und auch den praktischen Erfordernissen durch Kooperation mit den Entscheidungsträgern sinnvoll entsprochen werden können.

Schrifttum

1. Christopher ALEXANDER, The City as a Mechanism for Sustaining Human Contact. In: EWALD jr., Environment for Man, London 1967.
2. Guy ANKERL, Spezifische Faktoren in stadtsoziologischen Analysen. In: Kölner Zeitschrift für Soziologie und Sozialpsychologie 3, 1974.
3. Hans Paul BAHRDT, Die moderne Großstadt, Reinbek bei Hamburg 1961.
4. Karl W. DEUTSCH, On Social Communication and the Metropolis. In: Alfred G. SMITH, Ed., Communication and Culture. New York 1966.
5. Manfred EISENBEIS, Théories de communication et création architecturale. In: Sémiotiques de l'espace, Notes méthodologiques en architecture et urbanisme No 3—4, Paris 1974.
6. Peter C. GOLDMARK, Nachrichtentechnik verbessert das Leben in der Großstadt. In: K. STEINBUCH, Hg., Kommunikation, Frankfurt 1973.
7. Brian GOODEY, The Role of Communication and the Mass Media in British Planning: Some Considerations. Oxford Working Papers in Planning Education and Research, Nr. 14, o. J.
8. Torsten HÄGERSTRAND, Quantitive Techniques for Analysis of the Spread of Information and Technology. In: Peter SCHÖLLER, Hg., Zentralitätsforschung, Darmstadt 1973.
9. Kas KALBA, Urban Telecommunication: A new Planning Context. In: Socio-Econ. Plan. Sci., Vol. 8., Oxford/New York 1974.
10. René KÖNIG, Über Wirtschaftsformen und soziale Struktur der Stadt. In: O. W. HASELOFF, Hg., Die Stadt als Lebensform, Berlin 1970.
11. John A. R. LEE, Towards Realistic Communication Policies: Recent trends and ideas compiled and analysed, Paris, UNESCO 1976.
12. William L. LIBBY, La fin du trajet quotidien. In: Analyse et prévision, Tome VII, Numero 4, Paris 1969.
13. Richard L. MEIER, A Communication Theory of Urban Growth, Boston 1962.
14. E. Lloyd SOMERLAD, Systémes nationaux de communication Questions de politiques et options, Paris, UNESCO 1975.
15. Rolf SÜLZER, Architektonische Barrieren öffentlicher Kommunikation — Thesen zur städtischen Verkehrsform. In: AUFERMANN, BUHRMANN, SÜLZER, Hg., Gesellschaftliche Kommunikation und Information, Frankfurt 1973.

16. Lee THAYER, Communication humaine et les aménagements humains, Contribution pour le séminaire international sur les réseaux de communication et les aménagements humains. Manuskript, ohne Ort, 1970.
17. Heiner TREINEN, Symbolische Ortsbezogenheit. In: Kölner Zeitschrift für Soziologie und Sozialpsychologie 17, 1965.
18. Melvin M. WEBBER, Urbanization and Communication. In: G. GERBNER, Larry P. GROSS, William P. MELODY, Eds., Communication Technology and Social Policy: Understanding the new Cultural Revolution, New York 1973.
19. DATAR/BCEOM, Etude de substitution transports — telécommunications, Paris 1970.
20. UNESCO, Programme on Man and the Biospere (MAB) Expert Panel on Project 11: Ecological effects of energy utilization in urban and industrial systems, Paris 1974.
21. UNESCO, Programme on Man and the Biospere (MAB), Nr. 31, Task force on integrated ecological studies on human settlements within the framework of Project 11, Paris 1976.

JÜRGEN FRIEDRICHS

Die Analyse von Dichteeffekten
Effects of Density of Population

Summary

Several students of ecology have advanced the hypothesis, that high denisties lead to pathological behavior in animal species and man. Some of the existing empirical evidence is reviewed whether it supports or falsifies this hypothesis. In addition, data from two studies in Hamburg and Bern are supplied. The main results are: 1. a refined conceptualization of the problem, 2. correlation and regression coefficients differ with density variable and with indicator of pathological behavior used, there is no general relationship between density and pathological behavior, 3. some relations are curvilinear. Two alternative hypothesis are suggested: density as intervening variable (intensifier of reactions) and personal space – instead of density – as explanatory variable.

Einer der Schnittpunkte bioökologischer und sozialökologischer Theorie ist die Analyse von Effekten der Dichte. Daher erscheint es sinnvoll, dieses Problem als einen der möglichen Ansatzpunkte zu verwenden, um zu einer generellen ökologischen Theorie beizutragen. Diese Theorie läßt sich orientierend nach der Annahme von Sells bestimmen als

$$R = f(O \cdot U),$$

d. h. die Reaktion eines Organismus ist eine Funktion des Produktes von Art des Organismus und Art der Umwelt.

Im Falle der Dichte sind die betrachteten Organismen unterschiedliche Tierspezies oder Menschen, die Umwelt eine Menge von Organismen der gleichen Spezies, die Reaktion ein pathologisches Verhalten.

Empirische Studien an Tierpopulationen haben mehrfach erbracht, daß hohe Dichte zu Formen pathologischen Verhaltens führt: Aggression, gestörtes Sexualverhalten bei Individuen, sowie höhere Sterblichkeit und sinkende Fruchtbarkeit im Kollektiv. Diese Reaktionen lassen sich als Folge der Verletzung des artenspezifischen Territoriums interpretieren, die biochemische Prozesse auslösen, die dann zu Verhaltensänderungen führen. Auf der Ebene des Kollektivs führt dies zu einer Anpassung an das gegebene Territorium durch die sinkende Zahl der Individuen.

Die Ergebnisse der Studien können in folgender Hypothese zusammengefaßt werden (Friedrichs 1977, S. 134):

„Wenn eine unfreiwillige hohe Dichte zwischen Individuen besteht, dann gilt: Je länger dieser Zustand besteht, desto eher treten pathologische Reaktionen bei den Individuen auf."

Es liegt nun nahe, diese (bewährte) Hypothese auch auf menschliche Populationen zu übertragen. Dazu tragen auch Alltagsbeobachtungen bei, denen zufolge ein pathologisches Verhalten in überfüllten Räumen, in überbelegten Wohnungen oder in dichtbesiedelten Neubaugebieten vermutet wird (wobei bereits die letzte Annahme falsch ist, weil Neubausiedlungen in der BRD meist eine niedrigere Dichte als Altbaugebiete aufweisen, mißt man Dichte über Einwohner/ha).

Die empirische Haltbarkeit dieser Vermutungen sowie die Probleme der Prüfung der Hypothese sollen im folgenden erörtert werden. Dabei stellen sich folgende Probleme:

1. Die Messung der Dichte.
2. Indikatoren pathologischen Verhaltens zu bestimmen.
3. Die Ebene der Erhebung und der Aussage zu bestimmen: individualtheoretische vs. kollektive Erklärungen.
4. Sind mögliche pathologische Reaktionen eine Folge der Wohnumwelt und/oder der selektiven Migration, d. h. bleiben nur bestimmte Personengruppen in „schlechten" Wohnumwelten zurück?
5. Aus 1 bis 4 folgende: die Struktur möglicher Kausalmodelle zu formulieren.

Grundsätzlich ist vorweg zu betonen, daß sich die vorliegenden Studien (auch die ethologischen) auf die Effekte hoher Dichte beschränken. Es fehlen Studien über a) die Effekte sehr niedriger Dichte (z. B. Isolation?), b) ein spezifisches – bzw. in der Demoökologie – schichtenspezifisches Dichteoptimum. Ein möglicher Zusammenhang von Dichte und pathologischem Verhalten wird

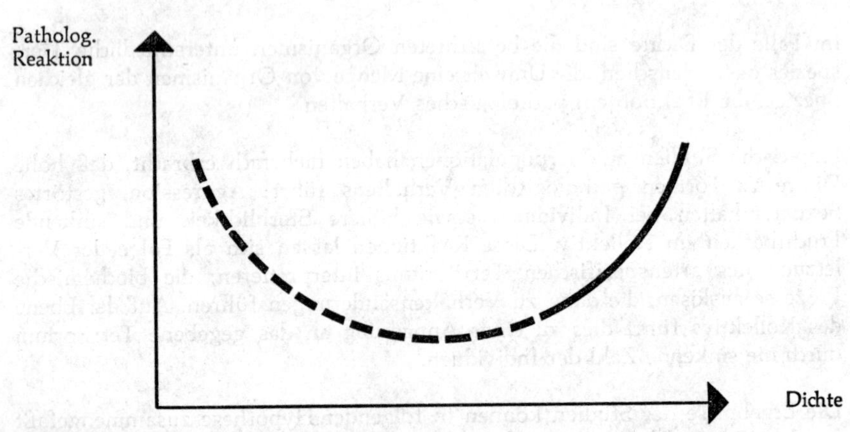

Abb. 1: *Vermutete Effekte unterschiedlicher Dichte*

in Abbildung 1 vorgeschlagen. Die Untersuchungen richten sich nur auf den durchgezogenen Teil der Kurve.

Messung der Dichte

Dichte läßt sich allgemein definieren als:
D_1 Dichte = df. Zahl der Elemente pro Flächeneinheit
D_2 Dichte = df. Zahl der Individuen pro Flächeneinheit.

Entsprechend den beiden Definitionen D_1 und D_2 (D_2 als Teilmenge von D_1) sind in der Literatur zahlreiche Dichtevariablen vorgeschlagen und verwendet worden. Das wichtigste Resultat dieser Studien ist, daß zwischen „externer" Dichte (Einwohner/ha) und „interner" Dichte (Personen/Raum) zu unterscheiden ist. Wie bereits die Studien von Galle et al. (1972) und von Duncan (1975) sowie die Ergebnisse von Hamm (1977) und Friedrichs (vgl. weiter unten Tabelle 1) zeigen, bestehen sehr unterschiedliche Zusammenhänge zwischen den Dichtevariablen. Das wichtigste Ergebnis ist hier, daß externe und interne Dichte nur sehr niedrige Korrelationen aufweisen (vgl. hierzu Friedrichs 1977, S. 136 ff.). Schließlich läßt sich aus diesen Ergebnissen folgern, daß es erforderlich ist, eine Theorie über die Zusammenhänge der Dichtevariablen zu entwickeln, beispielhaft ist hierfür die entsprechende von Duncan (1975).

Erste Folgerung: Das Ausmaß pathologischer Reaktionen unterscheidet sich nach dem Ausmaß externer und nach dem Ausmaß interner Dichte.

Indikatoren pathologischen Verhaltens

Die Bestimmung von Indikatoren für pathologisches Verhalten ist insofern schwierig, als hierzu eine geeignete Definition erforderlich ist. Das gilt zumindest dann, wenn man die Indikatoren aufgrund der Merkmale wählt, die in der Definition des Begriffs auftreten (operationalistische Lösung der Indikatorenwahl nach Besozzi und Zehnpfennig 1976). Orientiert man sich zur Definition des pathologischen Verhaltens an Durkheim, so ist hierunter ein von den modalen Normen der Gesellschaft abweichendes und statistisch seltenes Verhalten zu verstehen.

Als Indikatoren werden in der Literatur verwendet:
Erwachsenenkriminalitätsrate, Rate der Jugendkriminalität, Sterblichkeitsrate, Fruchtbarkeitsquote, Anteil Geschiedener, Anteil Wohlfahrtsempfänger, Anteil Personen mit Geisteskrankheiten, Selbstmordquote, Infektionskrankheiten.

Zweite Folgerung: Die aus der Ethologie übernommene Hypothese informiert nicht darüber, welche Form pathologischen Verhaltens bei hoher Dichte auftritt.

Erhebungs- und Aussageeinheit

Wie vielfach in der sozialwissenschaftlichen Forschung, wird in den Studien nicht hinreichend zwischen Erhebungen und Erklärungen auf der Ebene „Individuum" und der Ebene „Kollektiv" unterschieden. Die meisten Studien in der Stadtforschung wählen als Erhebungseinheit städtische Teilgebiete (census tracts u. ä.). Hierauf beziehen sich dann auch die Aussagen. Oft werden dann jedoch weitere Erklärungen formuliert, die auf der Ebene „Individuum" liegen.

Ein Beispiel hierfür ist die Studie von Galle et al., in der Aggregate untersucht wurden (75 census tracts in Chicago), dann jedoch in der Interpretation u. a. folgende Hypothesen formuliert werden (Explikation J. F.): Wenn die Belegungsdichte hoch ist, dann haben Jugendliche keinen eigenen Raum. Wenn Jugendliche keinen eigenen Raum haben, dann halten sie sich häufig außerhalb der Wohnung auf. Wenn Jugendliche sich häufig außerhalb der Wohnung aufhalten, dann ist auch die elterliche Kontrolle über ihr Verhalten gering. Wenn die elterliche Kontrolle gering ist, dann schließen sich Jugendliche eher Banden von Jugendlichen an. Wenn Jugendliche sich Banden anschließen, dann begehen sie eher Straftaten. Auch andere Studien, in denen Aggregate untersucht werden, geben in der Interpretation individualtheoretische Erklärungen; Erklärungen also, die in der Studie nicht getestet wurden und die nur mit der Gefahr eines ökologischen Fehlschlusses aus den Aggregatdaten interpretiert werden können (eine Ausnahme bilden die Studien von Mitchell 1971, dessen Erhebungseinheit Individuen sind; ebenso die Experimente von Freedman 1975).

Dritte Folgerung: Stärker als die externe Dichte (E/ha) erweist sich die interne Dichte (Personen/Raum) als Prediktor pathologischen Verhaltens. Dieses Ergebnis läßt individualtheoretische Erklärungen und/oder Kontexteffekte als sinnvolle Erklärungen erscheinen. Hypothesen über Aggregate haben sich nicht bewährt.

Bemerkenswert ist auch, daß in den Studien nur implizit berücksichtigt wird, daß Dichte, vor allem die interne Dichte, ein Kontextmerkmal ist, — wie es auch die Annahme von Sells nahelegt. Es wäre daher notwendig, individuelle Effekte und Kontexteffekte getrennt zu untersuchen, um das Gewicht der beiden Effekte auf das pathologische Verhalten zu spezifizieren. Dies geschieht jedoch in den Studien nicht.

Struktur des Kausalmodells

Die Aggregatstudien seit Faris und Dunham (1939) oder Shaw et al. (1929) resp. Shaw und McKay (1969) zeigen übereinstimmend, daß in einzelnen städtischen Teilgebieten ein niedriger sozialer Status der Bewohner vorzufinden ist, ebenso mehrere Formen pathologischen Verhaltens, ebenso eine bestimmte Lage der Teilgebiete in der Stadt, meist in der citynahen (transitorischen) Zone. Diese, auch durch andere Studien belegte Kovariation negativer Merkmale und sozialer Defizite, erschwert es, die Effekte der Dichter zu isolieren. Führt Armut oder Dichte oder beides zu pathologischem Verhalten?

Das Problem wird nochmals dadurch kompliziert, daß nur sehr schwer entschieden werden kann, ob die Sozialstruktur solcher Gebiete durch eine selektive Migration (Gebiete bestimmter Sozialstruktur ziehen bestimmte Personen/ Familien an) oder durch die Merkmale der Personen selbst resp. die Effekte der Dichte bestimmt wird (vgl. auch Schorr 1970). Allgemeiner: Hat die Dichte einen direkten Effekt auf das pathologische Verhalten, einen indirekten Effekt über die Sozialstruktur oder keinen Effekt, wenn man Variablen der Sozialstruktur kontrolliert?

Zur Formalisierung des Problems bieten sich die beiden von Galle et al. aufgeführten Modelle an:

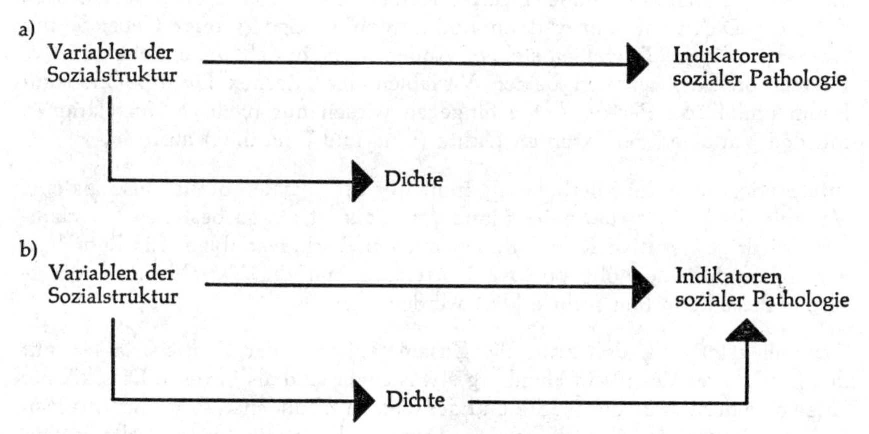

Modell a) bildet den Fall ab, in dem die Beziehung zwischen Dichte und pathologischem Verhalten „verschwindet", wenn Variablen der Sozialstruktur kontrolliert werden; Modell b) bildet den Fall ab, wo sowohl die Variablen der Sozialstruktur wie die Dichte (über die Sozialstruktur) Effekte auf das Ausmaß pathologischen Verhaltens haben. In beiden Modellen ist noch nicht spezifiziert, welche Variablen der Sozialstruktur auf welche Variablen der Dichte und diese auf welche Indikatoren pathologischen Verhaltens einen Effekt ausüben. Es ist ja denkbar, daß nur eine Kombination von sozialstrukturellen Merkmalen auf das pathologische Verhalten einen Effekt ausübt, ebenso daß dies nur durch eine Kombination von Dichtevariablen geschieht. Schließlich ist nicht auszuschließen, daß bestimmte Dichtevariablen nur auf bestimmte Formen pathologischen Verhaltens (direkt) wirken, auf andere hingegen nicht.

Um die hier erörterten analytischen Schwierigkeiten empirisch zu belegen, wurden für Hamburg (179 Ortsteile) die Zusammenhänge von sechs Dichtevariablen, der Miethöhe (qm) und drei Indikatoren pathologischen Verhaltens (im folgenden als pV abgekürzt) berechnet. Zum Vergleich sind die Daten der Studie von Hamm (1977) über Bern (32 Distrikte) herangezogen, da seine Definition der Variablen sehr gut mit der für Hamburg möglichen übereinstimmt. Für Hamburg lag leider keine nach Ortsteilen aufbereitete Kriminalitätsstatistik vor, für Bern werden entsprechende Daten nicht berichtet, da sich die Studie von Hamm nicht speziell auf Probleme der Dichte richtet.

Die Matrix der Interkorrelationen (Tabelle 1) zeigt zunächst das aus der Literatur bekannte Ergebnis: die Dichtevariablen korrelieren untereinander nicht hoch, dies gilt sowohl für Hamburg wie für Bern. Einzige Ausnahmen: die leicht verständliche hohe negative Korrelation von E/ha und Gebäude/ha, denn die Dichte ist immer dann hoch, wenn wenige (große) Gebäude pro Hektar in einem Teilgebiet stehen. Andererseits besteht eine hohe positive Korrelation zwischen den beiden Variablen der internen Dichte: Personen/Raum und Fläche/Person, beide hingegen wiesen nur niedrige Korrelationen mit den Variablen der externen Dichte (E/ha und E/ha ü. F.) auf.

Interpretiert man die Miethöhe als Indikator des sozialen Status, also als eine Variable der Sozialstruktur im Sinne von Galle et al., so bestehen für Hamburg niedrige negative Korrelationen mit den Dichtevariablen, für Bern hingegen besteht eine hohe positive Korrelation mit der Variable Räume/Person, — diese kann hier nicht erklärt werden.

Generell zeigt sich, daß zwar die Zusammenhänge der Dichtevariablen mit den Indikatoren des pV in Hamburg etwas enger sind als in Bern. Dies könnte eine Folge der Größe der Städte und der damit verbundenen stärkeren internen Differenzierung der Teilgebiete sein. Dennoch bleibt für beide Städte festzustellen, daß die Dichtevariablen — bis auf wenige Ausnahmen — keine hohe Korrelation mit den Indikatoren des pV aufweisen. Einzig die Geschiedenenquote weist für Hamburg eine hohe Korrelation mit den Einwohner/ha und der Variable Gebäude/ha auf. Betrachtet man alle drei Indikatoren des pV, so ist die Variable Räume/Wohnung der beste Prediktor von allen Dichtevariablen.

Die Dichtevariable Räume/Wohnung weist einen positiven Zusammenhang mit allen drei Indikatoren des pV auf. Dies entspricht nicht der Hypothese. Eine mögliche Erklärung lautet: hier geht die Verteilung der Gebäude mit großen Wohnungen und zahlreichen Räumen ein, diese Gebäude-Altbauten liegen überwiegend nahe der Stadtmitte, also in Teilgebieten, die einen überdurchschnittlich hohen Anteil älterer Bevölkerung aufweisen. Daher ist zu

Tab. 1: *Interkorrelation von Dichteindikatoren und anderen Variablen, Hamburg 1968/70 (oberhalb der Diagonalen) und Bern 1970 (unterhalb der Diagonalen[1])*

Variable	1.	2.	3.	4.	5.	6.	7.	8.	9.	10.	11.	12.
1. Einw./ha[2]		.	-.84	-.40	.47	.32	.08	-.37	.	-.68	-.21	.09
2. Einw./ha ü.F.[3]	.45		.	.	.	.	.	.	.	.	.	.
3. Gebäude/ha	.	.		.32	.39	-.35	-,11	.17	.	.57	.18	-.03
4. Wohnungen/Gebäude	.	.	.		.99	.05	.09	-.34	.	.36	.27	.24
5. Räume/Wohnung	-.37	-.60	.	.		-.08	-.01	-.30	.	.43	.33	.24
6. Personen/Räume	.31	.30	.	.	-.01		.81	-.35	.	-.33	-.30	.01
7. Fläche/Personen	.	.	.	.	.	.		-.37	.	-.08	-.18	-.08
8. Miete	-.12	-.42	.	.	.69	-.00	.		.	.06	.07	-.48
9. Bodenpreis	-.02	-.06	.	.	-.23	-.01	.	.00		.	.	.
10. Geschiedenenquote	.19	.12	.	.	-.51	-.04	.	-.28	.61		.34	.31
11. Sterblichkeitsquote	.07	-.34	.	.	.01	-.04	.	.27	.18	.27		.06
12. Migrationsquote[4]	.01	-.14	.	.	-.20	-.01	.	.02	.93	.63	.30	

[1]) Quelle der Daten:
Hamburg: Eigene Berechnungen nach Daten der Regionaldatei Hamburg, GWZ 1968 und VZ 1970.
Bern: HAMM 1977, Korrelationsmatrix S. 245—252; vgl. auch S. 200.

[2]) Für Bern: Fläche ohne Wald.

[3]) Für Bern: nur überbaute Fläche.

[4]) Zuzüge und Fortzüge.
Alle Koeffizienten sind Produkt-Moment-Korrelationskoeffizienten.

vermuten, daß diese Dichtevariable für das hier zu untersuchte Problem nicht sinnvoll ist, da die Verteilung der Altbauten über die Stadt sowie das Ausmaß der Kriegszerstörung und/oder Sanierung von Altbauten eingehen. Konzentriert man sich daher, der Literatur folgend, auf die beiden Dichtevariablen Einwohner/ha und Personen/Räume, so lassen sich die eingangs aufgeführten Modelle (a) und (b) bedingt testen. Als Indikator der Sozialstruktur soll dabei die Variable „Miethöhe" gewählt werden. Kontrolliert man die Miethöhe und berechnet dann die Beziehungen zwischen den beiden Dichtevariablen und den drei Indikatoren des pV, so ergeben sich folgende Partialkorrelationskoeffizienten für Hamburg:

$r_{1,10.8} = -.76$ $\qquad$ $r_{6,10.8} = -.33$

$r_{1,11.8} = -.16$ $\qquad$ $r_{6,11.8} = -.30$

$r_{1,12.8} = -.11$ $\qquad$ $r_{6,12.8} = -.19$

Die Miethöhe beeinflußt demnach die Höhe der Korrelation zwischen den Dichtevariablen und den Indikatoren des pV, aber weder beträchtlich noch in gleicher Stärke und Richtung bei den beiden Dichtevariablen. Kontrolliert man umgekehrt die Dichte, so ergeben sich folgende Partialkorrelationskoeffizienten für Hamburg:

$r_{8,10.6} = -.07$

$r_{8,11.6} = -.04$

$r_{8,12.6} = -.52$

Da sich die Koeffizienten nur geringfügig gegenüber den einfachen Korrelationen Miethöhe-Indikatoren des pV ändern, dürfte die Dichte nur einen geringen Einfluß haben.

Das Ergebnis dieses beschränkten Tests ist, daß eher das Modell (a) die Beziehungen zwischen den Variablen abbilden dürfte. Da auch die Indikatoren des pV untereinander – mit Ausnahme von Geschiedenen- und Migrationsquote in Bern – nur niedrig korrelieren, läßt sich zusammenfassend nur eine niedrige Beziehung zwischen Dichtevariablen und den hier verfügbaren Indikatoren des pV feststellen. Anders formuliert: der weitaus größte Teil der Varianz der Indikatoren des pV muß durch andere Variablen als die Dichte erklärt werden. Anhand der Hamburger Daten läßt sich auch untersuchen, wie die Verteilung der Ortsteile über die Variablen der Dichte und die Indikatoren des pV ist, d. h. ob lineare Beziehungen bestehen. Schon aufgrund der niedrigen Korrelationskoeffizienten ist zu vermuten, daß keine linearen Zusammenhänge vorliegen. Für alle Dichtevariablen und Indikatoren des pV wurden daher Streuungsdiagramme ausgedruckt. Hiernach bestehen keine kurvilinearen Zusammenhänge zwischen der externen Dichte (E/ha) und den drei Indikatoren des pV, hingegen für die Zusammenhänge der Dichtevariable Wohnungen/Gebäude und den drei Indikatoren. Für die interne Dichte Personen/Räume liegt nur für den Indikator Geschiedenenquote ein kurvilinearer Zusammenhang vor, wie Abbildung 2 zu entnehmen ist. Diese Ergebnisse liefern zumindest Hinweise auf mögliche Effekte unterschiedlich hoher Dichte

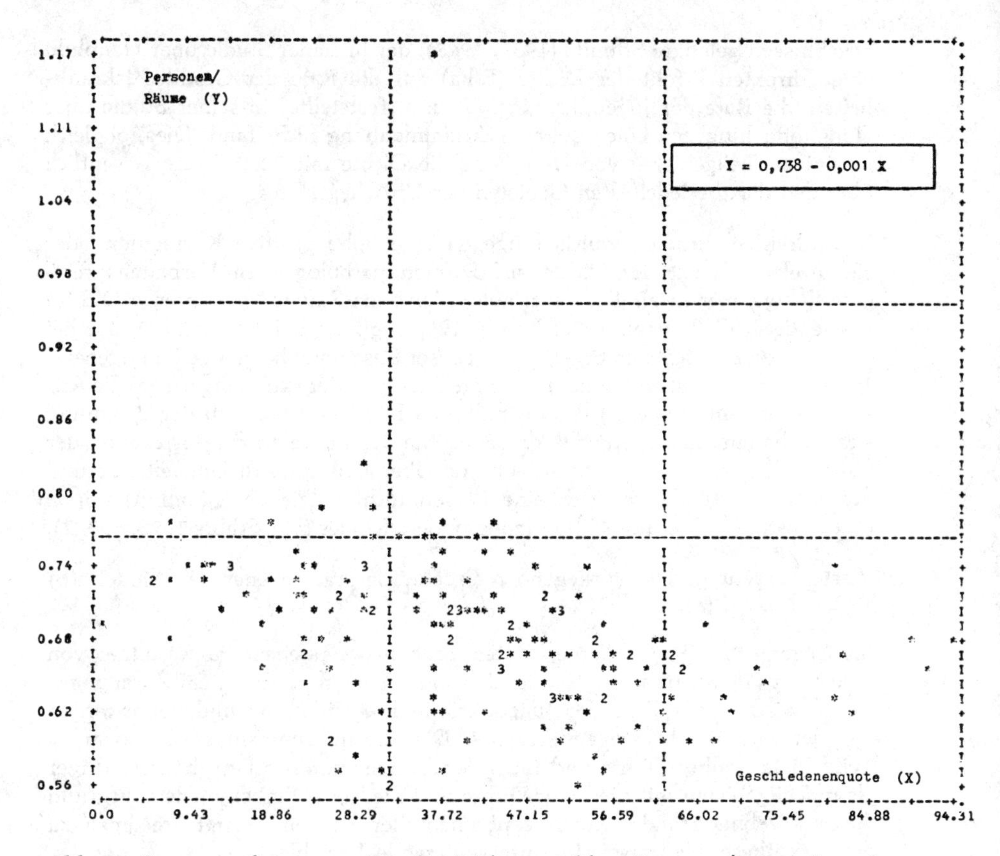

Abb. 2: *Streuungsdiagramm für die Dichtevariable „Personen/Räume" und den Indikator „Geschiedenenquote", Hamburg 1970 (179 Ortsteile).*

und Dichteoptima, dies kann jedoch durch die einfachen Korrelationen nicht geprüft werden.

Die hier nur knapp dargestellten Ergebnisse der Analyse der Daten für Hamburg und Bern stimmen mit der vorliegenden Literatur insofern überein, als sie zeigen, wie unterschiedlich die Beziehungen zwischen einzelnen Dichtevariablen und Indikatoren des pV sind. Von generellen Effekten „der Dichte" kann demnach nicht gesprochen werden, worauf auch Hamm (1977, S. 199) hinweist.

In den meisten vorliegenden Studien erwies sich die Dichtevariable E/ha als nicht oder nur niedrig korreliert mit den abhängigen Indikatoren des pV (vgl. u. a. Galle et al. 1972, Gillis 1974, Mitchell 1971). Zu widersprüchlichen

Ergebnissen gelangte Schmitt (1957, 1963), der in seiner Studie über Honolulu einen direkten Effekt der Dichte (E/ha) auf die Rate der Geschlechtskrankheiten, die Rate der Jugendkriminalität u. a. feststellte; in seiner Studie über Hongkong hingegen einen solchen Zusammenhang nicht fand. Dies, obgleich in einigen Teilgebieten von Hongkong die Dichte mit 2000 E/acre wesentlich über den dichtbesiedeltesten Gebieten der USA liegt.

In zahlreichen Studien wurde hingegen eine hohe positive Korrelation oder ein direkter Effekt der Dichte auf Formen pathologischen Verhaltens festgestellt, wenn man als Dichtevariable „Personen/Räume" (= interne Dichte) verwendete (Galle et al. 1972, Loring 1956, vgl. die bei Schorr 1970 und bei Strotzka 1968 berichteten Ergebnisse). Dieser Zusammenhang wird dahingehend spezifiziert, daß mit sinkender Fläche pro Person in der Wohnung u. a. a) die Ansteckungsgefahr steige, b) die Jugendlichen häufiger außerhalb der Wohnung sich aufhalten, daher sowohl die elterliche Kontrolle niedrig wie auch der Einfluß der peer group hoch sei, c) eine Überlastung durch Umweltreize und Störungen bestünde, der sich eine Person nicht entziehen (räumlich) könne („Dichtestreß"), hierunter litten insbesondere Kinder (vgl. Schorr 1970, S. 322).

Vierte Folgerung: Die vorliegenden Ergebnisse stützen eher das Modell (b) als das Modell (a).

Im Gegensatz zu den letztgenannten Ergebnissen stehen die Resultate von Freedman (1975). In seiner Studie über New York fand er keinen Zusammenhang zwischen der Rate der Jugendkriminalität einerseits und der externen wie der internen Dichte andererseits. Die Jugendkriminalität war sogar in Teilgebieten hoher Dichte und niedrigen Einkommen der Bewohner niedriger als in Teilgebieten mit niedriger Dichte und niedrigen Einkommens. Aufgrund dieser Ergebnisse und weiterer experimenteller Studien gelangt Freedman zu der Hypothese, Dichte sei eine intervenierende Variable.

H 1 (Freedman): Dichte intensiviert die typische soziale Reaktion einer Person. (Die Dichte wirkt demnach ähnlich wie Lärm: sie intensiviert die ohnehin aufgrund einer anderen Variable auftretende Reaktion.)

Folgt man dieser Hypothese, so ist noch offen, ob der vermutete intensivierende Effekt der Dichte linear ist. Zudem bleibt zu bedenken, daß in den Studien über New York nur ein Indikator des pV verwendet wurde, nämlich Jugendkriminalität. Nun gelangt ein Teil der anderen zitierten Studien zu dem Ergebnis, zwar nicht die externe, wohl aber die interne Dichte habe Effekte auf Formen des pV. Die entsprechenden Dichtevariablen sind: Personen/Raum und Fläche/Person. Die gegenüber Freedman konkurrierende Hypothese könnte demnach lauten:

H 2 (Friedrichs): Je geringer der ständig verfügbare persönliche Raum einer Person, desto eher wird diese Person einer Form pV's zeigen.

Diese Formulierung stimmt mit den an anderer Stelle ausgeführten Überlegungen überein (Friedrichs 1977, S. 86 f.), daß die Messung der Dichte als gleichzeitige Messung zweier Variablen interpretiert werden kann: der räumlichen Distanz zwischen Personen und des persönlichen Raumes (personal space) der Personen. Beide Variablen können weitgehend unabhängig voneinander variieren. Sie variieren außerdem situativ (vgl. Ankerl 1974, S. 576 f.); wobei wir an jenen Situationen interessiert sind, in denen für eine Person relativ dauerhaft eine bestimmte Dichte besteht, z. B. in einem Wohngebiet oder in einer Wohnung. Schließlich besteht allem vorliegenden Material nach eine kulturelle Variation (und Adaptation) an die Dichte. Dies gilt auch für die kulturelle Variation der räumlichen Distanz zwischen Personen und des personal space (vgl. die Ergebnisse von Watson 1970).

Beide Hypothesen sind auf der Individualebene formuliert. Sie lassen sich demnach nur mit Zusatzannahmen auf der Aggregatebene — z. B. städtisches Teilgebiet — testen. Da jedoch die meisten Studien Sekundäranalyse aggregierter statistischer Daten enthalten, können sie zur Prüfung der Hypothesen nicht herangezogen werden. Eine Ausnahme bilden u. a. die Studien von Mitchell und von Loring; ihnen zufolge können aber beide Hypothesen aufrechterhalten werden.

Fünfte Folgerung: Neben der kulturellen Variation der Dichte müssen die Forschungen sich differenzierter auch auf die situative Variation der Dichte richten und spezifizieren, welche Situationen hoher oder niedriger Dichte zu welchen Formen pV's führen.

Sechste Folgerung: Es erscheint sinnvoll und erforderlich, nicht die Dichte allein zu messen, sondern auch davon getrennt deren beiden Komponenten: die räumliche Distanz und der personal space, beides ebenfalls in situativer Variation.

Die beiden zuletzt genannten Folgerungen dürften geeignet sein, die bislang widersprüchlichen Forschungsergebnisse durch differenziertere Untersuchungen zu klären.

Schrifttum

ANKERL, G., 1974: Spezifische Faktoren in stadtsoziologischen Analysen. Köln. Z. Soz. u. Sozialpsych. 26, 568—587.

BESOZZI, C., und ZEHNPFENNIG, H., 1976: Methodologische Probleme der Index-Bildung. In: J. van KOOLWIJK und H. WIEKEN-MAYSER (Hgb.): Techniken der empirischen Sozialforschung. Bd. 5. München.

DUNCAN, O. J., 1975: Die Pfadanalyse: soziologische Beispiele. In: H. J. HUMMELL und R. ZIEGLER (Hgb.), Korrelation und Kausalität. Bd. 2. Stuttgart.

FREEDMAN, J. L., 1975: Crowding and Behavior. San Francisco.

FRIEDRICHS, J., 1977: Stadtanalyse. Reinbek.

GALLE, O. R., GOVE, W. R., und McPHERSON, J. M., 1972: Population Density and Pathology: What are the Relations for Man? Science 176, 23—30.

GILLIS, A. R., 1974: Population Density and Social Pathology: The Case of Building Type, Social Allowance and Juvenile Delinquency. Social Forces 53, 306—314.
HAMM, B., 1977: Die Organisation der städtischen Umwelt. Frauenfeld-Stuttgart.
LORING, W. C., 1956: Housing Characteristics and Social Disorganizations. Social Problems 3, 160—168.
MITCHELL, R. E., 1971: Some Social Implications of High Density Housing. Am. Soc. Rev. 36, 18—29.
SCHORR, A. L., 1970: Housing and Its Effects. In: H. M. PROSHANSKY, W. H. ITTELSON und L. G. RIVLIN (eds.): Environmental Psychology. New York.
STROTZKA, H., 1968: Einführung in die Sozialpsychiatrie. Reinbek.

V. Umweltwissenschaften und Stadt- bzw. Regionalplanung Ecological Sciences and their Role in Town and Regional Planning

Rolf Zundel

Innerstädtische und stadtnahe Erholungsgebiete Urban and Outskirts Recreation Areas

Summary

Urban and near-urban recreation areas may serve in a different way and intensity outdoor recreation, depending on their general or specific character, i. e. fields, pastures, vineyards, forests or water. Resulting from their typical multifunctional character most areas cover simultaneously urban hygienic and conservation purposes in the broadest sense in addition they often guarantee the supply of resources. Inaccessible green spaces in private ownership, f. e. trees in front and back gardens, may also at least indirectly add to the potential of recreation areas for the well being of the urban population. Woodlands close to or even stretching into settlements are of particular importance to secure natural resources including recreation.
Problems of insufficient protection of recreation areas which are easily accessible are discussed in detail; often they are quickly sacrificed for other means of future necessities because of difficulties in evaluating their recreation potential and the still insufficient resistance of the public. Finally proposals are made for improving the accessibility, management and use of recreation areas aimed at an optimal harmony of the functions in order to establish a balance between ecological, economical and social interests.

Zur Situation und Funktion städtischer Erholungsgebiete

Inner- und randstädtische Erholungsgebiete sind ähnlich wie die sog. Grünflächen schwer abgrenzbar und werden deshalb in der Literatur verschieden definiert. Im Zusammenhang mit dem Generalthema „Stadtökologie" ist es wohl erlaubt, die Begriffe Grünflächen und Erholungsflächen gleichzusetzen und beide so umfassend zu interpretieren, daß hierzu neben den allgemeinen öffentlichen Grünanlagen und den Grünflächen mit besonderen Zweckbestimmungen (Spiel- und Sportanlagen, Friedhöfen, Kleingärten, Industrieeingrünungen usw.) auch die im Stadtbereich liegenden Gewässer sowie die land- und forstwirtschaftlich genutzten Flächen gezählt werden. Freilich dienen nicht alle Grünflächen der Erholung der Allgemeinheit, und umgekehrt gibt es Freiflächen, die der Erholung und der Freizeit im weiteren Sinne zur Verfügung stehen, ohne daß sie begrünt sein müssen (z. B. manche Fußgängerzonen, gepflasterte oder geteerte Plätze). Charakteristisch für die Erholungsgebiete ist jedenfalls ihr umfangreicher Vegetationsbestand, der sich nicht nur auf die Erholungssuchenden selbst, sondern — ausreichende Nähe zu den Wohn- und Arbeitsplätzen vorausgesetzt — durch seine bioklimatischen und hygienischen Wohlfahrtswirkungen auf die ganze übrige Stadtbevölkerung einschließlich etwaigen Touristen positiv bemerkbar macht. Umgekehrt tragen — ohne Rücksicht auf ihre Begehbarkeit — alle Grünbestände einer Stadt, so z. B. auch Bäume in privaten Hausgärten oder Industrieeingrünungen, zum Wohlbefinden der Gesamtbevölkerung und somit zur echten Erholung im medizinischen Sinne bei, indem sie die Stadt gliedern, Häßliches verdecken, den Erlebnis- und Vielfältigkeitswert im Jahresablauf erhöhen, die Luftreinheit und das denaturierte Stadtklima verbessern usw. Welche Bedeutung privates Grün haben kann, zeigt Bernatzky am Beispiel Frankfurts, wo 25 000 Straßenbäumen rd. 35 000 Bäume in privaten Gärten gegenüberstehen. Diese Bäume zusammen bedecken bei einem durchschnittlichen Kronendurchmesser von 14 Metern eine Standfläche von 900 ha, was einem Drittel des Frankfurter Stadtwaldes entspricht! Gemeinsam ist allen Grünflächen einer Stadt eine mehr oder weniger ausgeprägte *Polyfunktionalität,* wobei die Erholungsfunktion unterschiedliche Priorität hat und teilweise nur indirekt oder abgeschwächt zur Geltung kommen kann. Die im städtischen Bereich liegenden Waldflächen haben sowohl hinsichtlich ihrer allgemeinen Mehrzweckleistung (z. B. für Wasserhaushalt, Klima, Pflanzen- und Tiervielfalt) als auch für die Erholung der Bevölkerung einen besonders hohen Stellenwert, weshalb hierauf etwas näher einzugehen ist.

Die Beliebtheit der Wälder für die Erholung ist auf verschiedene *Ursachen* zurückzuführen, wobei ihre bioklimatischen und gesundheitlichen Wirkungen heute besonders im Vordergrund stehen. Wald schützt durch sein typisches Innenklima — mit jahreszeitlich unterschiedlicher Bedeutung — die Erholungssuchenden vor ungünstigen Witterungseinflüssen wie Wind, Kälte, Hitze oder zu starker Strahlung. Größere Waldgebiete sind von sich aus meist frei von Schmutz- und Lärmquellen, von außen kommende Schmutz- und Lärmbelästigungen werden außerdem durch die hohen Baumgerüste in gewissem Umfang ausgefiltert. So ist es gut zu verstehen, daß befragte Waldbesucher als Hauptgrund ihres Spazierganges fast durchweg „Stille und frische Luft" nannten. In den Wäldern finden sie den ersehnten Kontrast zur lärmbelasteten und luftverpesteten „unwirtlichen" städtischen Umwelt. Folgerichtig wird auch von über 90 % aller Waldbesucher verlangt, daß die Waldsträßchen für den allgemeinen Kraftfahrzeugverkehr gesperrt bleiben. Als weitere Motivation wird die verhältnismäßig freie Bewegungsmöglichkeit angegeben, die sogar meistens das Abweichen von den Wegen erlaubt, auch wenn davon nur selten — z. B. zum Pilze- und Beerensammeln oder zum Spielen — Gebrauch gemacht wird.

Für andere Waldbesucher ist der Wald wichtig als undefinierbares Naturerlebnis: Es ist die Summe von Sinneseindrücken, Düften, Farben und Formen, wodurch der regelmäßige Waldspaziergang Geist und Seele erfrischt und — so ein bekannter Hygieniker — „den Inhalt halber Apotheken zu ersetzen vermag". Etwas überraschend war es, daß bei verschiedenen Umfragen (z. B. Kettler 1970) das Motiv der Naturbetrachtung nur von jedem 5. Besucher genannt wurde. Doch ist mit zunehmender Freizeit anzunehmen, daß derjenige Anteil der Erholungssuchenden wachsen wird, der sich — man denke nur an das Thema Bildungsurlaub — intensiver mit den Zusammenhängen in der Natur befassen will. Darauf weist auch der überdurchschnittlich häufig vorgebrachte Wunsch nach mehr Information über die vielfältige Pflanzen- und Tierwelt hin.

Wie stark gerade die stadtnahen Wälder zur Erholung aufgesucht werden und welch hohe *Besucherfrequenz* diese „ertragen", zeigte sich an Untersuchungen in Baden-Württemberg (Kettler 1970, Zundel 1972). Danach werden die Wälder um Stuttgart und Heidelberg je ha fast fünfhundertmal im Jahr aufgesucht, in Mannheim und im Karlsruher Hardtwald waren es über tausend Besuche (Bichlmaier, 1969, fand bei München bis 990 Besuche). Die Einzugsgebiete erstreckten sich auf 10 km (Stuttgart 15 km); aus diesen Quellgebieten kommen zwischen 68 % und 96 % aller Besucher. Die starke Distanzempfindlichkeit der Erholungsnutzung im Wald zeigt sich daran, daß Stadtbesucher, welche 2–5 km zum Wald zurücklegten, zwischen 11 % und 42 % weniger Spaziergänge unternahmen als diejenigen, welche höchstens 2 km entfernt wohnten.

Die Spitzenbelastungen betrugen (bei einer freilich nicht zutreffenden gleichmäßigen Verteilung) je 100 ha Wald in Heidelberg 430 Personen, im Karlsruher Hardtwald 460, in Stuttgart 900 und in Mannheim 1090 Personen am Tag. Zum Vergleich: Im Forstenrieder Park südlich von München wurden im Sommer je Wochenendtag durchschnittlich 560 Menschen/100 ha gezählt, im Stadtwald Frankfurt waren es das Vielfache! Eine Umfrage in Frankfurt „Was haben Sie an Ihrer Stadt besonders gern?" ergab übrigens an 1. Stelle die Antwort „Unsere Grünanlagen und Wälder". Umfragen in Hamburg und München zeigten, daß 60 % aller Ausflüge in die stadtnahen Wälder gehen. An dieser Stelle taucht freilich die Frage auf, wie „weit" für die Stadtökologie und für die sog. Naherholung die randstädtischen Wälder und sonstigen Grünflächen vom Stadtkern oder Stadtrand aus hinausreichen dürfen, wenn man diese guten Gewissens noch zu den *Kurzzeit-* oder *Tageserholungsgebieten* zählen will. Hier gibt es besondere Abgrenzungsschwierigkeiten in polyzentrischen Verdichtungsräumen wie im Ruhrgebiet, zunehmend auch im Rhein-Main- und Rhein-Neckar-Gebiet, wo die Regionalen Grünzüge in den weiträumigen Stadtlandschaften je nach Betrachtungsweise als inner- oder randstädtisch zu bezeichnen wären und deshalb auch die meisten land- und forstwirtschaftlich genutzten Flächen Erholungsfunktionen im Sinne unseres Themas haben.

Trotz fließender Übergänge zu reinen Wochenenderholungsgebieten sollte man die Tatsache festhalten, daß Erholungsgebiete um so wertvoller sind, je leichter sie erreichbar sind, zumal sie durch ihre Siedlungsnähe auch die o. g. umweltverbessernden Rückwirkungen auf den gesamten Stadtraum haben. So haben auch Zeitbudgetuntersuchungen, z. B. von Scheuch oder von Czinki, gezeigt, daß zwei Drittel der Freizeit in der Wohnung oder im wohnungsnahen Bereich verbracht werden. Für Mütter mit Kindern und ältere Menschen ist es wichtig, daß sie Erholungsmöglichkeiten zu Fuß, per Fahrrad oder allenfalls mit öffentlichen Verkehrsmitteln in maximal 30 Minuten erreichen. Sollten stadtnahe Wälder und andere Erholungsflächen von den genannten Personen möglichst täglich aufgesucht, oder aber auch von Arbeitstätigen am Feierabend noch genutzt werden können, so dürfen sie nach unseren Beobachtungen nicht weiter als 5 km, bei größerem Siedlungsdruck (und unter Verwendung des PKWs) auch bis zu 10 km, vom Stadtrand entfernt sein. Aus diesen Überlegungen über die Begriffe „inner- und randstädtische Grün- und Erholungsflächen" ergibt sich, daß diesbezügliche Zahlenangaben stets sehr kritisch geprüft werden müssen. Nur eine detaillierte Aufgliederung der einzelnen Grünflächen und Erholungsmöglichkeiten nach Art und stadträumlicher Verteilung (sektoral oder nach Rastern bzw. Planquadraten) erlaubt eine sachliche Wertung der Leistung und nötigen Erweiterung des städtischen Erholungsgrüns. Wegen weiteren Details zu dieser Problematik wird auf Band 101 der Forschungs- und Sitzungsberichte der Akademie für Raumforschung und Landesplanung (Hannover) verwiesen, der unter dem Titel „Städtisches Grün in Geschichte und Gegenwart" in 14 Referaten vor allem historische, sozialgeographische und naturwissenschaftliche Aspekte unseres Themas bringt.

Obwohl nach obigen Ausführungen *Grünziffern* für ganze Gemarkungsflächen nur bedingt aussagefähig sind und die oft vorhandene Unterversorgung in den Stadtkernen durch viel eingemeindetes Grün in peripheren, teilweise schon nicht mehr der Kurzzeiterholung dienenden Gebieten verwischt sein kann, soll zum Abschluß dieses Kapitels — in Ermangelung besserer Zahlen — wenigstens eine globale Information zur städtischen Grünversorgung gegeben werden. So kann dem Statistischen Jahrbuch Deutscher Gemeinden 1971 (also vor der noch größeren Einheiten schaffenden Gemeindereform) entnommen werden, daß die Gemarkungsflächen in Städten von mehr als 10 000 Einwohnern zu 3,0 % aus Grünanlagen i. e. S. bestanden (darunter 1/4 Spiel- und Sportflächen), 3,1 % waren Wasserflächen, 41,5 % landwirtschaftlich oder gärtnerisch genutzte Flächen und 19,1 % Wälder (außerdem 20,5 % bebaut, 9,1 % Straßen und Plätze und 3,7 % sonstige Flächen). Betrachtet man von den 332 Städten nur die 58 Großstädte, so haben sie mit 4,6 % mehr Grünanlagen und mit 34,7 % LF und 13,3 % FN weniger land- und forstwirtschaftlich genutzte Flächen als der Gesamtdurchschnitt. Die Waldfläche nimmt in den 7 Größenklassen von 8 % bei den Millionenstädten auf 25,3 % bei den Städten von 10 000–20 000 EW systematisch zu. Das Bewaldungsprozent liegt aber überall unter dem Bundesdurchschnitt von 29 %. Während das Wald-Feld-Verhältnis in allen Städten zusammen 1:2,2 beträgt, hat es sich in den Großstädten auf 1:2,7 verschlechtert. Im Gemeindeeigentum befinden sich übrigens 24 % aller Flächen, wobei die Wälder mit 33 % den größten Anteil stellen. Trotzdem sind danach nur 8 % der Gemarkungsflächen Stadtwälder, während 11 % der Gesamtflächen Staats- oder Privatwald (auch etwas sonstiger Körperschaftswald) sind.

Die Sicherung des städtischen Erholungsgrüns

In seinem Beitrag zum o. g. Sammelband „Städtisches Grün" stellte Lendholt heraus, daß Freiräume aller Art eine magische Anziehungskraft auf Verkehrs-Trassen ausüben; die stadtgeschichtliche Abfolge Fortifikation — Wallanlage — Innenstadttangente ist, so auch in Göttingen, leider allzu häufig zu beobachten. In meinem dortigen Beitrag über den stadtnahen Wald mußte ich beklagen, daß viele Planer in ihm ein ideales Reservegelände nicht nur für Verkehrszwecke, sondern ebenso für Wohnungsbau und Industrieansiedlung sehen; wenn er nicht gar schon im städtischen Besitz ist, so muß man wenigstens mit weniger Grundeigentümern verhandeln und kann mit niedrigeren Bodenpreisen rechnen, da diese sich ja nur aus der Holzproduktion ableiten. An die Folgekosten oder an mangelnde Erholungsmöglichkeiten in auch für Pensionäre, Mütter und Kinder leicht erreichbarer Nähe wird meist nicht gedacht. Wenn allzu naturferne Planer immer wieder vorschlagen, notfalls eben Wald oder Grünanlagen zu opfern und unsere Lebensgrundlagen durch *technischen Ersatz* zu sichern, so ist es oft langfristig fraglich, ob man gesamtwirtschaftlich billiger wegkommt; jedenfalls aber werden unser Leben und unsere Gesundheit durch diese Technisierung immer risikoreicher! Skepsis ist nach meinen langjährigen Erfahrungen in der Kreisnaturschutzstelle einer Großstadt auch dann angebracht, wenn im Höhenflug der Planer eine noch bessere *Umverteilung* der Wälder und Grünanlagen vorgeschlagen wird; indem man irgendeine Waldfläche für wichtige öffentliche Zwecke opfern will — schnell, versteht sich —, um dann — gelegentlich, freilich — an geeigneten Standorten neu aufzuforsten. Eine solche Aufforstungsfläche wird dann aber — ach, wie bedauerlich — in Verdichtungsgebieten kaum gefunden und selbst wenn die Neuaufforstung Zum um Zug realisiert würde, bräuchte dieser Ersatzwald bekanntlich viele Jahrzehnte bis zur vollen landespflegerischen Wirkung. Ähnliches gilt für den häufigen Trost, notwendige Baumopfer würden dadurch weit ausgeglichen, daß man für *einen* gefällten Baum sogar zwei oder drei neue „Hochstämme" pflanze. Weitere Sorgen hinsichtlich der Erhaltung von Erholungsgebieten betreffen die oft geübte „Salamitaktik", indem zunächst nur ein wenig Grün geopfert werden soll, aus sog. „Sachzwängen" heraus später aber Erweiterungen der grünfressenden Investitionen durchgesetzt werden. Leider wird auch immer wieder mit falschen Zahlen jongliert: So rühmte man sich im Flächennutzungsplan einer Großstadt, daß sich im

Planungszeitraum die Grünfläche von jetzt 17 qm je EW mehr als verdoppele. Eine nähere Betrachtung der Karten zeigt indessen, daß kein einziger qm echt neu geschaffen wurde; vielmehr handelt es sich um statistische Transvestitionen, indem z. B. Waldflächen zu einem Park, Wiesenflächen zu Sportplätzen und Ackerflächen zu Kleingärten verplant wurden: Flächen, die vorher als LF oder FN gekennzeichnet waren und als solche eine teilweise sogar höhere allgemeine Erholungsnutzung gewährleisteten, zählen also nach allgemeiner Planersitte durch diesen Schubkarrentrick künftig als „grün", wobei der Zuwachs zudem hauptsächlich in Außenbereichen zustande käme! Einige Fortschritte zur Sicherung der Erholungsgebiete sind sicherlich mit der Verabschiedung des Bundeswaldgesetzes vom 2. 5. 1975 und des Bundesnaturschutzgesetzes vom 20. 12. 1976 erzielt worden, auch die Novellierung des Flurbereinigungsgesetzes und des Bundesbaugesetzes zählen hierher. Eine weit bessere Ausgangslage hätten wir aber auch heute schon ohne diese und andere Gesetzeserneuerungen, wenn man von seiten der städtischen, aber auch staatlichen, Verwaltungen die *vorhandenen* Gesetze besser eingehalten hätte. Manche Industrieeingrünung stünde dann nicht nur auf dem Papier, was auch der vielzitierten Humanisierung des Arbeitsplatzes förderlich gewesen wäre; statt Mondlandschaften in stadtnahen Kiesausbeuteflächen hätten wir ansprechende Badeseen, und die natürlich vorgegebenen Erholungsflächen in Talauen wären nicht zu toten Vorflutern degradiert worden. Typisch für die bisherige „Prioritätslosigkeit" des Naturschutzes und der Erholungsvorsorge ist auch das Verhalten mancher städtischer Naturschutzbehörden — die übrigens oft gleichzeitig Bauinstanz sind und bei den dauernden In-Sich-Geschäften regelmäßig den Naturschutz auf der Strecke lassen —, wonach sie Vorschläge zur Unterschutzstellung wertvoller Bäume dann niemals akzeptieren wollen, wenn in dieser Gegend noch irgend etwas, z. B. eine Straße, geplant werden könnte, statt umgekehrt zuerst einmal das langlebige Objekt Baum zu schützen und später ggf. nach technischen Alternativlösungen zwecks dessen Erhaltung zu suchen.

Seit der frühen Erkenntnis, daß die Sicherung von Erholungs- und sonstigem Grün integrierender Bestandteil einer fortschrittlichen Stadtplanung sein müssen, sind viele Jahrzehnte mit vielen diesbezüglichen Versäumnissen vergangen. Bekannte Anfänge sind mit der Bildung des Großraums Berlin und des Siedlungsverbandes Ruhrkohlenbezirk um 1920 entstanden, international aufrüttelnd war die Charta von Athen 1933. 1943 hat die Deutsche Akademie für Städtebau Richtlinien aufgestellt, wonach je EW 75 qm Grün (davon mindestens 50 qm ohne Wälder) vorgesehen werden sollen. 30 Jahre später — nämlich nach den Umweltschutzaktivitäten des Europarats und der Vereinten Nationen — hat auch die Bundesregierung im Raumordnungsbericht 1972 verlangt, daß dem Schutz und der Entwicklung innerstädtischer und stadtnaher Erholungsflächen mehr Aufmerksamkeit zu schenken ist. Ähnlich hat der Deutsche Rat für Stadtentwicklung am 29. 6. 1973 in Empfehlungen für den Städtebau eine stärkere Sicherung der natürlichen Lebensgrundlagen als Basis der Planung gefordert. In dieselbe Richtung zielen die jüngsten Empfehlungen des Beirats für Raumordnung beim Bundesministerium des Innern hinsichtlich der „Sicherung der natürlichen Lebensgrundlagen" vom 16. 6. 1976, die u. a. gesetzliche Verbesserungsvorschläge (bis hin zum Grundgesetz) enthalten, sowie einen Ausbau der Öffentlichkeitsarbeit und der Bürgerbeteiligung für die langfristig orientierte Sicherung der Lebensgrundlagen verlangen und die Erforschung und Aufstellung eines Indikatorenkatalogs (z. B. Mindestausstattung mit Tageserholungsflächen von 100 qm/EW bei besonderer Beachtung stadtnaher Wälder) für unausweichlich halten.

Mit diesen Ausführungen ist der Problemkreis städtische Erholungsgebiete freilich nicht umfassend erörtert, so fehlen Aussagen zur Quantifizierung verschiedener Erholungsmöglichkeiten oder Richtzahlen hinsichtlich der Mindestversorgung mit spezifischen Erholungsflächen. Ganz verzichtet werden muß aus Zeitgründen auf die interessanten Fragen der Gestaltung, Pflege und Ausstattung mit verschiedenen Erholungseinrichtungen für Spiel und Sport, Wandern und Spazierengehen, Information und Bildung, Kommunikation und Unterhaltung usw. Es sollen deshalb abschließend nur einige wenige mir wichtig erscheinende Grundsätze genannt werden:

1. Zur Befriedigung der verschiedenen Erholungsgewohnheiten der einzelnen Bürger und gesellschaftlichen Gruppierungen ist ein vielfältiges Angebot vom Freizeitpark (— ähnlich den englischen honey pots in den country parks —) bis zur meditativen Walderholung erforderlich. Auch innerhalb des Waldes ist eine breite Palette — mit einzelnen Erholungsschwerpunkten für Spiel, Sport und Picknick — erwünscht.
2. Wälder und Grünanlagen müssen durch planerische und technische Maßnahmen von städtischen Immissionen weitgehend freigehalten werden, da ihre luftreinigende und lärmdämpfende Wirkungsmöglichkeit begrenzt ist und die Vegetation selbst gefährdet wird. Besondere Vorsicht ist bei der Anwendung von Streusalz an den Straßen geboten.
3. Landwirtschaftliche Nutzflächen im Stadtbereich sind durch geeignete Maßnahmen der Erschließung und Bepflanzung als ergänzende Naherholungsmöglichkeit zu mobilisieren. Einige gute Beispiele lieferte die Flurbereinigung in stadtnahen Weinbergen (z. B. Würzburg, Heilbronn). Umgekehrt gibt es in Wald und Feld einige Naturreservate, die nicht für die Erholung erschlossen werden dürfen.
4. Die Nutzbarmachung stehender und fließender Gewässer als Erholungsgebiet für die städtische Bevölkerung läßt nicht nur hinsichtlich der Gewässergüte, sondern auch bezüglich der Böschungsgestaltung und Gehölzanpflanzung bzw. -pflege sehr zu wünschen übrig. Neuerdings bestehende Ländererlasse bezüglich Landespflege und Gewässerausbau müssen insbesondere in den städtischen Gebieten mehr beachtet werden.
5. Die meisten städtischen Erholungsgebiete haben gleichzeitig umfassende Umweltschutzaufgaben und wichtige Ausgleichsfunktionen zu erfüllen, daneben auch ökonomische Funktionen für die Produktion von nötigen

Rohstoffen. Durch sinnvolle Planung, Nutzung und Gestaltung, aber auch durch ein entsprechendes Verhalten der Erholungssuchenden, muß ein Ausgleich von ökologischen, sozialen und ökonomischen Interessen angestrebt werden, um im Interesse der Gesellschaft eine optimale Funktionsharmonie zu erreichen.

Schrifttum

BERNATZKY, A.: Ohne Grün sterben die Städte. Baumzeitung, H. 3, 1971.

BICHLMAIER, F.: Die Erholungsfunktion des Waldes in der Raumordnung, dargestellt am Beispiel eines Naherholungsgebietes. Forstwirtschaftliche Forschungen, H. 30, 1969.

CZINKI, L.: Voraussichtlicher Bedarf an Erholungsflächen und ihre Standorte in Nordrhein-Westfalen. Agrar- und Hydrotechnik, Essen, Studienabt., 1971.

KETTLER, D.: Die Erholungsnachfrage in stadtnahen Wäldern. Mitt. d. FVA Baden-Württemberg, H. 27, Freiburg 1970.

SCHEUCH, E. K.: Skalierungsverfahren in der Sozialforschung. In: Handbuch der empirischen Sozialforschung (Hrsg. R. König), 1967.

ZUNDEL, R.: Die Ansprüche der modernen Industriegesellschaft an den Wald im Modellgebiet Rhein-Neckar. Forschungs- und Sitzungsberichte der Akademie für Raumordnung und Landesplanung, Bd. 74, Hannover 1972.

ZUNDEL, R.: Verteilung, Aufgaben und Probleme des stadtnahen Waldes in unserer Zeit. Im Sammelband der Akademie für Raumforschung und Landesplanung: „Städtisches Grün in Geschichte und Gegenwart". Forschungs- und Sitzungsberichte, Bd. 101, Schroedel-Verlag, Hannover 1975.

Katrin Lederer

Umweltqualitätsnormen — Fragen nach ihrem sozialen Bezug*)
Norms of the Quality of Life

Summary

The assumption that there is a need for a social science contribution to the development of environmental standards raises the question as to social and psychological problems related to unsatisfactory environmental conditions and the capacity of individuals to withstand and compensate for stress. A survey of the literature in the field based on the example of studies of the goals and standards for urban open space planning does not prove the existance of the sought for "man-environment-functions"; however, there do seem to be some indications that such functions could be found.

1

Die Auseinandersetzungen der Interessengruppen, zumal in entwickelten Industriegesellschaften mit hohen Einwohnerdichten, um die dort offenkundig knappen Ressourcen der physischen Umwelt — z. B. Boden, Wasser, Luft — und deren gruppenegoistische Nutzung kann nicht nur zu einer einseitigen Benachteiligung wenig artikulationsfähiger und schwach organisierter Gruppen führen, sondern auch zu einer Gefährdung zentraler Existenz- und Überlebensbedingungen der Gesellschaft als ganzer. Um solche Benachteiligungen und Gefahren möglichst zu vermeiden, werden von den an der gesellschaftlichen Planung beteiligten Gruppen und Instanzen Umweltqualitätsnormen gesetzt, die eine Nutzung der Ressourcen regeln sollen.

---

*) Bei dem folgenden Text handelte es sich um die Vorab-Information über eine Literaturstudie mit dem Arbeitstitel „Umweltqualitätsnormen — Ziele und Richtwerte für die städtische Grünplanung", die am Internationalen Institut für Umwelt und Gesellschaft (IIUG) des Wissenschaftszentrums Berlin im Frühjahr 1977 abgeschlossen wurde. Es ging in dieser Arbeit darum, anhand eines exemplarischen Umweltbereichs Hypothesen über einen möglichen sozialwissenschaftlichen Beitrag zur Bestimmung von Umweltqualitätsnormen zu formulieren.

An der Materialaufbereitung haben zwei Studenten des Fachbereichs Landschaftsplanung der Technischen Universität Berlin, Henning Brauer und Hildegard Buechl, mitgewirkt, die damit am IIUG ihr „Praktisches Semester" absolvierten.

Eine ausführlichere Dokumentation der Studie liegt inzwischen vor.

Unter Umweltqualitätsnormen werden hier — in Anlehnung an eine Expertenumfrage Ende 1975[1]) — abgestufte Grenzwerte als für den Menschen zumutbar angesehener Umweltbelastungen verstanden; und zwar solcher Umweltbelastungen, die aus dem intensiven und extensiven Gebrauch von natürlicher bzw. naturnaher und gebauter Umwelt entstehen können. „Bei der Auffassung von Umweltqualitätsnormen als abgestufte Grenzwerte wurde eine Abstufung von sinnvollen, gewollten Grenzbelastungen, über zulässige Grenzbelastungen bis zu Schädigungsgrenzbelastungen vorgeschlagen[2]).“

Schema 1:
Zusammenhänge bei der Bildung von Umweltqualitätsnormen

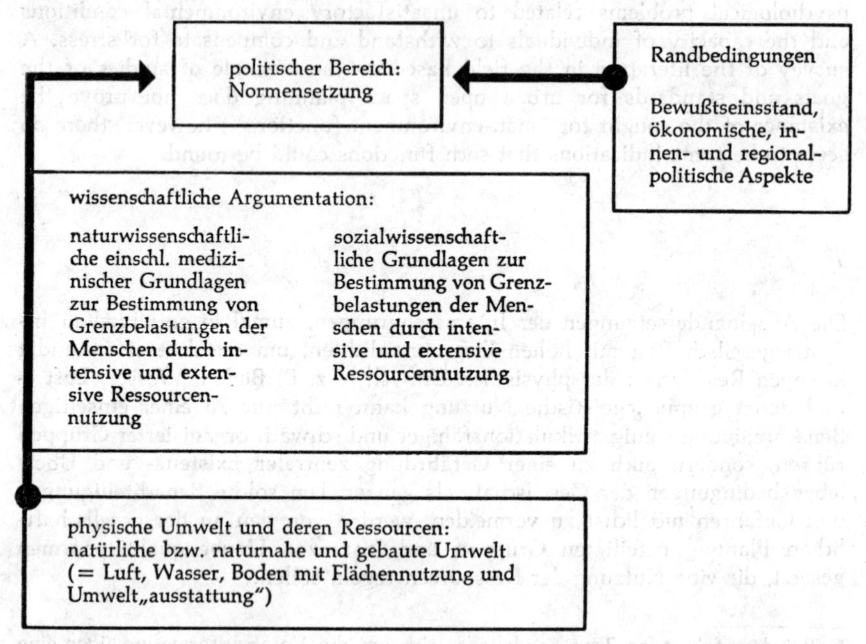

Was als „sinnvolle, gewollte, zulässige oder Schädigungsgrenzbelastungen“ anzusehen sei, hängt von der jeweiligen gesellschaftlichen Situation und dem dieser Situation entsprechenden Bewußtsein in der Bevölkerung und bei den Entscheidungsträgern und dem von ihnen getragenen Zielsystem ab, ist also historisch bestimmt und wird letztlich im politischen Raum entschieden. Der Beitrag der Wissenschaft — als ein ebenso von den gegebenen Bedingungen geprägtes gesellschaftliches Subsystem — kann dabei zweierlei sein: Einmal kann er in dem Versuch bestehen, wissenschaftliche Grundlagen für eine möglichst präzise Bestimmung von Grenzbelastungen zu erarbeiten. Zum anderen kann er eine Beobachtung von Normenbildungsprozessen sein und ggf. Vorschläge für ihre Korrektur zum Inhalt haben. Das Gewicht der Normenbildungsprozesse und die Bedeutung ihres demokratisch legitimierten Ablaufs werden um so stärker, je weniger es möglich erscheint, jeweils zur Debatte stehende Grenzbelastungen wissenschaftlich zu fundieren.

Aus einem solchen Aufgabenverständnis ergibt sich, daß die wissenschaftliche Begleitung von Normensetzungen für die Umweltqualität nicht allein Sache naturwissenschaftlich-medizinischer Forschung sein kann. Ein möglicher Beitrag der Sozialwissenschaften wäre zum einen die gerade erwähnte Untersuchung von Normenbildungsprozessen. Ein anderer aber betrifft die wissenschaftliche, in diesem Fall die soziologische und psychologische, Fundierung zu setzender Grenzbelastungen: Umweltqualität als Teil der Lebensqualität bedeutet mehr als Voraussetzungen zur Erhaltung unserer physischen Gesundheit und unserer biologischen Existenzgrundlagen. Sie muß auch Erlebnis-, Erfahrungs-, Aktions- und Interaktionsmöglichkeiten einschließen, soweit eben Bestandteile und Merkmale der gebauten und natürlichen bzw. naturnahen Umwelt dazu beitragen können.

2

Eine Erörterung von einzuführenden Umweltqualitätsnormen gründet sich auf die Vorstellung, daß in bestimmter und bestimmbarer Weise gesellschaftliche Probleme beispielsweise durch defiziente Umweltbedingungen verursacht werden. Umgekehrt, und genauer, kann man sich gesellschaftliche Probleme in Abhängigkeit von defizienten Umweltbedingungen einerseits und Möglichkeiten bzw. Fähigkeiten der Menschen, defiziente Umweltbedingungen zu ertragen oder zu kompensieren, andererseits vorstellen. Natürlich sind alle in diese Funktion eingehenden Größen — genau wie die entsprechend zu setzen-

Schema 2:
Eine Mensch-Umwelt-Funktion zur Ableitung von Umweltqualitätsnormen

Es fließen ein:	
1. defiziente Umweltbedingungen	2. Möglichkeiten und Fähigkeiten der Menschen, defiziente Umweltbedingungen zu ertragen oder zu kompensieren
Es resultieren:	
3. gesellschaftliche Probleme	

den Umweltqualitätsnormen — im Zeitablauf veränderlich (vgl. Abschnitt 1). Ein Beispiel: „Je weniger Grün in das Gemäuer der Städte eindringt" — so die Annahme des Schweizers F. Lodewig — „desto roher ist das Volk und desto verwahrloster sind die Kinder[3])."

Lediglich aus Gründen der gleichrangigen „Beweisführung" im Normenbildungsprozeß wird für die Erarbeitung sozialwissenschaftlicher Grundlagen zur Ableitung von Umweltqualitätsnormen diese negative und keine positive Lesart der Mensch-Umwelt-Funktion verwendet, denn: Auch die medizinisch-naturwissenschaftliche Forschung argumentiert in dem vorliegenden Zusammenhang mit Gefahren, nicht mit Nutzen für die Gesundheit.

Als defiziente Umweltbedingungen gelten heute in der Bundesrepublik etwa
- Straßen- oder Fluglärm, der Gehörschäden verursacht und Unterhaltungen zwischen Menschen auf das Informations-Minimum beschneidet und das Sich-Mitteilen unterbindet oder erschwert,
- verschmutztes Wasser in Flüssen, Seen und Meeren, das Schwimmen, verschmutzte Luft, die im Extremfall das Verlassen der Häuser zu einem gesundheitlichen Risiko macht,
- einseitig genutzte, äußerlich monotone Stadtgebiete, die das Erfahrungs- und Verhaltensrepertoire der Menschen einschränken, etc.

Aus dieser kurzen Aufstellung deutet sich — analog den beiden erwähnten Dimensionen der Umweltqualität — schon an, daß die gesellschaftlichen Probleme, die sich aus defizienten Umweltbedingungen ergeben können, sowohl gesundheitlichen als auch psychischen und sozialen Ursprungs sind, letztlich noch — via Verminderung der menschlichen Leistungskraft — volkswirtschaftliche Probleme. Wohlgemerkt, sie können sich ergeben: Ob sie auftreten, hängt von der Belastbarkeit und Kompensationsfähigkeit der betroffenen Menschen ab (Variable Nr. 2 in Schema 2); und das ist, ein allgemein einheitliches Verständnis von der Charakteristika defizienter Umweltbedingungen und gesellschaftlicher Probleme vorausgesetzt, meist die Unbekannte dieser Gleichung[4]). Außerdem gibt es natürlich noch andere Ursachen für die Entstehung gesellschaftlicher Probleme.

Das Bild von einer Funktion für gesellschaftliche Probleme in Abhängigkeit von defizienten Umweltbedingungen und der Belastbarkeit bzw. Kompensationsfähigkeit der Menschen kann nur in weitläufiger Anlehnung an seine mathematische oder ökonomisch-theoretische Herkunft übernommen werden: Soziale Sachverhalte sind in ihrem Beziehungsgeflecht diffus und nicht in jedem Fall quantifizierbar. Gerade sie, einfache Ursache-Wirkungs-Verknüpfungen und die Quantifizierbarkeit, wären aber ideale Voraussetzungen für eine Ableitung der oben erwähnten unterschiedlich kritischen Grenzbelastungen für die Menschen durch Umweltdefizite bzw. für eine gleichermaßen präzise und wissenschaftlich gesicherte Bestimmung von Umweltqualitätsnormen unterschiedlicher Dringlichkeitsgrade.

Die naturwissenschaftlich-medizinische Forschung kann wenigstens schon einige Ergebnisse dieser Art vorweisen — wenn dabei auch vielleicht (noch?) nicht so eindeutig beweisbar Diagnosen stellen, wie gemeinhin angenommen wird[5]). Der Nachholbedarf der Sozialwissenschaften in Sachen Umweltqualitätsnormen ist dagegen offensichtlich. Deswegen konzentriert sich die Studie, von der im weiteren berichtet wird, auf die Frage, welche psychischen und sozialen Probleme durch defiziente Umweltbedingungen verursacht bzw. ob und wie sozialwissenschaftliche Grundlagen zur Bestimmung von Umwelt-Grenzbelastungen erarbeitet werden könnten.

Eine solche Isolierung sozialwissenschaftlicher Aspekte aus dem Gesamtzusammenhang (vgl. Schema 1), die faktisch durch die Aufgabenteilung unter verschiedenen Fachgebieten vorgegeben wird, ist nicht unproblematisch. Der Tendenz nach führt sie dazu, daß die wechselseitigen Abhängigkeiten von Wirkungsketten beiderlei Ursprungs vernachlässigt werden. Allein die vergleichsweise größeren Wissenslücken der Sozialwissenschaften auf diesem Gebiet mögen deren vorübergehende Einzelbehandlung rechtfertigen.

Sollte es gelingen, in der Art solcher hier vorgestellter „Mensch-Umwelt-Funktionen" direkte Zusammenhänge zwischen physischer Umwelt und menschlichem Befinden und Verhalten aufzuzeigen, so könnte der Ertrag zweifach sein:

1. In der Theorie könnte er ein seit längerem bestehendes Patt ablösen helfen. Und zwar haben sich die Umweltplaner seit Anfang der 70er Jahre (d. Jh.) nach der Widerlegung ihres Anspruchs eines „physischen Determinismus" — wonach psychische und soziale Situationen vollends durch Art und Anordnung der technisch-räumlichen Umgebung zu steuern sein sollten — von der Vorstellung getrennt, daß physische Umweltelemente die ausschlaggebenden Größen für individuelles und soziales Wohlergehen seien[6]). Zumindest sollten sie sich von dieser Vorstellung getrennt haben: Einkommenshöhe etwa, Art und Dauer der Ausbildung, Stellung und Belastung im Beruf und andere soziale Sachverhalte gelten heute als die wesentlichen Voraussetzungen für individuelle Entfaltung und Sozialverhalten. Damit wird zwar nicht bestritten, daß Umweltbedingungen vorhandene Verhaltensdispositionen bei ihrer Umsetzung in die Tat fördern oder verhindern — zumindest erschweren — können. Zu welchem Betrag und mit welchen Folgen sie dies aber tun, darin ist die Umweltforschung in den letzten Jahren offenbar nicht nennenswert weitergekommen[7]).

2. Für die politische Praxis könnte es bedeuten, daß anhand konkreter Belege eine Diskussion psychischer und sozialer Anforderungen an die Umweltqualität im Sinne der betroffenen Bevölkerung rationaler geführt werden kann; und zwar um so eher, je eindeutiger die Wechselwirkungen zwischen Gesundheit und sozialen und psychischen Problemlagen zu beweisen sind.

3

Die erwähnten Schwierigkeiten sozialwissenschaftlicher Normenbildung haben es als sinnvoll erscheinen lassen, zunächst Beiträge, die Mensch-Umwelt-Probleme und in dem Zusammenhang Normenbildung zum Gegenstand haben, auf die darin enthaltenen Vorstellungen über funktionale Zusammenhänge zwischen defizienten Umweltbedingungen und psychischen oder sozialen Problemen hin zu untersuchen — also eine Literaturstudie dazu anzufertigen.

Als Untersuchungsbereich wurde die städtische Grünplanung ausgewählt, und zwar im wesentlichen aus drei Gründen: Erstens liegen für diesen Bereich etliche Richtwerte — interpretierbar als Umweltqualitätsnormen — vor. Zweitens spielen in der Grünplanung seit langem soziale Gesichtspunkte eine Rolle[8]). Die beiden genannten Gründe würden allerdings auch auf andere städtebauliche Standards zutreffen. Ausschlaggebend für eine Entscheidung zugunsten der städtischen Grünplanung war im vorliegenden Fall, daß ihre Objekte (z. B. Parks, Spielplätze, Kleingärten) zum Gegenstandsbereich des die Studie tragenden Instituts gehören: Es handelt sich dabei um Elemente der physischen Umwelt, aber nicht unbedingt um solche, die der gebauten Umwelt zuzurechnen wären.

Bezüglich der hier in Betracht kommenden Literatur zur städtischen Grünplanung ist es notwendig, die „negativen" Variablen 1 und 3 der Mensch-Umwelt-Funktion (vgl. Schema 2) „positiv" zu formulieren. In dieser Weise ständen

1. den defizienten Umweltbedingungen	Richtwerte für die städtische Grünplanung bzw. deren Objekte
und	
3. den psychischen und sozialen Problemen (als Teil der gesellschaftlichen Probleme)	mit Hilfe der städtischen Grünplanung zu verwirklichende Ziele

gegenüber.

Eine solche „Umpolung" ist deswegen zweckmäßig, weil der Vorschlag von bestimmten Richtwerten (bzw. einer zahlenmäßigen oder verbalen Beschreibung deren einzelner Dimensionen) eine Annahme des jeweiligen Autors darüber implizieren müßte, wie man mit bestimmten Maßnahmen der physischen Planung soziale Umweltqualität erzeugen kann. Das heißt: Der Autor hätte genau in „seiner" Kombination von Zielen und Richtwerten seiner Meinung darüber Ausdruck verliehen, welcherart Erlebnis-, Erfahrungs-, Aktions- oder Interaktionsbedürfnisse bei vorgegebenen Zielen und Unterschreitung seiner Richtwert-Vorschläge nicht befriedigt werden und mithin zu sozialen oder psychischen Problemen führen würden.

Schema 3:
Annahme über den Zusammenhang von Zielen und Richtwerten der städtischen Grünplanung einerseits und „Mensch-Umwelt-Funktionen" andererseits

Eine *bestimmte Kombination*

zwischen Zielen bzw. deren verschiedener Dimensionen	*und Richtwerten* bzw. deren verschiedener Dimensionen

enthält *implizit* eine *Vorstellung* von einer

Funktion für gesellschaftliche (bzw. psychische und soziale) *Probleme in Abhängigkeit von defizienten Umweltbedingungen und der Belastbarkeit/Kompensationsfähigkeit der Menschen*

in die einfließen

1. defiziente Umweltbedingungen
2. Möglichkeiten und Fähigkeiten der Menschen, defiziente Umweltbedingungen zu ertragen oder zu kompensieren

und woraus resultieren

3. gesellschaftliche (psychische und soziale) Probleme

Wiederholung von Schema 2

Dementsprechend sollte mit Hilfe der Literaturstudie geklärt werden,
- welche Zielsetzungen und Richtwerte für die städtische Grünplanung im deutschsprachigen Raum, besonders in der Bundesrepublik, vorgeschlagen werden,
- inwieweit diese Zielsetzungen und Richtwerte Gesichtspunkte der Erlebnis-, Erfahrungs-, Aktions- und Interaktionsqualität der Planungsobjekte einschließen und
- wie ggf. Ziele und Richtwerte aufeinander bezogen sind.

Die in die Untersuchung einzubeziehende Literatur wurde nach Kriterien 1. der kulturräumlichen Vergleichbarkeit (exemplarisch: deutschsprachige Beiträge, z. T. mit Beispielen aus anderen Ländern, meist auch des mitteleuropäischen Raums), 2. der Konzentration auf soziale im Gegensatz zu ökologischen Problemstellungen und 3. der Konkretheit und Ausführlichkeit in Aussagen zu „Mensch-Umwelt-Funktionen" ausgewählt. Sie umfaßt auch einige kommunale Planungsrichtlinien.

Den unterstellten Lücken in der sozialwissenschaftlichen Erforschung von Umweltqualitätsnormen entsprechend waren anhand dieses Materials dahingehende Hypothesen zu überprüfen, daß

a) Gesichtspunkte der Erlebnis-, Erfahrungs-, Aktions- und Interaktionsqualität zwar in den Zielsetzungen für die städtische Grünplanung, aber in nachvollziehbarer Weise kaum noch in zuzuordnenden Richtwerten auftauchen und
b) die vorhandenen Richtwerte in Art und Ausmaß selten oder nicht präzise wissenschaftlich belegt, sondern eher „pragmatisch" zusammengestellt worden sind.

Man sollte sich beim Erwägen solcher Hypothesen darüber im klaren sein, daß es zweifellos nicht in erster Linie das Anliegen der in der Untersuchung analysierten Literatur gewesen sein kann, einen allgemeinen Beitrag über die Funktion von Bestandteilen und Ausprägungen der physischen Umwelt für individuelles Wohlbefinden oder soziales Verhalten zu leisten. Borchard stellt gerade im Gegensatz dazu denn auch fest, „... daß die Voraussetzungen für die meisten Orientierungs- und Richtwerte ... mehr oder minder flexibel sind und sich mitunter so schnell wandeln können, daß sie sich in allgemeinen Bedarfswerten nur höchst unvollkommen und allenfalls als Gegenwartsaufnahme erfassen lassen"[9]). Trotzdem hält er es für möglich, daß es „... eine Anzahl von allgemeinen Grundsätzen geben kann, die teils aus einem gewissen Konsensus über kontinuierlich zu relativierende Wertvorstellungen erwachsen sind und die sich doch zu mehr oder weniger weit gefaßten generellen Anhaltswerten verdichten lassen"[10]).

4

Die von Borchard genannten Bedingungen hätten dann gegeben sein können, wenn in den untersuchten Beiträgen die folgenden vier Gesichtspunkte

1. Ziele für die Grünplanung bzw. für einzelne Objekte der Grünplanung,
2. Richtwerte (quantitativ oder verbal) für einzelne Objekte,
3. Bestimmungsgrößen, die nach Ansicht der Autoren eine Festlegung der Richtwerte nach Maßgabe der Ziele beeinflussen und
4. Methoden, anhand derer die Autoren den „Bedarf der Bevölkerung" nach Maßgabe der Bestimmungsgrößen im Hinblick auf die Ziele ermitteln,

erörtert worden wären.

Das ist aber nicht der Fall: In nur dreien von rund 40 Beiträgen, die nach den erwähnten Kriterien zur Literaturauswahl überhaupt zur Bearbeitung in Betracht kamen, wurden alle Aspekte — Ziele, Richtwerte, Bestimmungsgrößen und Methoden — erörtert[11]). Und auch in diesen Beiträgen wurde ein möglicher innerer Zusammenhang zwischen den entsprechenden Vorschlägen und Aussagen nicht ausdrücklich hergestellt oder gar anhand konkreter Beispiele demonstriert. Damit fällt die Möglichkeit, „Mensch-Umwelt-Funktionen" der beschriebenen Art (in Schemata 2 und 3) anhand der Beiträge einzelner Autoren zu rekonstruieren, praktisch aus.

Lediglich indirekt könnte man auf das Vorhandensein bzw. die Wahrnehmung funktionaler Beziehungen zwischen Elementen und Merkmalen der physischen Umwelt und psychischen oder sozialen Effekten aus den verschiedenen Beiträgen schließen, wenn für abgrenzbare Zeiträume von unterschiedlichen Autoren vergleichbare Zielvorstellungen und Planungsrichtwerte angegeben wären.

Eine diesbezügliche Analyse hat folgendes ergeben: Außer mehr ökologisch oder stadttechnisch orientierten *Zielsetzungen*, die für die Zwecke dieser Untersuchung nicht gesondert ausgezählt wurden, kommen in der berücksichtigten Literatur im wesentlichen folgende Zieldimensionen vor:
1. Erhaltung/Wiederherstellung der Gesundheit
2. Erholung; Erhaltung/Wiederherstellung der Arbeitskraft
3. Erhaltung/Wiederherstellung des physischen und psychischen Wohlbefindens; Ausgleich gegenüber Zivilisationsschäden; ästhetische und milieubildende Wirkungen
4. Identifikation; Integration, Kommunikation, Geborgenheit (aufgrund von angebotenen Verhaltensmöglichkeiten bzw. auch durch Merkmale der physischen Umwelt)
5. Möglichkeiten der Freizeitgestaltung
6. Entwicklung kognitiver und emotionaler menschlicher Fähigkeiten und Eigenschaften, „menschenwürdiger Lebensraum"
7. Förderung von Naturerlebnis und -verbundenheit
8. Nahrungsmittelproduktion (besonders in Not- und Mangelzeiten).

Diese Auflistung allein zeigt schon, daß die städtische Grünplanung durchaus auf psychisch und sozial orientierte Zielsetzungen abhebt: Die Dimensionen 3 bis 7 einschließlich können als Analogien für bereitzustellende Erlebnis-, Erfahrungs-, Aktions- und Interaktionsmöglichkeiten betrachtet werden. Weiterhin gibt es, wenn man von den jeweiligen Zielsetzungen einzelner Autoren zunächst absieht und im Zeitablauf nur die Summen der genannten Dimensionen berücksichtigt, auch Anhaltspunkte für, wie Borchard sie genannt hat, „kontinuierlich zu relativierende Wertvorstellungen": Während der 50er bis 70er Jahre (d. Jh.) kann man eine relative Bedeutungszunahme sozial orientierter Zieldimensionen für die Grünplanung erkennen, also bei den Gruppen 4 und 5 der obigen Klassifikation. Dem steht ein relativer Bedeutungsabfall bei biologisch und psychologisch orientierten Zieldimensionen gegenüber, das entspricht den Gruppen 1 bis 3. Absolut gesehen, halten die zuletzt erwähnten Gruppen allerdings immer noch die Spitze; das ließe sich zwar für den Gesundheitsaspekt aus dem vorliegenden Material nicht belegen, aber wahrscheinlich leicht unter Einbeziehung auch der auf ökologische Fragen spezialisierten Grünplanungsliteratur. Die anthropologisch-philosophischen Zieldimensionen (Gruppen 6 und 7) scheinen sich ziemlich konstant über die Zeit in ihrer Bedeutung zu halten, während die Nahrungsmittelproduktion (als Notwendigkeit, nicht als Freizeitvergnügen!) eher eine aus Krisenzeiten geborene und nur für kurze Zeiträume danach bedeutendere Zielsetzung sein dürfte.

Ein Vergleich schließlich der von verschiedenen Autoren genannten Zieldimensionen unterstreicht einmal deren unterschiedlichen Praxisbezug: Beiträge aus Planungsämtern enthalten vergleichsweise weniger vielschichtige Zielaussagen als andere Beiträge; das gilt aber nur für die generell durch Grünplanung zu verwirklichenden Ziele, nicht für solche, die einzelnen Objekten zugeordnet sind. Die Objekte betreffend ist außerdem festzustellen, daß bei den hinsichtlich Funktion und Nutzergruppen relativ fixierten Grünflächen recht viele Zieldimensionen angeführt werden, z. B. bei Sportplätzen und Kleingärten; für Objekte, die nicht so festgelegt sind, etwa für Parks, gibt es auch nur wenige Zielaussagen (subtilere Interpretationen dessen könnten allerdings leicht zum Zirkelschluß geraten: sehr wahrscheinlich sind erstere bei uns bislang häufiger Untersuchungsgegenstand oder, was der Tendenz nach in dieselbe Richtung geht, stärker im Mittelpunkt des öffentlichen Interesses als letztere gewesen). Im übrigen lassen sich Übereinstimmungen zwischen den von einzelnen Autoren berücksichtigten Zieldimensionen in erwähnenswertem Maße nicht ablesen.

Zur Begutachtung der in dem einbezogenen Material vorgeschlagenen Richtwerte wurden für die Richtwert-Dimensionen

- m² pro Einwohner
- m² pro . . . (z. B. 1000) Einwohner
- Größe
- Lage[12])
  - Entfernung
  - Erreichbarkeit
  - Einzugsbereich
- Standort
- Organisation
- Ausstattung

in den Beiträgen angegebene Richtzahlen bzw. verbale Kriterien zusammengestellt.

Für die Zeitspanne zwischen den 50er und den 70er Jahren (d. Jh.) scheint sich daraus im allgemeinen ein relativer Bedeutungsabfall der planungstechnischen zugunsten der direkter sozial relevanten Richtwert-Dimensionen abzuzeichnen, genau: Der Prozentsatz der angegebenen m²/E-Zahlen (absolut immer noch die häufigste Dimension) ging leicht zurück, der mit organisatorischen und Ausstattungs-Hinweisen nahm leicht zu; die gesamten Lage-Richtwerte sind anteilsmäßig in etwa konstant geblieben, für den Rest sind Tendenzen schwer auszumachen.

Stellt man die mit Angaben versehenen Richtwert-Dimensionen einzelner Autoren einander gegenüber, so ergibt sich — ähnlich wie für die Zieldimensionen: Sowohl die von den verschiedenen Autoren jeweils berücksichtigten Dimensionen als auch Zahlenangaben und verbale Vorschriften innerhalb der Dimensionen weichen voneinander ab; und zwar in so unregelmäßiger Weise, daß die Unterschiede weder durch zeitliche Entwicklungen noch durch nationale Nutzungsgewohnheiten erklärt werden können (vgl. Anhang).

Wenigstens die für den Zeitraum der letzten 20 Jahre sich abzeichnenden Gewichtsverlagerungen zugunsten direkt sozial orientierter Dimensionen – und das ist wichtig: gleichermaßen bei Zielen und Richtwerten – lassen es für möglich erscheinen, daß soziale und psychische Probleme als Funktion von defizienten Umweltbedingungen (und der Belastbarkeit/Kompensationsfähigkeit der Menschen) vorhanden sind bzw. auch wahrgenommen werden. Diese Vermutung müßte noch anhand von Einzelbeispielen für Beziehungen zwischen Zielen und Richtwerten aus dem Material erhärtet und mit Inhalt gefüllt werden. Ein Test hierfür ist schon durchgeführt worden, und zwar allgemein im Hinblick auf Ziel- und Richtwertstrukturen, ohne besondere Berücksichtigung sozialer Komponenten. Dabei hat sich ergeben, daß Zusammenhänge zwischen Zielen und Richtwerten sich nur mühsam und an ganz wenigen Beispielen rekonstruieren lassen.

Bei Spielplätzen für Kleinkinder etwa gibt es unter Autoren, deren Ziele formal vergleichbare Dimensionen aufweisen, auch Ähnlichkeiten in den Angaben zur Entfernung. In drei von vier Beiträgen, die formal vergleichbare Sätze von Richtwert-Dimensionen für Sportplätze enthalten, sind sich auch die Zieldimensionen in etwa ähnlich[13]). Hieraus könnte man schließen, daß „Mensch-Umwelt-Funktionen" von verschiedenen Autoren um so eher übereinstimmend wahrgenommen werden, je eindeutiger Funktion und Nutzergruppen für die jeweiligen Grünanlagen zu bestimmen sind und je unabhängiger diese in ihrer Errichtung von anderen Charakteristika und Angeboten der Umwelt bzw. der Umweltplanung sind.

Da die Zahl der Fälle, auf die man sich zur Erhärtung dieser Annahme beziehen kann, sehr klein ist, läßt sie keine inhaltlichen Aussagen über „Mensch-Umwelt-Funktionen" zu und wird nur als Hypothese über die Existenz, noch nicht über die Art solcher Zusammenhänge in weitere Untersuchungen eingehen können.

Insbesondere ist auch fraglich, ob sich ähnliche Hypothesen speziell für Beziehungen zwischen physischer Umwelt und individuellem Wohlbefinden bzw. sozialem Verhalten aus dem vorliegenden Material entwickeln lassen. Die zwischen den verschiedenen Beiträgen auftretende breite Streuung der Ziel- bei vergleichbaren Richtwert-Dimensionen und umgekehrt spricht nicht gerade dafür. Der Mangel an Transparenz hinsichtlich der etwaigen Zugehörigkeit bestimmter Richtwerte zu bestimmten Zielaussagen oder wenigstens ihrer Dimensionen ist bei der städtischen Grünplanung wohl im wesentlichen auf drei Gründe zurückzuführen:

Erstens bearbeiten die Autoren jeweils andere Arten von Grünanlagen, geben aber zum weit überwiegenden Teil nicht an, auf welche Gesamtheit von städtischen Grünanlagen sie sich im übrigen beziehen. Außerdem konnte — etwa gegenüber einer Klassifikation von Siebert — nur eine kleine Auswahl von Grünanlagen, für die eine hinreichende Anzahl von Richtwerten vorlag, überhaupt in die Untersuchung einbezogen werden. Da bleiben von den Grünanlagen, die gleichermaßen innerstädtisch sind und im wesentlichen den Erlebnis-, Erfahrungs-, Aktions- und Interaktionsbedürfnissen der Bevölkerung dienen können (in der folgenden Übersicht eingerahmt), nur noch grüne Stadtplätze, Stadtgärten, Parkanlagen etc. (1 b), Spielplätze, Sportanlagen, Freiluftbäder (2 e), Friedhöfe (2 f) und Kleingärten, Schrebergärten (3 m).

1. Allgemeine öffentliche Grünflächen

a) Bäume, Sträucher an Straßen, Boulevards, Wallanlagen, Alleen — insgesamt Grünverbindungen,

b) Grüne Stadtplätze, Stadtgärten, Parkanlagen etc.,

c) Wälder, Wiesen, Hänge usw.,

d) Gewässer und Uferwege.

2. Grünflächen mit besonderen Zweckbestimmungen

e) Spielplätze, Sportanlagen, Freiluftbäder,

f) Friedhöfe,

g) Schutzpflanzungen an Verkehrswegen,

h) Grünanlagen um Industrieanlagen,

j) Grünanlagen bei Militäranlagen und Flugplätzen.

3. Von einzelnen genutzte Grünflächen

k) Gemeinschaftsgärten und Privatparks,

l) Hausgärten,

m) Kleingärten, Schrebergärten,

n) Obstgärten, Weinberge, landwirtschaftlich und gärtnerisch genutzte Flächen[14]).

Es gibt hier also eine ungeklärte Größe von sozialen Qualitäten solcher Grünflächen, die entweder gar nicht in die Richtwert-Literatur eingehen oder in so geringem Maße, daß ein Vergleich untereinander schon von daher entfällt. Zweitens berufen sich nicht wenige Autoren auf „Erfahrungswerte"; das sind in der Regel Bestands-Mittelgrößen als mit Grünflächen gut ausgestattet geltender Gemeinden im Horizont der jeweiligen Planer. Dementsprechend differieren die Erfahrungswerte auch untereinander. Gleichzeitig sind meist weder Informationen über die einzelnen in solche Durchschnittswerte eingegangenen Bestimmungsgrößen und Ermittlungsverfahren des Grünflächenbedarfs ausgewiesen, noch haben die sie aufgreifenden Autoren eine nachträgliche Begründung dafür geliefert. Deswegen sind „Hochrechnungen" zu Vergleichszwecken nicht möglich, und deswegen ist die Zweckdienlichkeit von Erfahrungswerten auch strittig[15]). Dennoch spielen sie in der Planungspraxis eine nicht unwesentliche Rolle[16]).

Drittens und letztens gibt es offenbar noch wenig Konsens über gültige und zuverlässige Verfahren zur Ermittlung des Grünflächenbedarfs. Nicht alle Richtzahlen stehen ja so ungeschützt im Raum wie die Erfahrungswerte; aber Autoren, die hierzu eigene Berechnungen anstellen, stützen sich auf relativ weit voneinander abweichende Arten von Bestimmungsgrößen und/oder (!) Ermittlungsmethoden für den Grünflächenbedarf — in wechselnden Kombinationen und ohne jede ersichtliche zeitgebundene Geschmacksvorliebe.

So findet man beispielsweise unter den Bestimmungsgrößen natürliche und andere zumindest mittelfristig konstante strukturelle Gegebenheiten (geologische Merkmale, bauliche und soziale Struktur), sozial und sozialpsychologisch begründbare Nutzungsbedingungen (individuen- und gruppenspezifische Lebensumstände), die Qualität anderer Lebensbereiche (Wohnverhältnisse, Bedingungen am Arbeitsplatz) und Auswirkungen der politischen, ökonomischen und sozialen Umstände auf die Menschen. Ebenso vielfältig wie die Bestimmungsgrößen sind die Methoden zur Bedarfsermittlung. Gegenüber Umfragen bei der Bevölkerung zu diesem Zweck bestehen zwar zum Teil Bedenken, da man mit dem, was dabei herauszubringen sei, Gefahr liefe, „... ein durch Mißstände der Angebotssituation verzerrtes Nachfrageverhalten zur Determinante des künftigen Angebots zu machen"[17]). Trotzdem gehören sie zum festen Repertoire der Flächenbedarfsermittlung. Gelegentlich werden dann noch andere bzw. kombinierte empirische Verfahren oder Lebenslage- bzw. Lebensphasen-Analysen für Gruppen mit unterschiedlichen sozialen und demographischen Merkmalen vorgeschlagen[18]), vergleichsweise häufig auch umfangreichere Berechnungs-Modelle. Unabhängig von der Art des Verfahrens weichen schließlich die jeweils berücksichtigten (bzw. zur Berücksichtigung empfohlenen) Sätze von Variablen z. T. erheblich voneinander ab.

Trotz all der hier zutage geförderten Unklarheiten und Differenzen ist den zitierten Autoren kaum zu unterstellen, daß sie ihre Beiträge unter Nichtachtung der Erlebnis-, Erfahrungs-, Aktions- oder Interaktionsbedürfnisse potentiell davon betroffener Menschen definiert hätten. Die Ziele jedenfalls, die ihnen nach eigenen Angaben dabei vorgeschwebt haben, dokumentieren – im Gegenteil – einen hohen Stellenwert psychischer und sozialer Gesichtspunkte für die städtische Grünplanung.

5

Zusammenfassend kann man zunächst feststellen, daß die beiden generellen Hypothesen, mit denen das in die Untersuchung einbezogene Material konfrontiert werden sollte, je zur Hälfte bestätigt sind:

a) Gesichtspunkte der Erlebnis-, Erfahrungs-, Aktions- und Interaktionsqualität tauchen – nicht in dieser selben Kategorisierung, aber der Art nach – sowohl in den Zielsetzungen als auch in den Richtwerten für die städtische Grünplanung auf, nur ist ein Beziehungsgefüge zwischen beiden nicht durchgängig nachvollziehbar.
b) Die von den einzelnen Autoren vorgeschlagenen Richtwerte beruhen nur zum Teil auf Erfahrungsgrößen, deren Begründungszusammenhang nicht geklärt wird. Zum anderen Teil werden die Richtwerte mit Hilfe wechselnder Kombinationen von Bestimmungsgrößen und Ermittlungsverfahren für den Grünflächenbedarf errechnet.

Im einzelnen heißt das hinsichtlich einer sozialwissenschaftlichen Fundierung der Richtwerte:

1. Das Vorhandensein von psychischen und sozialen Problemen als Funktion von defizienten Umweltbedingungen und der Belastbarkeit/Kompensationsfähigkeit von Menschen konnte aus dem vorliegenden Material nicht bewiesen oder anhand konkreter Beispiele schlüssig dargelegt werden.
2. Die in die Untersuchung einbezogene Literatur zur städtischen Grünplanung konnte deswegen über eine offenbar zunehmende soziale „Aufladung" der Dimensionen von Zielen und Richtwerten hinaus keine deutlicheren Aussagen in dieser Richtung erbringen, weil sie verschiedentlich Lücken zwischen Theorie und Praxis aufweist. Das bezieht sich nicht nur auf fehlende Hintergrundinformationen zu Erfahrungswerten und eine offenbar nicht ausdiskutierte Methodenvielfalt (siehe generelle Hypothese b), sondern ebenso auf unterschiedlich gelagerte Interessenschwerpunkte bei Theorie (generelle Probleme der Versorgung mit Grünflächen) und Praxis (bislang überwiegend Objektplanung).
3. Immerhin bestehen einige Anhaltspunkte dafür, daß Zusammenhänge zwischen physischer Umwelt und psychischen bzw. sozialen Auswirkungen existieren und wahrgenommen werden, aber noch fehlen Hypothesen über deren Inhalt. Wenn es funktionale Abhängigkeiten in diesem Rahmen und die Möglichkeit einer Ableitung sozialwissenschaftlicher Beiträge zur Fundierung von Umweltqualitätsnormen daraus gibt, wären diese vielleicht am ehesten zu ermitteln

— für Gruppen mit jeweils homogenen sozialen und demographischen Merkmalen und
— in Umgebungen mit identifizierbaren Verhaltensalternativen.

Unterstellt, die institutionellen, personellen und sachlichen Voraussetzungen anderer Bereiche der Umweltplanung wären denen der städtischen Grünplanung in etwa vergleichbar, ergibt sich hieraus für weitere Bemühungen um eine sozialwissenschaftliche Verankerung von Umweltqualitätsnormen zweierlei:

Einmal können die Sozialwissenschaften mit ihrem methodischen Repertoire dazu beitragen, daß die verschiedenen Umwelt-Fachplanungen im Ergebnis dahin gelangen, wo sie der Absicht nach schon sind, nämlich gezielt soziale Qualitäten zu schaffen. Künftige Arbeiten zur Auffindung von „Mensch-Umwelt-Funktionen" erscheinen sinnvoll und nicht aussichtslos.

Zum anderen unterstreicht die Vermutung über das Vorhandensein nur gruppen- und umgebungsspezifischer „Mensch-Umwelt-Funktionen" die Bedeutung einer sozialwissenschaftlichen Begleitung auch von Normenbildungsprozessen: Politische Entscheidungen über zulässige Umwelt-Grenzbelastungen sind nicht nur aufgrund der unterschiedlichen Interessenlagen verschiedener gesellschaftlicher Gruppen und nicht nur wegen — eventuell aufholbarer — Wissensrückstände in den beteiligten Forschungsgebieten notwendig. Sie sind es auch, weil unterschiedliche Umweltqualitäten nicht so kleinräumig zu schaffen sind wie „Gruppen mit jeweils homogenen sozialen und demographischen Merkmalen" und „Umgebungen mit identifizierbaren Verhaltensalternativen" es erfordern könnten: Umwelt ist, zumindest trifft das auf die Medien der natürlichen bzw. naturnahen Umwelt — etwa Wasser und Luft — zu, eben nicht teilbar.

Schrifttum / Anmerkungen

1) Umfrage im Rahmen der 4. internationalen Expertengespräche (20./21. 11. 1975), veranstaltet vom Bundesministerium des Innern in Zusammenarbeit mit dem Institut für Angewandte Systemanalyse am Kernforschungszentrum Karlsruhe. Thema der Tagung siehe Anm. 2.

2) Günter HALBRITTER und Ursula MATHEIS: Ergebnisse der Befragung der Tagungsteilnehmer, in: Bundesministerium des Innern, Hrsg.: Umweltqualitätsnormen im Spannungsfeld zwischen „objektiver" Festlegung und „subjektiver" Betroffenheit, Ergebnis der 4. internationalen Expertengespräche am 20. und 21. November 1975, S. 86—92, hier: S. 87.

3) F. LODEWIG: Die Planung für die Lebensphasen des Menschen: Die Grünanlagen, in Plan 2/1961, S. 37—43, hier: S. 38.

4) Lennert LEVI hat sich ausführlich mit den Schwierigkeiten auseinandergesetzt, tatsächlich beim Menschen zu erwartende Dysfunktionen aufgrund von Umweltstressoren zu prognostizieren, beispielsweise in Royal Ministry for Foreign Affairs, Royal Ministry of Agriculture, Sweden: Urban conglomerates

as psychosocial human stressors. General aspects, Swedish trends, and psychological and medical implications. A contribution to the United Nations conference on the human environment, Stockholm: Kungl Boktryckeriet PA Norstedt & Söner, 2. Auflage 1972 (1971); vgl. auch Lennert LEVI, Hrsg.: Society, Stress and Disease, Vol. 1, London, New York und Toronto: Oxford University Press 1971.

5) Siehe hierzu etwa Hans SCHAEFER: Hinweise auf Umweltschäden aus Lebenserwartung, spezifischen Sterblichkeiten, Sterbeziffern und Krankheitshäufigkeiten, in: ders., Hrsg.: Folgen der Zivilisation — Therapie oder Untergang? Frankfurt am Main: Umschau Verlag 1974, S. 72—94.

6) Zur Kritik des „physischen Determinismus" vgl. Michael BROADY: Planning for People, London 1968, und Herbert J. GANS: People & Plans, London und New York 1968.

7) Das heißt nicht, daß sich überhaupt nichts in der sozialwissenschaftlichen Umweltforschung getan hätte: Die jüngste Renaissance der Sozialökologie, interdisziplinäre Einzelstudien zu Umweltproblemen, beispielsweise die von der Deutschen Forschungsgemeinschaft herausgegebene dreibändige Arbeit über „Fluglärmwirkungen" (Boppard: Harald Boldt Verlag 1974), eine vom Institut Wohnen und Umwelt im Auftrag des Bundesministeriums für Raumordnung, Bauwesen und Städtebau gerade abgeschlossene umfassende Bestandsaufnahme von Beiträgen zum Thema „Gebaute Umwelt und soziales Verhalten" (noch nicht veröffentlicht) und nicht zuletzt die Vielzahl von Arbeiten auf dem Gebiet der Ergonomie — dies alles belegt im Gegenteil ein wiedererwachtes Interesse an Fragen der Mensch-Umwelt-Beziehungen.

8) Seit Martin WAGNERs Arbeit über „Städtische Freiflächenpolitik", erschienen 1915 (Berlin: Carl Heymanns Verlag), wird — neben ihrer rein dekorativen Funktion — gerade auch die Nutzbarkeit der Grünanlagen durch die Bevölkerung in den Vordergrund gestellt.

9) Klaus BORCHARD: Zur Problematik städtebaulicher Orientierungs- und Richtwerte, in: Stadtbauwelt 24/1969, S. 267—269, hier: S. 268.

10) Klaus BORCHARD, op. cit., S. 269.

11) Es handelt sich dabei um Beiträge von Martin WAGNER, op. cit. Anm. 8; Max GROSSMANN: Beitrag zur Erforschung des Bedarfs einer Großstadt an öffentlichen Garten- und Parkanlagen, nach Untersuchungen im Berliner Stadtgebiet, Berlin: Verlag Bernhard Patzer 1958; Johann GREINER/Helmut GELBRICH: Grünflächen der Stadt, Berlin: VEB Verlag für Bauwesen, 2., verbesserte Auflage 1976 (1972).

12) Die Dimensionen „Lage" bis einschl. „Standort" können theoretisch zu Überschneidungen führen. Sie tun es hier nicht, weil „Lage" als an der Benutzbarkeit der Anlagen durch die Bevölkerung orientiert und „Standort" als stadttechnische Kategorie gesehen wurde.

13) Als „vergleichbar" wurden alle Zielaussagen bzw. Richtwert-Sätze eingestuft, die sich
1) zahlenmäßig um nicht mehr als zwei Dimensionen unterscheiden,
2 a) bei den Zielen mindestens drei der fünf ersten Dimensionen (vgl. S. 11) und
2 b) bei den Richtwerten m^2/E, je eine Dimension aus den Gruppen Lage/Entfernung/Erreichbarkeit bzw. Organisation/Ausstattung enthielten.

14) Anneliese SIEBERT: Entwicklung einer Grünflächenordnung und Grünflächenpolitik für die moderne Stadt, in: Städtisches Grün in Geschichte und Gegen-

wart, Forschungs- und Sitzungsberichte der Akademie für Raumforschung und Landesplanung, Band 101, Hannover: Hermann Schroedel Verlag KG 1975, S. 49—79, hier: S. 53 f.

[15]) Dazu Gerhard BECK: „Es ist nämlich nicht oder nur ungenügend bekannt, wie dabei die Bedarfswerte entstanden sind und welche Möglichkeiten in ihnen ruhen. Es werden damit weder die zugrunde liegenden Bedürfnisse nachgewiesen, noch läßt sich daran im einzelnen zeigen, ob sich mit ihnen der Bedarf annähernd erfüllen läßt." Gerhard BECK: Methoden zur Bestimmung des Freiraumbedarfs, in: Garten und Landschaft 7/1968, S. 237—239, hier: S. 237.

[16]) Besonders drei Beiträge wurden so häufig als Referenz angegeben, daß sie aus der Untersuchung nicht ausgeschlossen werden konnten — obwohl sie nur Richtwert-Sammlungen darstellen: Klaus BORCHARD: Orientierungswerte für die städtebauliche Planung, Flächenbedarf — Einzugsgebiete — Folgekosten, München: Institut für Städtebau und Wohnungswesen der Deutschen Akademie für Städtebau und Landesplanung, zweite vollständig überarbeitete und erweiterte Auflage 1974; Jürgen BRANDT, unter Mitwirkung von Gerhard MEIGHÖRNER: Planungsfibel, München: Verlag Georg D. W. Callwey, 1966; Baubehörde der Freien und Hansestadt Hamburg, Hrsg.: Handbuch für Siedlungsplanung, Hamburger Schriften zum Bau-, Wohnungs- und Siedlungswesen, Heft 37, 2. Auflage 1963.

[17]) Ursula HÖPPING-MOSTERIN: Die Ermittlung des Flächenbedarfs für verschiedene Typen von Erholungs-, Freizeit- und Naturschutzgebieten, Münster: Selbstverlag des Instituts für Siedlungs- und Wohnungswesen der Universität 1973, S. 103.

[18]) Siehe etwa F. LODEWIG, op. cit., Anm. 3, und Gerhard BECK: Freiraumbedarf als Grundlage zur Planung und Bewertung von Wohnsiedlungen, Hannover, Berlin, Sarstedt: Patzer Verlag o. J. (ca. 1965).

Anhang:
Ein Beispiel zur Streuung von Richtwert-Dimensionen.

Ein eingetragener Punkt bedeutet, daß der jeweilige Autor eine Aussage zu der entsprechenden Dimension gemacht hat.

Spiel- und Sportplätze für Jugendliche über 14 Jahre

Dimensionen \ Autor	Wagner, D 1915	Neumann, BRD 1954	„Volksheimstätte", BRD 1956 (Großmann)	DOG Richtlinie I, BRD 1961	Baubehörde HH, BRD 1963	Brandt, BRD 1966	Institut f. S. [2] (Brandt), BRD 1966	Dt.A.f.S.L. [3] (BMBau) BRD 1968	Bauausschuß HH, BRD 1970	DIN 18034, BRD 1971	Jantzen, BRD 1973	Sen.Bau.Wohn., Berlin W. 1973	Goldener Plan, BRD 1975	Stefke (Greiner), DDR 1972	Rotterdam (Liesecke), NL 1971	Lodewig, CH 1961
M²/E	●	●	●	●			●	●	●	●	●	●	●	●	●	
M²/...E																
Größe			●	●		●	●			●			●			
Lage					●	●			●	●	●	●	●			
Entfernung	●		●	●	●			●		●			●			
Erreichbarkeit			●							●			●			
Einzugsbereich										●			●			
Standort		●	●	●	●		●			●						
Organisation				●							●					
Ausstattung			●		●	●				●			●			●

RAINER MACKENSEN

Ökologische Aspekte der Stadtplanung
Ecological Aspects of Town Planning

Summary

1. Human ecology was meant to be a branch of a comprehensive science of ecology, but has concentrated on spatial social organization. An integration of plant ecology and ethology has still not evolved, but can be developed from the original theoretical framework.

2. Many concepts and findings of human ecology have been taken up by other social sciences, and by town planning, and find fruitful application — even without sociological, psychological and biological interpretation. This separation from scientific disciplines can result in grave misunderstanding and harmful investments.
   2.1 The "ecological complex" can be enlarged to serve as a general concept for the integration of monodisciplinary findings for practical purposes. Such a framework does not lend itself for simulation purposes, as too complex aggregates do not behave systematically.
   2.2 "Urban area analysis" has become an accepted scheme in statistics and planning. "Urbanized" and "Metropolitan" areas are frequently reported upon, and converted into concepts for city and regional politics.
   2.3 "Social competition" is a widely used explanation for segregation and urban blight. Gradient and potential formulas are being used as integrated parts of simulation models and (mainly: traffic) planning techniques.
   2.4 "Social cooperation" is the basic idea behind central place, basic/non-basic, local multiplier theories. Regional economics have built around them a thorough theory of regional development. But recent changes — increased foreign labor, decreasing population growth, new patterns of migration — call for supplementary hypotheses.
   2.5 "Segregation and social structure" still need more elaboration to be useful for town planning. It is not clear, which "social structure" we should strive for in particular living quarters, which impact it has on traffic generation, and what the reciprocal effect of buildings on social situations precisely is.

3. While ecology has proven to be a fruitful concept, it has not become specific enough. It still is a challange to sociology, but just so for an integrated science of urban and regional planning, including more environmental aspects from biology.

1. Zur Klärung der Fragestellung

Die Soziologen der Chicagoer Schule (vgl. hier den Beitrag von René König) begriffen ihre ökologische Terminologie im Grunde nicht als allegorisch. Diesen Eindruck erweckten eher einige ihrer Interpreten, indem sie die Sozialökologie ohne die notwendige Differenzierung in eine theoretische Tradition der Soziologie einordneten, die sich bewußt biologisch-organologischer, mechanistischer und endlich systemanalytischer Analogien bedient[1]), um gesellschaftliche Zusammenhänge und Vorgänge zu beschreiben. Das Anliegen der Sozialökologen war es vielmehr, den von den Biologen aus den Sozialwissenschaften allegorisch übernommenen Oikos-Begriff[2]) in dem durch sie erweiterten Verständnis eines Naturhaushaltes wieder in die Soziologie zurückzuholen[3]). In diesem Naturhaushalt nehmen nach ihrer Auffassung innerhalb der kulturell überformten natürlichen Umwelt auch Mensch, Gesellschaft und Technologie ihren Platz ein[4]). In diesem Konzept sahen sie sich berechtigt, die ökologische Terminologie der Biologen auf jeden Bereich des interdependenten „ökologischen Komplexes" (siehe Bild 1) zu übertragen, eben indem sie ihn theoretisch als Einheit behandelten.

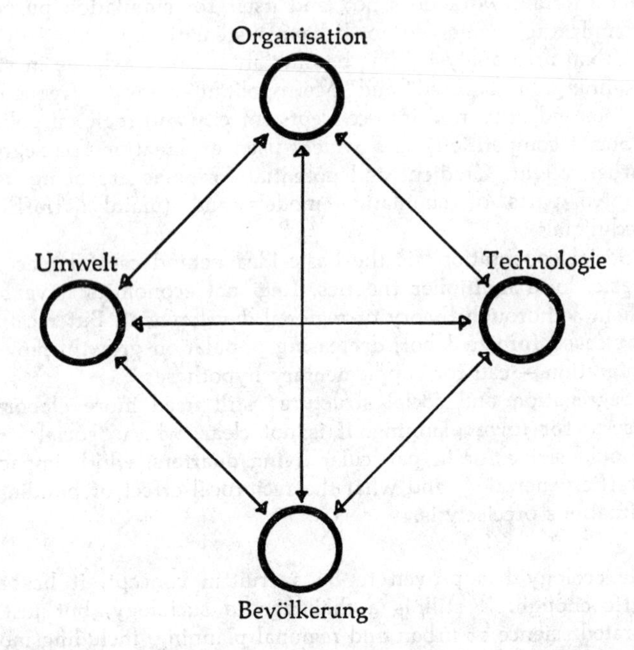

Bild 1: Der ökologische Komplex nach Otis Dudley Duncan (siehe Anmerkung 4)

Dieses Konzept trat jedoch praktisch in den Hintergrund, weil sich die Sozialökologen tatsächlich nicht mit allen Teilen und Beziehungen des Komplexes beschäftigten, sondern nur mit seinen „humanen" Komponenten[5]). Diese allerdings verstanden sie stärker als andere Traditionen der Soziologie über die zwischenmenschlichen Beziehungen hinaus in ihrem sowohl biologischen wie auch dinglichen Wirkungszusammenhang[6]). Dennoch ergab sich — wegen des Widerstandes der Soziologen, ihren konventionellen akademischen Themenhorizont zu überschreiten — bislang kaum eine gegenseitige Rezeption zwischen Biologen und Soziologen[7]), die eine Entwicklung gemeinsamer Begriffskataloge und Forschungskonzepte zugelassen hätte.

Infolgedessen stehen auch in der Gegenwart die anwendungsreifen Potentiale einer biologischen und einer soziologischen Ökologie fast unvermittelt nebeneinander. Die Forschungsergebnisse über tierisches Verhalten — der Ethologie also — kommen in der Stadtplanung noch nicht zum Zuge, es sei denn in der verzerrten Form unzureichend reflektierter Übertragungen auf menschliches Verhalten[8]) oder als relativ hilflose Appelle zur Berücksichtigung der Lebensbedingungen bedrohter Tierarten[9]). Die Pflanzensoziologie — oder Vegetationskunde, wie sie mit Überwindung der humangesellschaftlichen Analogien lieber genannt wird — kommt über Landschaftsökologie und Landschafts- und Grünplanung[10]) besser zur Geltung: der Flächenbedarf für Gärten und Parks, für Erholungs- und Landschaftsschutzgebiete schlägt eben stärker zu Buche als derjenige für Tierschutzgebiete und Zoologische Gärten. Kennzeichnend für die Behandlung beider Aspekte ist jedoch trotz entgegengesetzter Bemühungen eher die Ausgrenzung von speziellen Nutz- und Schutzflächen als die Berücksichtigung der Lebensbedürfnisse von Pflanzen und Tieren innerhalb der aus anderen Erfordernissen vorgenommenen Maßnahmen oder der an die Existenz von Pflanzen und Tieren gebundenen Lebensbedürfnisse von Menschen innerhalb ihres ständigen Bewegungsraumes[11]).

Die soziologische Ökologie demgegenüber hat sich vorwiegend mit räumlichen Organisationsstrukturen der Gesellschaft[12]) befaßt. Ihr Forschungsinteresse galt bevorzugt dem Prozeß und den territorialen Konfigurationen der Verstädterung[13]); auf diesem Gebiet haben ihre theoretischen Konzepte und ihre empirischen Befunde vielfach Eingang in die Grundlagen der Stadt- und Regionalplanung gefunden. Wenn eine solche Anwendung sozialwissenschaftlicher Befunde und Begriffe auch nicht unproblematisch erscheinen kann[14]), haben sie in diesem Fall doch den bedeutenden Vorteil einer sowohl praktischen wie integrativen Tendenz: die Stadtökologie ging von reformerischen Interessen[15]) angesichts der frühen Mißstände der industriellen Verstädterung aus, bezog dabei sogleich nicht nur den sozialinstitutionellen, sondern auch den physisch-instrumentellen Bereich mit ein und war eben deswegen weniger an der analytischen Tradition einer reinzuerhaltenden soziologischen Spezialdisziplin als an der Vereinigung mit Begriffen und Befunden anderer Wissenschaften zum gleichen Gegenstandsbereich interessiert; eine eindeutige Grenze zwischen Stadtsoziologie, Stadtökonomie und Umweltpsychologie ist nicht zu ziehen, sie würde vielmehr den Aufgabenbereich der Stadtökologie zur Auflösung bringen[16]).

Während sich die nachfolgenden Hinweise (wegen der begrenzten Kompetenz des Verfassers) auf die human- und sozialökologischen Aspekte der Stadtplanung konzentrieren müssen, soll von vornherein der Bedarf zu einer Entwicklung festgestellt werden, die eine zunehmende Integration physiologischer, ethologischer und pflanzenökologischer Aspekte vollzieht.

2. *Nutzung und Entwicklung ökologischer Konzepte in der Stadtplanung*

Nicht viele Paradigmata soziologischer Theorie haben sich derart als anregend und folgenreich erwiesen wie das theoretische Konzept der Ökologen. Ihre Entwicklungen lassen sich heute in vielen Zweigen der planungsorientierten Wissenschaften nachweisen und sind zu einer Art von Generalnenner für deren Verständnis der Stadt- und Regionalplanung geworden. Dabei sind die Ingredienzien, die aus dem Potential der beteiligten Wissenschaften stammen, kaum noch zu unterscheiden; die Konzepte sind inzwischen auch zu unverzichtbaren Bestandteilen der verschiedenen (und trotz integrativer Intentionen immer noch nicht vereinigten) Regionalwissenschaften geworden. Es kann keinem Zweifel unterliegen, daß die Verschmelzung mit der Regionalökonomie besonders intensiv und fruchtbar vollzogen wurde, während sie für biologische und psychologische Aspekte noch weitgehend aussteht, für soziologische inzwischen bedauerlich nachhinkt[16a]). Eine der Ursachen kann in dem nomologischen Charakter des ökologischen Theorieansatzes gesehen werden, der den Traditionen ökonomischer Theorie entgegenkommt, während die Soziologie ihre nomologischen und historischen Interessen noch nicht vereinbaren konnte. Infolgedessen überwiegen auch die nomologischen Aspekte in der Rezeption ökologischer Konzepte in der Praxis, die ihrer stark von ingenieurwissenschaftlichen Denkweisen geprägten Tradition wegen solchen Aspekten eher geöffnet ist als einem historischen Verständnis. Hierin liegen unübersehbar folgenschwere Gefahren für den Aufgabenerfolg der Stadt- und Regionalplanung, zugleich die vielleicht wichtigsten Impulse für die weitere Arbeit der Stadt- und Regionalsoziologie. Das wird im folgenden deutlich werden, wenn die wichtigsten ökologischen Konzepte der Stadtplanung skizziert werden.

2.1 *Der ökologische Komplex*

Für die ökologische Theorie war der Zusammenhang zwischen natürlicher und gesellschaftlicher Umwelt des Menschen das zentrale Axiom; nur dieses sollte im Bild des ökologischen Komplexes verdeutlicht werden. Für Zwecke der Stadtplanung reicht ein derart allgemeines Schema nicht aus; es bedarf der Erweiterung. Sie benötigt einen Katalog der wichtigsten Bereiche ökologischer Organisation der Stadt und eine konkretisierte Vorstellung über deren Interdependenz, wenn sie die Auswirkungen der von ihr disponierten Maßnahmen erkennen, voraussehen und berücksichtigen soll. Derartige Kataloge und Interdependenzschemata stehen für die gewerbliche Wirtschaft zur Verfügung; die Input-Output-Matrizen der Regionalökonomen[17]) lassen sich auf die Wirtschaftsbereiche beziehen, in denen die Ergebnisse der amtlichen Statistik gegliedert werden. Sie gestatten die Analyse von Zusammenhängen insbesondere dann, wenn industrielle Komplexe ausgegliedert werden. Vorzügliche, aber noch nicht ausreichend entwickelte Ansätze bestehen auch für die konsumorientierten Dienstleistungen aufgrund der Forschungen über zentralörtliche Funktionen[18]). Aber hiermit wird nur ein kleiner, wenn auch wesentlicher Bereich dessen erfaßt, was im ökologischen Komplex unter „Organisation" zu verstehen ist.

Für die Stadtplanung ist darüber hinaus ein Schema erforderlich, das den Gesamtzusammenhang erkennen läßt, wenn die Auswirkungen der Dimensionierung und Allozierung baulicher und technischer Anlagen verfolgt werden sollen. Datenbanken und Simulationsmodelle legen derartige Schemata zugrunde; nur vermögen sie nicht, wichtige Bereiche des Gesamtzusammenhangs zu erfassen, wenn dieser theoretisch nicht ausreichend geklärt ist. Die Folge ist eben die mangelhafte Berücksichtigung sowohl biologisch- wie sozialökologischer Effekte von Planungsmaßnahmen.

Ein bedeutsamer Schritt gelang der Gemeindesoziologie, als sie den Ertrag empirisch-ökologischer Forschungen mit dem theoretischen Modell des Funktionalismus zu verbinden suchte[19]). Als Zwischenergebnis erscheint die Erweiterung des ökologischen Komplexes im Sinne einer Disaggregation mittlerer Stufe möglich (s. Bild 2)[20]).

Offensichtlich sind die hierbei verwendeten Teilaggregate (oder Subsysteme) für eine Interdependenzanalyse noch zu komplex (oder: in sich zu heterogen in bezug auf ihre Verhaltensweisen). Begreift man sie jedoch als Teilbereiche, für die jeweils gesonderte Theorien – wie die erwähnten der Regionalökonomie oder die verfügbaren der Demographie – bereitzustellen sind, dann läßt sich der Gesamtzusammenhang doch eher veranschaulichen und entwickeln, als wenn man lediglich von den isolierten Konzepten der beteiligten Fachwissenschaften ausgeht. Andererseits benötigt die Stadtplanung nicht so sehr ein vollständiges, simulationsfähiges Modell dieses Gesamtzusammenhangs als vielmehr ein Schema, in dem sich die Ergebnisse und die Daten der verschiedenen Bereiche aufeinander beziehen lassen. Die Feststellung der Kenntnis- und Datenlücken kann dabei wichtiger sein als die deterministische Ermittlung von Planungseffekten, die eher einer Scheinobjektivität Vorschub leistet.

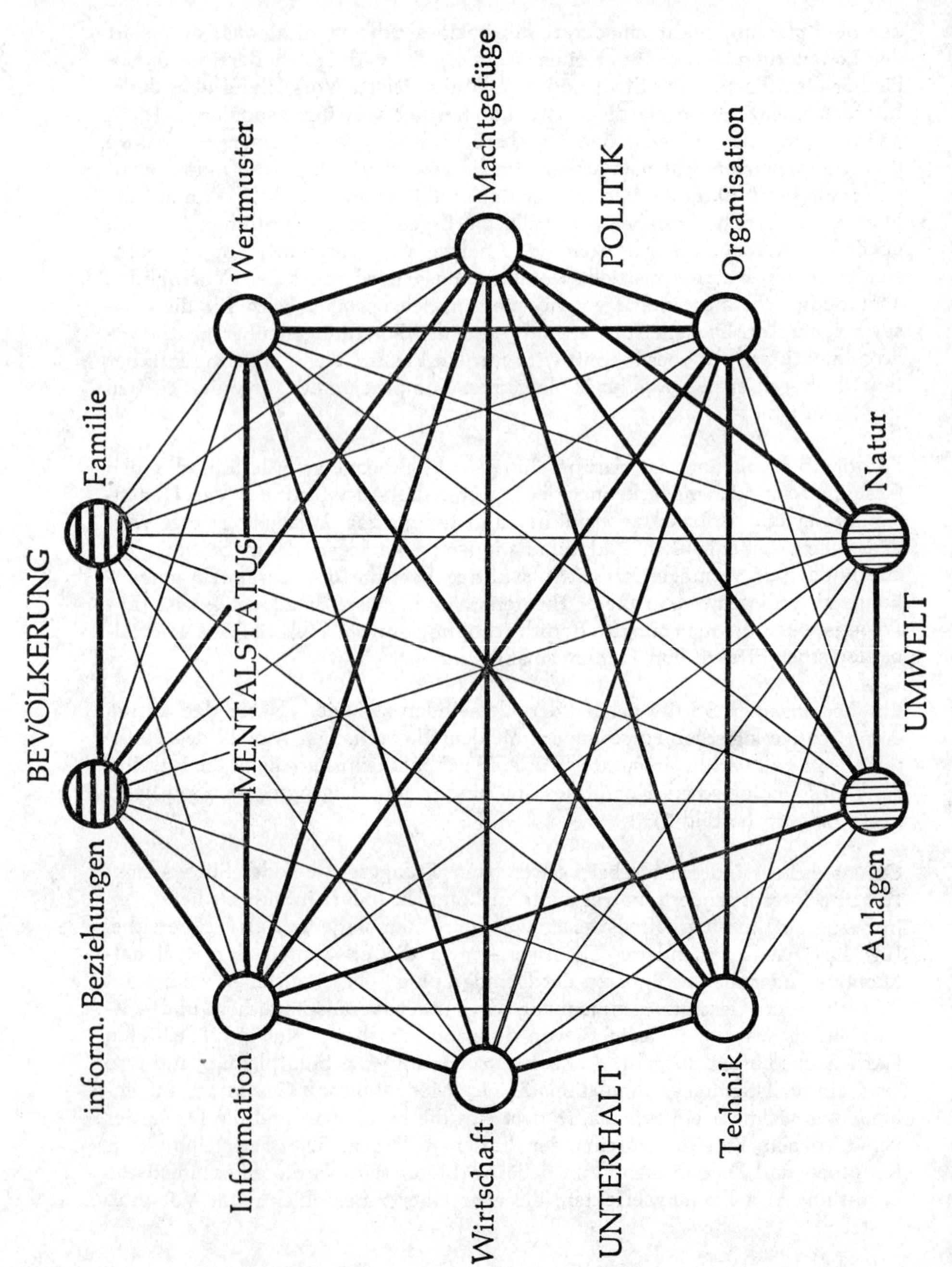

Bild 2: Erweiterter ökologischer Komplex (Mackensen)

2.2 *Stadtgliederung*

Der empirische Ertrag der Chicagoer Stadtforschung verdichtete sich im Bild der Stadtgliederung[21]). Es hat zahlreiche Abwandlungen und Verfeinerungen erfahren und beeinflußt die Praxis der Stadtplanung maßgeblich. Die ständige Beobachtung ihrer empirischen Ausprägungen und Entwicklungen wurde möglich, seit die amtliche Statistik ihre Operationalisierung im Konzept der „urbanized areas" übernahm[22]). Für die Bundesrepublik hat sich das davon abgeleitete Konzept der Stadtregionen durchgesetzt[23]). Es gilt der Stadtplanung heute als selbstverständliches empirisch-analytisches Schema und hat auch in die Raumordnungspolitik mit dem Begriff der Verdichtungsräume Eingang gefunden[24]).

Das analytische, geschweige denn das theoretische Potential ist damit bei weitem nicht ausgeschöpft. Dieses lag weniger in der Beobachtung und Beschreibung unterschiedlicher Entwicklungstendenzen der Gliederungsteile des Stadtgebietes als in ihrer Deutung, Erklärung und Voraussage. Während sich die anwendungsorientierten Analysen von Statistikern und Geographen auf die Feststellung von Regelmäßigkeiten der Veränderung von Struktur und Umfang der Teilbevölkerungen und ihres Austausches beschränken[25]), sollte das Konzept des sozialen Wettbewerbs um Standortbedingungen und Lagevorteile gerade der Erklärung dieser Prozesse in einem Verhaltensmodell dienen. Hierzu bildete die Definition relativ homogener Teilbevölkerungen in Quartieren und Teilgebieten der Stadtgliederung eine Voraussetzung. Sowohl das Konzept des Wettbewerbs wie das verhaltenshomogener Quartiersbevölkerungen wurden aufgegriffen und fortentwickelt; ihr Zusammenhang jedoch wurde dabei vielfach aus den Augen verloren.

2.3 *Sozialer Wettbewerb*

Der Konkurrenz um Standortvorteile wurden die selektiven und distributiven Prozesse zugeschrieben, die zur sozialen Stadtgliederung führen. Das Korrelat einer Entmischung der Sozialcharakteristika innerhalb des Stadtgebietes ist dabei die Auseinandersetzung an den Berührungsflächen der Quartiers- und Zonenränder. Da die Konkurrenz in diesen Zwischenbereichen unentschieden ist, kommt es zu Mischstrukturen und Abwertungserscheinungen. Aufgrund der Untersuchungen der Bodenwertentwicklungen und der Einzugsbereiche von Dienstleistungszentren wurde diese Theorie der Slumbildung für die Stadtplanung nutzbar gemacht[26]). Es versteht sich von selbst, daß eine auf der Vorstellung freier Marktkonkurrenz entwickelte Vorstellung in einer stärker vom Interventionismus in Stadtplanung und Wirtschaftspolitik geprägten Situation modifiziert werden muß und eher den Charakter eines Modells für diejenigen Verhaltensweisen und Prozesse besitzt, die sich jenseits und unterhalb der interventionistisch beeinflußten Bedingungen vollziehen[27]). Gerade als solche gewinnen sie jedoch zunehmende Bedeutung in einer Entwicklung, die sich der begrenzten Reichweite interventionistischer Maßnahmen stärker bewußt wird und die Planungsintentionen stärker an den Bedürfnissen der Bevölkerung[28]) als an der Ästhetik abstrakter Modelle ausrichten will.

Das Konkurrenzkonzept schlug sich neben der Slumtheorie auch in der deskriptiven Verallgemeinerung des Gradientenmodells nieder. Diesem lag ursprünglich eher eine Verhaltenstheorie zugrunde, die von ökonomischer Rationalität und voller Information ausging; durch die Berücksichtigung der Prinzipien der befriedigenden Problemlösung[29]) und der intervenierenden Gelegenheiten[30]) hat diese Verhaltenstheorie viel an Realitätsnähe gewonnen. Sie spielt in dieser Form in der modernen Wanderungsforschung eine wichtige Rolle. Und diese gewinnt wiederum für prognostische und konzeptionelle Zwecke der Stadtplanung und der Raumordnungspolitik zunehmend an Bedeutung.

Eine andere Grundlage des Gradientenmodells ist der kommunikationstheoretische Ansatz. Er führt zu der Modellfamilie, die auf der Potentialformel[31]) aufbaut. Diese geht davon aus, daß zwischen Kommunikationspartnern und Aktionsorten physische, verkehrliche und soziale Entfernungen zu überwinden sind, die Aufwendungen an Zeit, Geld und Energie verursachen. Die deskriptiven Qualitäten dieser Modelle haben sich immer wieder bewährt, insbesondere seit man die verhaltenstheoretischen Erklärungen durch eine sorgfältiger auf Verhaltenstypen bezogene Disaggregation stärker berücksichtigt. Das geschah in den prominenten Simulationsmodellen der Stadtentwicklung und der Verkehrsplanung[32]), die in der praktischen Ingenieurplanung weiterhin vielseitige Verwendung finden, nicht in ausreichendem Maße.

2.4 *Soziale Kooperation*

Auch den Gradienten- und Potentialmodellen liegt die Vorstellung eines Leistungsgefüges zugrunde; doch stellen sie vorwiegend auf die Hindernisse ab, die infolge der Konkurrenz um standort-, verkehrs- und sozialbedingte Erreichbarkeitsvorteile zu überwinden sind, und suchen die Verteilungsmuster zu beschreiben, die sich daraus ergeben. Auf einer höheren Abstraktionsebene leisten die Modelle des regionalen Leistungsgefüges[33]) Entsprechendes: sie untersuchen die Existenz-, Wachstums- und Größenbedingungen der Siedlungen in den gegebenen territorialen Lage- und Austauschverhältnissen. Die ökonomische Raumwirtschaftslehre hat sich ihrer mit besonderem Erfolg angenommen. Für die Stadt- und Regionalplanung gehören die Theorien der Verteilung zentralörtlicher Funktionen, des Verhältnisses zwischen Grund- und Folgeleistungen (mit der Tragfähigkeitslehre und dem Konzept des

Lokalmultiplikators) und der Input-Output-Verflechtungen zu den elementaren analytischen und konzeptionellen Grundlagen[34]).

Im letztvergangenen Jahrzehnt haben sich diese Theorien jedoch zunehmend als ergänzungsbedürftig erwiesen. Sie beruhen auf historischen Bedingungen, die in mancher Hinsicht zunehmend modifiziert werden. Die veränderliche Politik der Ausländerbeschäftigung unterliegt unvergleichlichen Gesichtspunkten; Verteilung, Entlohnung, Unterkunft, demographische Struktur und Entwicklung dieses inzwischen erheblichen Bevölkerungsanteils lassen sich nicht unter denselben Verhaltenshypothesen betrachten wie die der übrigen Bevölkerung. Strukturelle Arbeitslosigkeit und Bevölkerungsrückgang verändern Verhaltensweisen und territoriale Bedingungen und Beziehungen. Übermäßige Konzentrations- und Erosionserscheinungen führen zu neuen Wohnortpräferenzen und Wanderungsströmen und verursachen unvorhergesehene und noch unbewältigte Planungsprobleme[35]).

2.5 *Segregation und Sozialstruktur*

Die erwähnten Modelle sind insgesamt aus der Beobachtung der „selektiven, distributiven und adaptiven"[36]) Prozesse abgeleitet, die sich aus den territorialen Bedingungen gesellschaftlicher Organisation und Entwicklung ergeben. Sie führten zu der Vorstellung, daß sich charakteristische Teilbevölkerungen räumlich differenzieren, dabei aber in einem bezeichnenden Zusammenhang mit anderen entsprechenden Teilbevölkerungen stehen. Dieser Vorgang läßt sich als Segregation und als Gefüge beschreiben, sowohl auf lokaler wie auf regionaler Ebene. Die dabei auftretenden Absonderungs- und Verflechtungseffekte sind vielseitig beschrieben worden[37]). Zwei Aspekte jedoch, die für die Stadtplanung von zusätzlicher Bedeutung sind, wurden bislang weniger beachtet und untersucht. Es handelt sich um die sozialen Verflechtungen innerhalb der Gebiete, die infolge von Segregationsprozessen eine andere Sozialstruktur aufweisen als andere Gebiete; und um die Konsequenzen der Ausstattung von Gebieten mit baulichen und technischen Anlagen für die Sukzession.

Segregation wird häufig unter normativen Kriterien behandelt: haben Ghettobildungen eher schädliche oder eher stützende Funktion für ihre Bewohner? Welche soziale Mischung oder Entmischung soll in der Stadtplanung angestrebt werden[38])? Ohne solche Fragestellungen zurückweisen zu wollen, ist doch auf einen weiteren Aspekt hinzuweisen: Segregation oder soziale Homogenität resp. Heterogenität können stets nur relativ verstanden werden. Anders gesagt: auch wenn sich unter und in den Siedlungen feststellen läßt, daß Teilgebiete sich in ihrer Sozialstruktur bedeutsam unterscheiden, findet sich innerhalb dieser Gebiete (Regionen, Ortschaften, Quartiere) abermals eine differenzierte Sozialstruktur, die sich von derjenigen anderer Gebiete typisch unterscheidet. Das hat für die Stadtplanung vielerlei Konsequenzen, die noch kaum verdeutlicht und quantifiziert sind. So wären daraus typisch unterschiedliche Wohnungs-, Versorgungs- und Ausstattungsmuster anzusetzen, etwa um deren kompensatorische Funktion zu verstärken. Entsprechende Differenzierungen wären bei der Vergabe von Wohnungen vorzunehmen, wo gegenwärtig nur globale soziale und administrative Kriterien, nicht aber lokale angewendet werden: die demographische und die soziale Struktur der Quartiere könnte im Interesse der Bewohner und der Zuzügler auf diesem Wege modifiziert werden.

Für die Verkehrsplanung wird in jüngster Zeit vermehrt die Berücksichtigung „verhaltenshomogener Gruppen" gefordert[39]), während bisher nur die Verkehrserzeugung in Quell- und Zielgebieten veranschlagt wurde. Unterschiedliche Sozialstrukturen in den Quartieren werden aber auch zu verschiedenartigem Verkehrsverhalten und zu andersartigen Verkehrsentwicklungen führen. Und innerhalb der Quartiere werden verschiedene Teile der Sozialstruktur unterschiedliche Verkehrsbedürfnisse haben. In der Soziologie sind bisher weder die charakteristischen demographischen und Sozialstrukturen der Quartiere, noch deren Verhaltenscharakteristika in bezug auf die von Maßnahmen der Stadtplanung zu berücksichtigenden Bedürfnisse herausgearbeitet worden.

Ein anderer Aspekt wurde in letzter Zeit stärker beachtet; er verbindet sich mit dem Begriff der Gebäudeklassen[40]). Dieser will besagen, daß die Organisations- und Finanzierungssysteme des Wohnungsbaus unmittelbar zu einer Segregation führen, ohne daß andere soziale Mechanismen (wie sie die Ökologie postuliert) hierzu beitragen. In bezug auf diese ist eine solche Segregation disfunktional: sie führt zu zusätzlichen Spannungen. Nicht allein der Standort von Siedlungen, sondern auch ihre bauliche Ausstattung mit Wohnungen und Versorgungseinrichtungen werden nach Kriterien geplant, die nicht denen der sozialen Eigenorganisation entsprechen. Den Bewohnern werden damit Belastungen auferlegt, die bei Beachtung der sozialen Strukturen und Prozesse vermeidbar wären.

In diesem Falle wirkt sich verstärkt aus, was in jedem Falle unvermeidlich ist und zu Problemen führt: die soziale Sukzession wird durch die vorgegebenen Baustrukturen beeinflußt. Auch in kürzeren Zeiträumen läßt sich nachweisen, daß die Bedürfnisstruktur der nachfolgenden Wohngenerationen von derjenigen abweicht, für die ein Wohnviertel ausgebaut und ausgestattet wurde. Je restriktiver die Baustrukturen gegen Veränderungen und Umwidmungen sind, desto stärker wird der Anpassungszwang; er wirkt sich als Deprivation und als soziale Schwächung durch negative Selektion aus. Die Restriktivität der Baustrukturen nimmt aber zu — aus bautechnischen, planerischen, ästhetischen und denkmalpflegerischen Gründen sowie aus Gründen der Eigentümerorganisation im Bau- und Grundstückswesen.

3. Bilanz und Perspektive

Die Anstöße aus der ökologischen Schule der Sozialwissenschaften haben sich als besonders fruchtbar erwiesen. Fragt man nach den Ursachen, so sind zwei Merkmale besonders hervorzuheben: der operationale und der integrative Charakter ihrer Denkansätze.

Der operationale Charakter des Konzepts hat sicher auch mit der für die Soziologie nicht allgemeinen Handlungsorientierung dieser Richtung zu tun. Es tritt jedoch ein weiteres Merkmal hinzu, das ebenfalls in den Sozialwissenschaften selten anzutreffen ist: Theoreme und Modelle beziehen sich auf eindeutig beobachtbare, anschaulich darstellbare und sicher qantifizierbare Sachverhalte. Die Entwicklung der Ökonomie ist von der Eindeutigkeit der Bezugsgröße Geld wesentlich bestimmt worden; die Psychologie ist jedenfalls auf abstrakte Konstrukte zur Beschreibung und Erklärung der sie interessierenden Gegenstände angewiesen. Der Kern der sozialökologischen Theorie ist das Axiom, daß sich gesellschaftliche Organisationsformen und Entwicklungen territorial, in Anlagen und Gerätschaften und in demographischen Strukturen niederschlagen und umgekehrt von diesen abhängen. Sie sind deshalb — bis zu einem gewissen Grade — an diesen ablesbar. Die Bestimmung und Beschreibung (nicht mit gleicher Reichweite: auch die Erklärung) gesellschaftlicher Strukturen und Prozesse ist der Sozialökologie dementsprechend mit einer Genauigkeit und Anschaulichkeit gelungen und möglich gewesen, die andere Strömungen der Soziologie vermissen lassen. Die heuristischen Instrumente dieser Tradition — Indikatoren und Modelle — haben sich daher als Generalnenner für verschiedenartige Erklärungs- und Vertiefungstheorien bewährt. Zugleich mit dieser anregenden Funktion für die beteiligten Sozialwissenschaften ergibt sich aus demselben Sachverhalt die praktische Operationalität: die administrativen und politischen Aufgaben finden, soweit sie sich auf territoriale und demographische Ausprägungen beziehen, unmittelbare Anknüpfungsgrößen. Sie sind im Handlungsgebiet der Stadt- und Regionalplanung organisatorisch konzentriert.

Das bedeutet nicht, daß in dem Ansatz nicht auch Probleme und Gefahren mitgegeben sind. Gerade die Tendenz zu Anschaulichkeit und Quantifizierung kann auch zum Verzicht auf soziologische, psychologische oder politologische Erklärung führen. Tatsächlich werden ökologische Modelle vielfach von der Praxis wie mechanische oder naturwissenschaftliche Modelle verwendet. Da die Randbedingungen, die ursächlichen Zusammenhänge und die sozialen und historischen Differenzierungen dabei außer acht bleiben, kann ihre derartige Verwendung zu Fehlplanungen führen: indem die Verwender meinen, die sozialen Bedingungen eindeutig erfaßt zu haben, verfehlen sie sie gerade, und das zudem noch mit der ideologischen Rechtfertigung eines Rückgriffs auf sozialwissenschaftliche Ergebnisse.

Das integrative Potential der Ökologie ist in diesem Sinne weder voll genutzt noch entfaltet. Es hat sich zwar innerhalb der Sozialwissenschaften – richtiger: in ihren praktisch orientierten Teilbereichen – ausgewirkt und hier (wenn auch noch nicht zureichend, so doch deutlich sichtbar in Grundlagen und Ansätzen) zu einem aufeinander beziehbaren und theoretisch tendentiell konsistenten Theoriegebäude geführt. Aber bereits die praktischen (also: Ingenieur-)Wissenschaften haben es bislang nur relativ oberflächlich rezipiert. Von einer Theorie der Stadt- und Regionalplanung kann infolgedessen gegenwärtig noch kaum in Umrissen gesprochen werden.

Wenn schon der sozialwissenschaftliche Fragenkomplex nicht ausreichend entwickelt, ausgebaut und angewendet erscheint, muß der naturwissenschaftliche vollends als mangelhaft integriert angesehen werden; das betrifft sowohl seine psychologischen wie seine biologischen, seine botanischen wie seine ethologischen Aspekte. Die Folge ist zunächst, daß diese Aspekte lediglich als konkurrierende auftreten: ob einer landschaftlichen Formgebung und Zweckbestimmung oder einer industriellen an einem bestimmten Standort der Vorzug gegeben wird, entscheidet sich letztlich an wirtschaftlichen Kriterien, die zwangsläufig zugunsten der industriellen Nutzung ausschlagen. Dabei liegen sowohl Konzepte wie einzeldisziplinäre Erkenntnisse vor, die eine Integration – und damit eine vergleichende Betrachtung und eine Einschätzung der wechselseitigen Folgen – zulassen würden. Zu den Konzepten gehören neben den Theoriefundamenten der Ökologie etwa die (in den Wirtschaftswissenschaften entwickelten und seit 1973 von der Bundeshaushaltsordnung[41]) vorgeschriebenen) Kosten-Nutzen- und Kosten-Wirksamkeits-Analysen. Sie haben etwa in der Beurteilung von Verkehrsinvestitionen ein erhebliches theoretisches und methodisches Niveau erreicht und haben sich praktisch bewährt; dabei bereitet auch die Berücksichtigung nicht monetär bewertbarer Kriterien keine grundsätzlichen Schwierigkeiten mehr. Für die Anwendung auf andere Sachbereiche (z. B. im Gesundheitswesen) sind dagegen noch erhebliche systemanalytische Vorarbeiten zu leisten. Ein beträchtlicher Teil solcher Vorarbeiten liegt jedoch für die Berücksichtigung ökologischer Aspekte in der Stadtplanung vor, sowohl in den verfügbaren Beiträgen der Teildisziplinen wie in der integrativen Vorstellung der ökologischen Theorie. Der anfangs erwähnte ökologische Komplex bietet, wenn er im Zusammenhang mit den theoretischen Spezifikationen jener Beiträge gesehen wird, hierzu einen Ansatzpunkt. Die seit den Kampagnen für den Umweltschutz in der Ökonomie[42]) und in den Sozialwissenschaften[43]) erarbeiteten Verbindungsstücke dürften sich als nützlich erweisen und ebenfalls entwickeln lassen.

Damit allerdings werden eher Lücken und Aufgaben aufgezeigt als befriedigende Erfolge der Forschung gekennzeichnet. In den Einzelwissenschaften und für ihre Integration stehen noch umfangreiche theoretische, empirische und methodische Arbeiten aus. Nur beispielhaft sollen einige Stichworte diese Aufgaben benennen, soweit sie das Arbeitsgebiet der Soziologie betreffen.

Die Soziologie hat sich mit den Bedingungen und Formen der Anpassung der Individuen an gesellschaftliche und an physische Umweltbedingungen eingehend befaßt; die Grenzen solcher Anpassungsfähigkeit sind bisher weniger deutlich beschrieben worden. Dabei ist offensichtlich, daß die nervlichen und psychischen Belastungen der fortgeschrittenen gesellschaftlichen, administrativen und technischen Organisation in letzter Zeit vermehrt kompensatorische und therapeutische Verhaltensweisen bewirken, die als Symptome kritisch verstanden werden sollten[44]). — Unter diesem Aspekt treten auch historische Betrachtungsweisen stärker in den Vordergrund, die sich gerade auf die Stadtplanung auswirken können. So erscheinen etwa die im vergangenen Jahrhundert erfolgreichen Techniken der ökologischen Aufgabenbewältigung — wie Agglomeration, Verkehrstechnik, hierarchische Organisation von Verwaltungen, Bildungs-, Gesundheits- und Versorgungsdiensten — nicht mehr in gleicher Weise geeignet, die anstehenden Aufgaben zu lösen[45]). Diese Techniken werden, wenn sie als historisch bedingte Problemlösungen begriffen werden, als auswechselbar verstanden; die historisch-komparatistische Soziologie kann dieses Verständnis fördern. Der Verstädterungsprozeß etwa folgt neuerdings anderen Impulsen und Mustern, als sie zur Beschreibung der bürgerlichen, der industriellen oder selbst der tertiären Verstädterung geeignet erscheinen[46]). Die von daher abgeleiteten Modelle müssen also fehlleiten, wenn sie — was tatsächlich geschieht — als rationale Kriterien einer optimalen Gestaltung der weiteren Entwicklung verwendet werden. — Hierzu gehört auch ein besseres Verständnis territorialer (regionaler wie lokaler) Sozialstrukturen. Weder Klassen- und Schichtenmodelle, noch einfache sozialstatistische Beschreibungen reichen aus, um die Bedingungen bestimmter Mischungsstrukturen in Siedlungen und Siedlungsteilen in der Gegenwart zu erklären, wie das der klassischen Soziologie für die historischen Stadttypen oder die regional charakteristischen Sozialstrukturen gelungen ist. Derartige Beschreibungen sind aber die Voraussetzung für eine Sozialplanung innerhalb der Stadtplanung, die nicht nur Schäden auffangen, sondern Umweltbedingungen schaffen will, die den gesellschaftlichen und infolgedessen differenzierten Bedürfnislagen entsprechen.

Anmerkungen

1) Tatsächlich beruht die Begriffswelt der Sozialökologen auf dem von Spencer entwickelten, von Sumner ausgebauten Sozialdarwinismus, zu dem sie sich auch bekennen: „Zunächst einmal beeinflußte die großartige Leistung der biologischen Evolutionstheorie die sich entfaltende Soziologie grundlegend" (Amos H. Hawley: Theorie und Forschung in der Sozialökologie, in: Handbuch der Empirischen Sozialforschung, Stuttgart: Enke [1961] 2: 1967 [zit. HES],

S. 480). Dennoch weisen sie ihre Interpretation als rein biologische Analogie scharf zurück: „Doch nichts trifft weniger zu als dies" (Otis Dudley Duncan: Humanökologie, in: Wörterbuch der Soziologie, ed. W. Bernsdorf, Stuttgart: Enke [1955] 2:1969 [zit. WSB], S. 427). Duncan begründet diesen Standpunkt damit, daß Ernst Haeckel (1834—1919), der 1866 den Ausdruck Ökologie prägte, „die gesamten Beziehungen des Organismus zu allen anderen Organismen" ins Auge faßte; diesen Gedanken findet Duncan bereits bei Darwin (Mühlmann dagegen will den Sozialdarwinismus nur von Spencer ableiten; WSB, l. c., S. 951). — Es ist Duncan unterstellt worden (siehe Helmut Knötig: Bemerkungen zum Begriff „Humanökologie", in: Humanökologische Blätter 1972, Heft 2/3, S. 38), daß er durch unvollständiges Zitat Haeckel hätte uminterpretieren und seine Begriffsbestimmung auf die soziologische Frage einengen wollen; das trifft nicht zu. Duncan war daran gelegen, statt eines Anpassungsmechanismus den Interdependenzcharakter und statt eines nur soziologischen den humanökologischen Aspekt zu betonen; und natürlich ist ihm zuzustimmen, daß dieser Aspekt — nämlich der wechselseitigen Abhängigkeit der Organismen voneinander — bereits bei Darwin vorhanden sei. Duncan nennt diesen Aspekt „soziologisch" in seinem — hier mit der früheren Pflanzensoziologie übereinstimmenden Verständnis: Gesellschaft ist nicht Anpassung der Individuen an ein übergeordnetes Prinzip, sondern Abstimmung miteinander und mit der Natur. Mit der Hervorhebung des von ihm zitierten Teilsatzes widerspricht Duncan dem Text Haeckels nicht, sondern bestätigt ihn vielmehr; Haeckel formulierte: „Unter Oecologie verstehen wir die gesamte Wissenschaft von den Beziehungen des Organismus zur Umgebenden Aussenwelt, wohin wir im weiteren Sinne alle ‚Existenz-Bedingungen' rechnen können. Diese sind teils organischer, teils anorganischer Natur ..." Es wäre völlig gegen Duncans Soziologieverständnis, ihm (a) die Ausklammerung des wechselseitigen Abhängigkeitsverhältnisses zwischen Menschen und Sachen und (b) die Reduktion auf nur soziale Sachverhalte zu Lasten einer Betrachtung des Beziehungsgefüges zwischen Menschen, Tieren, Pflanzen und Mineralien anlasten zu wollen. — Dahrendorf führt die system-theoretischen Begriffe der neueren strukturell-funktionalen Soziologie unmittelbar auf Spencer zurück (siehe Artikel Spencer, in: Internationales Soziologenlexikon, ed. W. Bernsdorf, Stuttgart: Enke 1959 [zit. ISL], S. 528).

2) Siehe hierzu Karl Gustav Specht: Mensch und räumliche Umwelt — Bemerkungen zur Geschichte, Abgrenzung und Fragestellung der Sozialökologie, in: Soziale Welt 4 (1953) 195—205. — Als Beispiel für die weitgehende Begriffsentlehnung aus der Soziologie kann ein Senior der deutschen Pflanzensoziologie zitiert werden: „Eine Pflanzengesellschaft (+ Tiergesellschaft = Lebensgemeinschaft) ist eine nach ihrer Artenverbindung durch den Standort ausgelesene Arbeitsgemeinschaft von Pflanzen (und Tieren), die als sich selbst regulierendes und regenerierendes Wirkungsgefüge im Wettbewerb um Raum, Nährstoffe, Wasser und Energie sich in einem soziologisch-dynamischen Gleichgewicht befindet, in dem jedes auf alles wirkt, und das durch die Harmonie zwischen Standort und Produktion und aller Lebenserscheinungen und -äußerungen in Form und Farbe und ihren zeitlichen Ablauf gekennzeichnet ist" (Reinhold Tüxen: Entwurf einer Definition der Pflanzengesellschaft [Lebensgemeinschaft], in: Mitteilungen der Floristisch-soziologischen Arbeitsgemeinschaft, N. F., Heft 6/7, Stolzenau/Weser 1957, S. 151).

[3]) Die Erwartung, den Ausdruck „Human Ecology" mit „Sozialökologie" zu übersetzen, bereitete Amos H. Hawley und seinem Berater O. D. Duncan anläßlich des Artikels für das HES (l. c. Anm. 1) theoretische Schwierigkeiten: der deutsche Ausdruck erweckte in ihnen (wie ich in persönlichen Gesprächen erfuhr) eben gerade die Befürchtung, die ökologische Terminologie könnte als Naturanalogie für Gesellschaftsvorgänge mißverstanden werden, während es sich doch eben um nichts anderes handeln sollte als um eine Ökologie des Menschen (neben der Pflanzen- und Tierökologie), die selbstverständlich seine gesellschaftliche Organisation einzubeziehen habe, aber sich in der Untersuchung sozialer Beziehungen nicht erschöpfe. Duncan hatte sich in seinem Artikel für WSB (l. c. Anm. 1) dem deutschen Sprachgebrauch deshalb auch nicht gebeugt, sondern ihn im Gegenteil scharf verurteilt.

[4]) Als weitestgehend akzeptiert bezeichnet Duncan (Human Ecology and Population Studies, in: The Study of Population — An Inventory and Appraisal, eds. Philip M. Hauser und Otis. D. Duncan, Chicago: University Press 1959 [zit. StoP], S. 680) die Definition von James A. Quinn (Topical Summary of Current Literature on Human Ecology, in: American Journal of Sociology 46 [1940] S. 192 — meine Übersetzung, R. M.): „Die Humanökologie untersucht die Beziehungen zwischen Menschen und ihren natürlichen Umwelten." Duncan interpretiert diese Aufgabe (StoP, l. c., S. 683) als wissenschaftlich eigenständig in der Art ihrer Problemformulierung und der von ihr verwendeten heuristischen Prinzipien. Diese faßt er in folgenden Sätzen zusammen (StoP, l. c. — meine Übersetzung, R. M.): „Gesellschaft existiert vermöge der Organisation einer Bevölkerung von Organismen, von denen jede einzelne nicht dazu ausgestattet ist, in Isolierung zu überleben. Organisation stellt eine Anpassung an den unvermeidlichen Umstand dar, daß Individuen voneinander abhängig sind und daß das Kollektiv der Inidividuen mit konkreten Umweltbedingungen fertig werden muß — einschließlich etwa der Konkurrenz und des Widerstandes anderer Kollektive —, mit allen technologischen Mitteln, die zu seiner Verfügung stehen." Duncan symbolisiert dieses Konzept mit dem „ökologischen Komplex" (StoP, l. c., siehe Bild 1), den er bewußt nicht als „Ökosystem" bezeichnet. Er will damit das Vorurteil ausschließen, daß es sich um ein „System mit gleichgewichtserhaltenden Eigenschaften" (StoP, l. c., S. 684 — meine Übersetzung, R. M.) handele; dieses sei nicht vorauszusetzen, sondern erst zu beweisen.

[5]) Die — nach Duncan — zufällige Verbindung von Demographie und Soziologie an US-amerikanischen Universitäten (insbesondere bekanntlich an der Universität Chicago) schlug die Brücke zwischen einem biologischen und einem sozialen Verständnis menschlichen Verhaltens (StoP, l. c., Anm. 4, S. 684), die in anderen Ländern von der Soziologie nicht in gleicher Weise vermittelt wurden und als Einheit verstanden werden.

[6]) „Weil die meisten Umwelt- und Bevölkerungssituationen alternative Lösungen der Anpassungsprobleme gestatten und weil solche Lösungen zur Dauer tendieren, sobald sie in Organisationsformen und technische Anlagen umgesetzt werden, führen Unterschiede in den Ausgangsbedingungen tendenziell zur andauernden Diversifikation" (O. D. Duncan in StoP, l. c. Anm. 4, S. 683). Die Folgen dieser Auffassung für die soziologische Theorie hat Hans Linde (Sachdominanz in Sozialstrukturen, Tübingen: Mohr [Siebeck] 1972, 86 p.) in jüngerer Zeit am deutlichsten herausgearbeitet.

[7]) Ein Brückenschlag wäre von der Psychologie zu erwarten. Die verstreute Literatur wurde jüngst von Bernward Jörges (Gebaute Umwelt und Verhalten — Über das Verhältnis von Technikwissenschaften und Sozialwissenschaften am Beispiel der Architekten und der Verhaltenstheorie, Stuttgart: TU [Habilitationsschrift, Veröffentlichung in Kürze] 1976, 179 p. Ms.) theoretisch aufbereitet. — Daß früher Ansätze zu interdisziplinärer Forschung bestanden, belegt de Rudder und Linke: Großstadtbiologie, 1942; sie gerieten in Vergessenheit. Neue Impulse gaben die Konferenzen von 1972, siehe Günter Friedrichs ed.: Umwelt (Aufgabe Zukunft — Qualität des Lebens 4), Frankfurt: Europäische Verlagsanstalt 1973, 193 S.

[8]) Die seit Raymond Pearl (1925/1941) akzeptabel erscheinende Anwendung biologischer Befunde auf die Prognose menschlichen Verhaltens lediglich aufgrund formaldeskriptiver Ähnlichkeiten von Aggregaten wurde neuerdings publikumswirksam von dem Ethologen Leyhausen durch die Einfügung des scheinbar erklärungskräftigen Theorems der Aggressivität bereichert. — Peter Atteslander, der sich bereits früher um eine Vermittlung der fachwissenschaftlichen Ergebnisse bemühte (siehe z. B. Die letzten Tage der Gegenwart, Bern 1971, S. 18), bezieht sich in diesem Zusammenhang lediglich auf einen Zeitungsartikel Leyhausens im Zürcher Tages-Anzeiger vom 9. 9. 1972 (in: Dichte und Mischung der Bevölkerung, Berlin: de Gruyter [Stadt- und Regionalplanung] 1974, S. 4); seither liegen jedoch ausführlichere Diskussionsbeiträge vor, die unter Architekten und Stadtplanern Aufmerksamkeit fanden; siehe hierzu den überzeugenden Beitrag 3.1 von Jürgen Friedrichs. — Sorgfältiger und ertragreicher erscheint der Entwurf einer Theorie der Territorialität, den der schwedische Biologe Torsten Malmberg, Lund, vorzulegen versprach (siehe die Skizze: Study of Territorality, in: Europe 2000 — Project 3: Urbanization — Planning Human Environment in Europe, Amsterdam: European Cultural Foundation 1973, S. 91—100, und: Human Territories — A Survey of Territorial Behavior in Man with special reference to Urbanization in Europe, The Hague: Nijhoff 1976).

[9]) Sie beschränken sich außerhalb der Rechtsinstrumente von Natur- und Umweltschutz auf journalistische Initiativen, haben jedoch bislang keinen Eingang in die theoretischen und praktischen Konzeptionen der Stadt- und Regionalplanung gefunden. Das maßgebliche und weithin vorzügliche Handwörterbuch der Raumforschung und Raumordnung (ed. Akademie für Raumforschung und Landesplanung, Hannover: Jänecke 1970, III Bde., zit. HRR) erwähnt die Umweltökologie bezeichnenderweise nur in einem Artikel über Raumplanung und Raumordnung in den USA (Sp. 3485), während der Grünplanung bedeutender Platz eingeräumt wird. Einen Ansatz zur Integration versucht der Siedlungsgeograph Peter Hall (Europa 2000, Den Haag: Nijhoff 1977). Den Stand der Bemühungen um eine praktische Integration zeigt z. B. Paul Müller: Voraussetzungen der Integration faunistischer Daten in die Landesplanung der Bundesrepublik Deutschland, in: Veränderungen der Flora und Fauna in der Bundesrepublik Deutschland (Schriften für Vegetationskunde 10) 1976.

[10]) Für den gegenwärtigen Diskussionsstand repräsentativ sind Schriften wie Hans Kiemstedt e. a.: Inhalte und Verfahrensweisen der Landschaftsplanung, Bonn: Bundesminister für Ernährung, Landwirtschaft und Forsten, Beirat für Naturschutz und Landschaftsplanung 1976, 32 S. Zur Diskussion siehe: Planung unter veränderten Verhältnissen — Referate und Diskussionsberichte anläßlich

der Wissenschaftlichen Plenarsitzung 1975 in Duisburg, Hannover: Schroedel (Akademie für Raumforschung und Landesplanung, Forschungs- und Sitzungsberichte 108) 1976, insbes. S. 53: Ökologische Probleme. Neben anderen Beispielen zeigt die Anwendung auf der Ebene der Regionalplanung für ein großstädtisches Ballungsgebiet ist Hans Kiemstedt e. a.: Ökologische Planungsgrundlagen für den Verdichtungsraum Nürnberg—Erlangen—Fürth—Schwabach, Berlin: TUB 1976. Auch auf der kleinmaßstäblicheren Ebene der botanischen „Stadtökologie" werden zunehmend praktische Konzepte angeboten; siehe z. B. Herbert Sukopp: Bioindikatoren im Stadtbereich, in: Stadt und Landschaft 1976, sowie den Bericht zur gemeinsamen Tagung TUB/MIT: Ökologische Charakteristik von Großstädten, besonders anthropogene Veränderungen von Klima, Boden und Vegetation, in: TUB 4 — Zeitschrift der Technischen Universität Berlin, Berlin: Kohlhammer 6 (1974) 4:496—488, oder auch: Rolf Zundel: Landespflegerische Probleme durch die vielseitige Raumbeanspruchung im Modellgebiet Rhein-Neckar, in: Die Ansprüche der modernen Industriegesellschaft an den Raum (7. Teil), Hannover: Schroedel (Akademie für Raumforschung und Landesplanung, Forschungs- und Sitzungsberichte 111) 1976, 97—116.

11) Das Programm für eine Integrierende Planung (Rainer Mackensen, in: TUB — Zeitschrift der Technischen Universität Berlin 2 [1970] 314—329) sucht die destruktiven Folgen der funktionalistischen Charta von Athen des CIAM 1933 (s. HRR, Sp. 389 ff. u. 410; Peter Atteslander: Soziologie und Raumplanung, Berlin: de Gruyter 1976, S. 18) zu überwinden. Während bislang die Tendenz in der Stadtplanung dahinging, jedem anerkannten Zweck (wie Wohnen, Erholung, Arbeit, Verkehr — so „die vier Funktionen der Stadt" nach der Charta) eigene Flächen zur alleinigen Nutzung zuzuweisen, tritt zunehmend die multifunktionale Bedeutung von Flächen und Anlagen ins Bewußtsein. Die praktisch und logisch überzeugende Beweisführung lieferte Christopher Alexander: Die Stadt ist kein Baum, in: Bauen und Wohnen 1967, Heft 7, 283—290. Publikumswirksamer war die anschauliche Skizze von Jane Jacobs: Tod und Leben großer amerikanischer Städte (am. 1961), Gütersloh: Bertelsmann (Bauwelt Fundamente 4) 1963, 220 S. — Siehe hierzu auch Erika Spiegel: Stadtstruktur und Gesellschaft, in: Gerd Albers ed.: Zur Ordnung der Siedlungsstruktur, Hannover: Jänecke (Veröffentlichungen, Akademie für Raumforschung und Landesplanung, Forschungs- und Sitzungsberichte 85) 1974, 111—125.

12) Sie „untersucht menschliche Bevölkerungen hinsichtlich der sozialen Organisationsstrukturen und technologischen Systeme, durch die sie sich ihrer Umwelt anpassen" (Duncan, in: WSB, S. 427).

13) „Die Sozialökologie lieferte den Rahmen für eine eingehende empirische Behandlung des Problems der Gesellschaftsstruktur und besonders ihres modernsten und einzigartigen Aspektes: des Entstehens einer massiven Verstädterung" (A. H. Hawley, in: HES, S. 480).

14) Sie wirft zwei Probleme auf: 1. Eignen sich die zum Zwecke einer bestimmten theoretischen Entwicklung erarbeiteten Begriffe und Befunde überhaupt zur Anwendung? (hierzu Rainer Mackensen: Praktische Regionalsoziologie, in: Stadt und Landschaft, Raum und Zeit, Festschrift für Erich Kühn, Köln: Deutscher Verband für Wohnungswesen, Städtebau und Raumplanung 1969, 89—100; und ders.: Ist praktische Soziologie jetzt möglich? in: Soziologenkorrespondenz — Zeitschrift der Vereinigung für Soziologie 1 [1970] 2/3, 5—12). 2. Wie überwindet die Soziologie den Widerspruch zwischen ihrer eigenen unverzicht-

baren Tradition zur wissenssoziologischen Analyse herrschaftlichen Handelns (Ideologiekritik) und der Teilnahme an einem solchen Handeln, das zwangsläufig eine gewählte Lösung gegenüber Alternativen verteidigen, also ideologisch argumentieren muß? (Die Positionen von Peter Atteslander, l. c. Anm. 11, und Heide Berndt: Das Gesellschaftsbild bei Stadtplanern, Stuttgart: Krämer 1968, 175 p., erscheinen noch nicht vereinbar.) Das ist m. E. nur möglich, wenn die handlungsbeteiligten Soziologen Aufgabenstellung, Verfahren und Bedingungen bejahen, die Soziologie aber die Freiheit bewahrt, alternative Lösungen und deren Nebenfolgen zu diskutieren und die beschlossenen Lösungen zu kritisieren (Gegenstromprinzip).

[15]) Hawley (HES, l. c. Anm. 1, S. 480) beschreibt diese Ausgangslage nur kurz; eingehender geht Roland Warren (Soziologie der amerikanischen Gemeinde [am. 1963], Köln u. Opladen: Westdt. V. 1970, S. 21 ff.) darauf ein — sein Zweck ist der Tradition verwandt. Eine Darstellung der Entwicklung der Soziologie aus sozialem Engagement und zu einer akademischen Distanz gegenüber sozialen Problemen wäre einer gründlichen Darstellung wert, die noch aussteht, dem Selbstverständnis der Soziologie jedoch sehr nützlich sein könnte.

[16]) Deren theoretisches Konzept ist nicht ohne ihre praktische Intention zu begreifen; beide zeichnen sich durch eine seltene Verbindung von analytischen und synthetischen Tendenzen aus. Diese ist für handlungsorientierte Wissenschaften offenbar unerläßlich. Das Programm ist jedoch mit seiner Realisierung nicht zu verwechseln; diese erfordert einen erheblichen Zeitraum. Die hier herangezogene Entwicklung der Ökologie hinsichtlich ihrer praktischen Verwendbarkeit ist ein Dokument nicht nur des erforderlichen langen Entwicklungsweges einer praktischen Disziplin, sondern auch dafür, daß eine „Theorie der Stadtplanung" weder existiert, noch in Kürze zu erstellen ist.

[16a]) Siehe aber den Stand der Diskussion bei Bernd Hamm: Die Organisation der städtischen Umwelt, Frauenberg: Huber (Soziologie in der Schweiz 6) 1976, sowie den Beitrag 3 b in diesem Band.

[17]) Siehe HRR, l. c. Anm. 9, Sp. 1898 ff.

[18]) Siehe HRR, l. c. Anm. 9, Sp. 3849—3860; sowie: Edwin von Röventer: Raumwirtschaftstheorie, in: Handwörterbuch der Sozialwissenschaften, Stuttgart 1964, VIII, 707—728; Brian J. L. Berry u. Allen Pred: Central Place Studies, Philadelphia/Pa.: Regional Science Research Institute (Bibliography Series 1) 1961, 2: 1965, 153 u. 50 S.; Elisabeth Lauschmann: Grundlagen einer Theorie der Regionalpolitik, Hannover: Jänecke (Taschenbücher zur Raumplanung 2) 1970, 2: 1973, S. 42—75; Hans Heuer: Sozioökonomische Bestimmungsfaktoren der Stadtentwicklung, Stuttgart: Kohlhammer (Deutsches Institut für Urbanistik 50) 1975, S. 49—56; Dietrich Fürst u. Paul Klemmer u. Klaus Zimmermann: Regionale Wirtschaftspolitik, Tübingen/Düsseldorf: Mohr (Siebeck) / Werner 1976, S. 71 bis 88.

[19]) Roland Warren (l. c. Anm. 15) stellt diese Integration überzeugend her, indem er zwischen den vertikalen (gesamtgesellschaftlichen) und den horizontalen Organisationsmustern der Gemeinde unterscheidet.

[20]) Die Ableitung kann hier nicht vorgenommen werden. Sie beruht auf Arbeiten zur Indikatorisierung der Attraktivität der Großstadt (siehe: Analysen und Prognosen 3 [1970/71] 11: 10—14 u. 16: 16—19) und ihrer Verbindung mit der Gemeindesoziologie Warrens (l. c. Anm. 15) anläßlich der Entwicklung von einem Entwurf eines kommunalen Management-Systems (Berliner Simulations-

modell — BESI, Berlin: ZBZ [Bericht 9] 1970). Weiterführende Veröffentlichungen stehen bevor.

21) Vgl. HRR, l. c. Anm. 9, Sp. 3210, und Chauncy D. Harris u. Edward L. Ulman: The Nature of Cities (zuerst 1945), in: Cities and Society — The Revised Reader in Urban Sociology, eds. Paul K. Hatt u. Albert J. Reiss Jr., Glencoe/Ill.: Free Press (1951) 2:1959, S. 243; entsprechende Konzepte der Stadtplanung behandelt Gerd Albers: Modellvorstellungen zur Siedlungsstruktur in ihrer geschichtlichen Entwicklung, in: G. Albers, l. c. Anm. 11, S. 1—34.

22) Siehe Robert L. Wrigley Jr.: Urbanized Areas and the 1950 Decennial Census, in: Readings in Urban Geography, eds. Harold M. Mayer u. Clyde F. Kohn, Chicago: UP 1959, 42—45; vgl. auch Rainer Mackensen: Planungsprobleme der nordamerikanischen Verstädterung, in: Archiv für Kommunalwissenschaften 2 (1963) 79—100, insbes. S. 81; sowie: Werner Nellner: Die Abgrenzung von Agglomerationen im Ausland, in: Olaf Boustedt ed.: Zum Konzept der Stadtregion, Hannover: Jänecke (Akademie für Raumforschung und Landesplanung, Forschungs- und Sitzungsberichte 59) 1970, 91—149; und: Heuer, l. c. Anm. 18, S. 22 ff.

23) Zuletzt Olaf Boustedt: Grundriß der empirischen Regionalforschung, Hannover: Schroedel (Taschenbücher zur Raumplanung 4, 5, 6) 1973/75/76, aber auch: Boustedt, l. c. Anm. 22. Dazu: Rainer Mackensen: Städte in der Statistik, in: Wolfgang Pehnt ed.: Die Stadt in der Bundesrepublik Deutschland — Lebensbedingungen, Aufgaben, Planung, Stuttgart: Reclam 1974, 129—165, insbes. S. 158.

24) Siehe: Raumordnungsbericht 1968 der Bundesregierung, Deutscher Bundestag, Drucksache V/3958 vom 12. 3. 69, S. 48 u. 151; und: Bundesraumordnungsprogramm, Bundesminister für Raumordnung, Bauwesen und Städtebau, Schriftenreihe 06.002/1975, S. 9.

25) Zusammengefaßt in Boustedt, l. c. Anm. 22, und den dort nachgewiesenen vorhergehenden Bänden derselben Reihe.

26) Siehe: Brian J. L. Berry: Commercial Structure and Commercial Blight, Chicago: Dpt. of Geography (Research Paper 85) 1963, 235 S.; und: Rainer Mackensen: Bewährt sich die Theorie der Sanierung? in: Mitteilungen, Deutsche Akademie für Städtebau und Landesplanung 13 (1969) 32—48.

27) Hans Linde (Soziologie und Raumordnung B I Human Ecology und Sozialökologie, in: HRR, l. c. Anm. 9, Sp. 3007—3018, insbes. Sp. 3014) weist auf den historischen und an die jeweilige Gesellschaftsverfassung gebundenen Charakter der theoretischen Modelle hin.

28) Hierzu insbesondere: Katrin Lederer: Alternativen für die Verstädterung — Ansätze und Probleme einer langfristigen „bedürfnisgerechten" Stadtplanung, in: Martin Pfaff u. Friedhelm Gehrmann eds.: Informations- und Steuerungsinstrumente zur Schaffung einer höheren Lebensqualität in Städten, Göttingen: Vandenhoek u. Ruprecht 1976, 383—421, sowie ihre weiteren einschlägigen Schriften.

29) In der Wirtschaftstheorie wurde der „homo oeconomicus" durch den „satisficer" abgelöst: er strebt nicht die absolut optimale, sondern eine bis auf weiteres befriedigende Problemlösung angesichts seines gegebenen begrenzten Informationsniveaus und seiner begrenzten Mittel an. Siehe: Herbert A. Simon: Models of Man, New York: Wiley 1957, Kap. 15; Walter Isard e. a.: General Theory, Cambridge/Mass.: MIT-Press 1969, S. 209 ff.

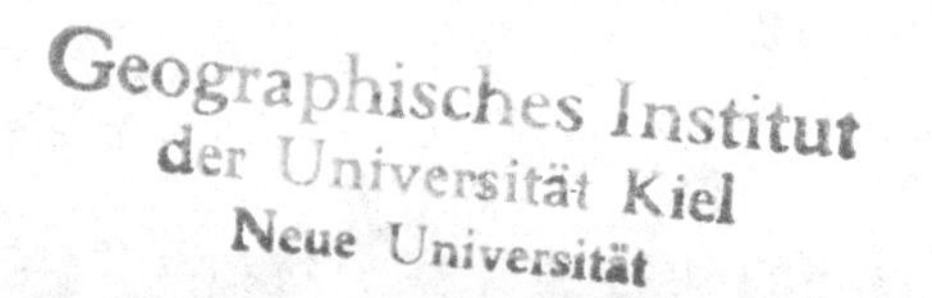

[30]) Samuel A. Stouffer (Intervening Opportunities and Competing Migrents, in: Journal of Regional Science 2 [1960] 1—26) wendet das Prinzip des „satisficers" (siehe Anm. 29) auf territoriale Bewegungen an: die nächstgelegene erreichbare Problemlösung ersetzt die optimale bei der Wahl alternativer Arbeits- und Wohnorte; vgl. R. Paul Shaw: Migration Theory and Fact, Philadelphia/Pa.: Regional Science Research Institute (Bibliography Series 5) 1975, S. 49.

[31]) Gunnar Olsson: Distance and Human Interaction, Philadelphia/Pa.: RSRI (Bibl. Ser. 2) 1964, S. 43 ff.; E. Lauschmann, l. c. Anm. 18, S. 156 ff.; D. Fürst e. a., l. c. Anm. 18, S. 188 ff.

[32]) Manfred M. Fischer: Mathematische Stadtentwicklungsmodelle vom Garin-Lowry-Typ, Wien: Arbeitskreis für neue Methoden in der Regionalforschung (Forum 3) 1976, 111 S.

[33]) Siehe: Rainer Mackensen: Das regionale Leistungsgefüge, in: Jahrbuch für Sozialwissenschaft 18 (1967) 80—97.

[34]) Siehe E. Lauschmann, l. c. Anm. 18, S. 179 ff.

[35]) Die Diskussion ist hierzu in vollem Gange; siehe z. B. Tassilo Tröscher ed.: Geburtenrückgang — Konsequenzen für den ländlichen Raum, Hannover: Schaper (Schriftenreihe für ländliche Sozialfragen, ed. Agrarsoziale Gesellschaft, 73) 1975, 39 S., sowie die Berichte etlicher Tagungen 1975/77 wie die der Deutschen Gesellschaft für Bevölkerungswissenschaft.

[36]) Dieses Zitat von McKenzie (1925) bei Hawley, l. c. Anm. 1, S. 481.

[37]) Eine kurze Übersicht der fast unübersehbaren Literatur gibt Laszlo A. Vaskovics: Segregierte Armut, Frankfurt: Campus 1976, 9—17; vgl. auch Einleitung und einschlägige Texte in: Ulfert Herlyn ed.: Stadt- und Sozialstruktur, München: Nymphenburger (Texte zur Wissenschaft 19) 1974.

[38]) Bei Peter Atteslander, l. c. Anm. 8, S. 68 ff., die Diskussion nach dem neuesten Stande.

[39]) Diese Forderung Eckhard Kutters (Areales Verhalten des Stadtbewohners — Folgerungen für die Verkehrsplanung, in: Veröffentlichungen, Institut für Stadtbauwesen 12, Braunschweig: TU 1973, 99—135) hat eine lebhafte Diskussion und Forschungstätigkeit ausgelöst; ein erstes Anwendungsbeispiel ist der Generalverkehrsplan für Nürnberg des Ingenieurbüros Kockx, 1976. Den letzten Diskussionsstand siehe: Eckhard Kutter: Überlegungen zur Verwendung „aggregierter" und „disaggregierter" Methoden in der Verkehrsplanung, in: Internationales Verkehrswesen 1977, und: Eckhard Kutter und Hans-Joachim Mentz: Verkehrliche Auswirkungen der Einführung eines bedarfsgesteuerten Bussystems, in: Straßenverkehrstechnik 1977.

[40]) Der Gedanke von John Rex (The Sociology of a Zone of Transition, in: Ray Pahl ed.: Readings in Urban Sociology, Oxford: Pergamon 1968, S. 214) wurde von Ray E. Pahl (Patterns of Urban Life, London: Longman 1970) entwickelt und vom Research Committee on the Sociology of Urban and Regional Development der International Sociological Association vielseitig erprobt. Siehe z. B. Jiri Musil: Die Entwicklung der ökologischen Struktur Prags, in: Herlyn, l. c. Anm. 37, 133—157; Ivan Szelenyi: Wohnungssystem und Gesellschaftsstruktur, in: Balint Balla ed.: Vom Agrarland zur Industriegesellschaft (Soziologie und Gesellschaft in Ungarn 4), Stuttgart: Enke 1974, S. 120; Paolo Ceccarelli ed.: Problems of Theory and Method of Regional Planning, The New Atlantis, Padova: Marsilio 1 (1969) 1.

[41]) Siehe die Vorläufigen Verwaltungsvorschriften zu § 7 Abs. 2 BHO im Ministerialblatt des Bundesministers der Finanzen und des Bundesministers für Wirtschaft 1973, S. 293—302; vgl. HRR, l. c. Anm. 9, Sp. 1611—1619.

[42]) Hierzu u. a. Bruno S. Frey: Umweltökonomie, Göttingen: Vandenhoek u. Ruprecht (kleine Reihe, 369 S.) 1972.

[43]) Die ersten Berichte aus der Arbeit des Internationalen Instituts für Umwelt und Gesellschaft im Wissenschaftszentrum Berlin, Leitung Meinolf Dierkes, wurden in den letzten Monaten vorgelegt.

[44]) Den wirkungsvollen journalistischen Arbeiten von Alexander Mitscherlich (Die (Unwirklichkeit unserer Städte, Frankfurt: Suhrkamp 1971; Thesen zur Stadt der Zukunft, Frankfurt: Suhrkamp [Taschenbuch 10] 1971) wurden bisher noch nicht überzeugend wissenschaftlich untermauert.

[45]) Zu diesem Gedanken ausführlicher: Rainer Mackensen: Entscheide, die uns bevorstehen, in: Müller ed.: Gesellschaftliche Entscheidungsvorgänge, Basel: Birkhauser 1977.

[46]) Ausführlicher: Mackensen, l. c. Anm. 23, S. 141 ff.

Alexander von Hesler

Stadtökologie des Rhein-Main-Raumes
Urban Ecology of the Rhine-Main-Region

Summary

"Ecology" is a very inaccurate definition in the political language. Even new scientific definitions for the establishment of the original meaning do not help in the political sphere. It will be more significant to connect the definition "ecology" with a defined procedure.

Ecology is a synonym for development in the political vocabulary. Using the definition "ecology" should only be permitted if:
1. the existing and influencing factors of the research area are investigated in reference to their reciprocal effect, and
2. the perceptions in planning are processed in such a way that the most possible "self-regulation of the ecosystem" can be expected.

This means that a progressive mental attitude is demonstrated by demanding more ecology. But nobody knows what that really could be.

Planners play with this definition. But just a few planners were in the position to deal with ecology. If ecology is supposed to be an useful scientific basis for planning it is about time to define the aim of ecology so that planning can handle it. If ecology teaches us that our environment is a very complicated system it would be obvious trying to imitate the environment in a model in order to understand it and to copy the outer influences in their effects.

Dealing with ecology reveals a new dimension to planning which so far has been out of reach. The possibility to deal with harmonizing a region seems to approach realization.

This is a fascinating imagination for planners. They receive a tremendous amount of information about the suitability of their planning. This enables planners to pass on imaginations more well-established to the decision makers.

Even though planning nowadays is rather comprehensive — we do have among others Federal Planning Laws, State Planning Laws, State Development Plans, Regional Plans — there has always been some question about planning. It is not necessary to proof that all these laws are far away from an ecological consideration of the area. All systems used do not correspond with the ecosystem. Planners knowing about the problems of a metropolitan area realize that they can only be solved by the help of ecosystem research and a mode of planning that adopts the biocybernetic basic rules.

In the sense of a natural ecosystem the ecosystems influenced by man are permanently irritated systems that cannot adjust themselves for that reason. Our aim has to be the transformation of the technosphere in order to enable a self-adjusting ecosystem in connection with the biosphere.

Showing the structures of an ecosystem in a model will be the best way make an amateur understand the problems. The model should do without the usual professional jargon to enable the amateur to perform the single steps in any way. This model should not only contain general and assured data about economic, demographic and physical facts. Also the attitude of decision makers and social groups should be taken into consideration. The decision maker represents a certain role in the model outset of our MAB-program. So it is necessary to talk about decision processes in which any kind of lobbies are of great importance.

This matter is a rather difficult part for shaping the models. A planner who does not consider decision processes in his planning ideas is a bad planner. A modeller who does not consider these processes in his model philosophy is a bad modeller, who dreams of a non-existing world which for that reason cannot be simulated in a model.

In our brochure "Urban Systems in Crisis" a few ranges of application are stated. By the help of simulation alternative planning concepts are tested in a preparing phase. Not only one development concept will be offered to a politician but also a couple of alternatives with different advantages and disadvantages. Then the model is used for development. Development and therapy are close together. Especially the therapy will be the future task for an already densely populated area: therapy by development. Therefore the model will often be questionned to receive a harmonisation of an area.

In spite of all "softness" of the expected statement one of the biggest problems is the acquisition of suitable data. It starts out that one does not know which data are "suitable". Even though there is a big amount of data existing already further data have to be collected. A special attention has to be turned to bio-indicators.

Raumplanung und Ökologie

Im politischen Sprachgebrauch ist „Ökologie" ein sehr ungenauer Begriff. Das ist zwar bedauernswert, aber sicher nicht dadurch zu beheben, daß man von der Verwendung abrät. Auch neue wissenschaftliche Definitionen zur Absicherung oder Reinhaltung des ursprünglich damit gemeinten, etwa im Sinne von Haeckel, „die Gestalt und die Lebensweise der Organismen, aus deren

Wirkungsbeziehungen zu ihrer Umwelt" zu erklären, helfen im politischen Raum nicht weiter. Es wird sehr viel sinnvoller sein, den Versuch zu unternehmen, den Begriff „Ökologie" mit einer definierten Handlungsweise zu verbinden.

Die Behauptung, man habe aus „ökologischer Einsicht" gehandelt, eine „ökologische Untersuchung" angestellt oder die „Ökologie des Raumes" berücksichtigt, ist heute gleichzusetzen mit einer Art Gütezeichen, wie etwa „Knopf im Ohr" bei Steiff-Tieren. Deswegen benutzen auch Fachleute, die wohl wissen müßten, daß sie der Ökologie kaum zu nahe getreten sind, gegenüber ihren Auftraggebern gern diesen terminus technicus.

Daß Planer mit dem Begriff etwas leichtfertig umgehen, ist zwar nicht verzeihlich, nimmt aber auch nicht wunder, da auf der einen Seite nur wenige Planer in der Lage waren, sich mit der Ökologie zu beschäftigen, auf der anderen Seite „die" Ökologie, die den Planern etwas zu sagen hätte, mit sich selbst noch nicht ins Reine gekommen ist.

Ellenbergs Feststellung aus dem Jahre 1973, „eine z. Z. kaum lösbare Aufgabe ist die Typisierung und Klassifikation von ökologischen Systemen, in denen der Mensch eine Rolle spielt", sei als Entschuldigung angeführt für die ständig sich erneuernden Verständigungsschwierigkeiten.

Wenn auch die Begriffe Bio-Ökologie und Geo-Ökologie in Planerkreisen selten zu hören sind, so reicht doch das ungeklärte Nebeneinander von Landschafts-Ökologie und Stadt-Ökologie und der komplexere Begriff der Human-Ökologie völlig aus, um Verwirrung zu stiften und vor allem im politischen Raum Unwillen zu erregen, da ja mit der Verwendung dieser Begriffe meistens auch Forderungen verbunden sind, die sich aber dem Verständnis des Entscheidungsträgers entziehen.

Im politischen Vokabular – siehe auch die Raumordnungsberichte – ist Ökologie ein Synonym für Fortschritt, d. h. man demonstriert eine fortschrittliche Geisteshaltung, wenn man mehr Ökologie fordert.

Solche Verhaltensweisen sind nicht grundsätzlich verwerflich, stellen sie doch das Tor dar, durch das man schreiten muß, um in den Raum zu gelangen, der nach ökologischen Gesichtspunkten gestaltet werden kann.

Will man jedoch die Ökologie zu einer brauchbaren wissenschaftlichen Grundlage für die Raumplanung machen, dann ist es allmählich an der Zeit, das Ziel eben dieser Ökologie (für die Raumplanung) überhaupt und so verständlich zu definieren, daß die Raumplanung damit umgehen kann.

Um dem Mißbrauch zunächst aber Schranken zu setzen, sollte man einfache und einprägsame Forderungen stellen, die sowohl vom Politiker als auch vom Fachplaner verstanden werden. So sollte etwa die Verwendung des Begriffs „Ökologie" in allen seinen Zusammensetzungen nur dann statthaft sein, wenn:

1. die im Untersuchungsgebiet vorhandenen, und die auf das Gebiet einwirkenden Faktoren in ihren Wechselwirkungen untersucht sind, und
2. die Erkenntnisse in der Planung so verarbeitet worden sind, daß eine größtmögliche „Selbstregulierung des Ökosystems" erwartet werden darf.

Ich glaube, daß man damit Ellenbergs Forderung nach einer Ökosystemgliederung, die menschlichen Einfluß miteinbezieht, ohne auf die Prämisse des „Ökosystems als Gefüge, das sich weitgehend selbst reguliert", verzichten zu müssen, relativ nahe kommt. Freilich wird man dann nicht umhin kommen, möglichst rasch darzustellen, was unter der Selbstregulierung des Ökosystems im speziellen Falle zu verstehen ist.

Politisches Handeln im ökologischen Sinne wird dann häufig heißen, ein Ziel nicht direkt anzusteuern, sondern, um ein Ziel zu erreichen, Maßnahmen in einem ganz anderen – räumlichen oder sachlichen – Bereich zu veranlassen und zu verantworten.

Für die Raumordnung eröffnet die Beschäftigung mit der Ökologie eine neue Dimension, die bisher unerreichbar war. Die Möglichkeit, sich mit der Harmonisierung eines Raumes zu beschäftigen, scheint in greifbare Nähe gerückt, um so mehr, als Bevölkerungsstagnation und geringes Wirtschaftswachstum den Blick frei machen für die Umweltgestaltung.

Wenn uns die Ökologie lehrt, daß unsere Umwelt ein ungeheuer kompliziertes System ist, in dem die einzelnen Glieder miteinander in Wechselwirkung stehen und sich gegenseitig regulieren und weiterentwickeln, dann liegt es nahe, den Versuch zu unternehmen, diese Umwelt im Modell nachzubilden, um sie begreifen und äußere Einflüsse in ihren Auswirkungen nachbilden zu können.

Für den Planer wiederum eine faszinierende Möglichkeit, weil er seine Vorstellungen im Hinblick auf interdisziplinäre, räumliche und zeitliche Auswirkungen überprüfen kann. Er erhält eine erhebliche Menge an Information über die Zweckmäßigkeit und Naturgemäßigkeit seiner Planung und kann seine Vorstellungen fundierter an die Politiker zur Entscheidung weiterreichen. Im politischen Entscheidungsprozeß werden Willkür und sachfremde Erwägungen weiter eingeschränkt.

Entwicklung der Raumplanung

Die Zeit war wohl bisher nicht reif, diesen Weg zu beschreiten, obwohl es der Raumplanung weder fremd ist, in Systemen zu denken, noch sich mit komplexen Vorgängen zu beschäftigen. Im Gegenteil, beides sind Voraussetzungen für diese Arbeit, aber über einen langen Zeitraum waren die augenblicklich zu lösenden Probleme – der Bevölkerungsansiedlung – zu drängend, als daß noch Zeit geblieben wäre, sich intensiv mit der Weiterentwicklung der Planungsphilosophie zu beschäftigen.

Forderungen der Raumplaner

Zu einem Zeitpunkt, wo Umweltprobleme schon recht deutlich artikuliert wurden, war die Raumplanung immer noch vordringlich mit der Erarbeitung von Richtlinien, Richtzahlen und derlei Dingen beschäftigt. Vielerorts tut sie das auch heute noch ausschließlich, obwohl doch schon sehr früh in Landesplanungsgesetzen und -programmen z. B. gefordert wird:

„Eine Verdichtung von Wohn- und Arbeitsstätten ist anzustreben, soweit sie zu gesunden Lebens- und Arbeitsbedingungen führt ...
Nachteile der Verdichtung wie Verunreinigungen von Wasser und Luft, die Lärmbelästigung ... sollen beseitigt werden, ohne die Wirtschaftskraft wesentlich zu schwächen. Für die Zukunft sollen derartige Nachteile verhindert werden."

Eine andere Forderung: „Das Gleichgewicht in der Natur soll insbesondere in biologischer, wasserwirtschaftlicher und klimatischer Hinsicht erhalten oder wiederhergestellt werden."

Über den hohen Anspruch, der hier im Hessischen Landesraumordnungsprogramm – verkündet am 26. 3. 1970 – postuliert, kann man nachträglich nur staunen, wenn man weiß, welches Planungsinstrumentarium vor sieben Jahren zur Verfügung stand und heute noch im wesentlichen in Gebrauch ist.

Planungsinstrumente

Ein System Zentraler Orte, Entwicklungsbänder, Grünzüge, Bürgerhäuser, viel mehr ist es nicht, was dem Planer an Elementen für eine zu entwerfende Siedlungsstruktur zur Verfügung stand. Wer schon einmal einen Raumordnungsplan auf regionaler Stufe mit seinen vielfältigen Aussagen gesehen hat, weiß, in welch hohem Maße hier auf die Vorstellungskraft des Planers vertraut wird, wenn das Planungsinstrumentarium so mager ist.

Raumplanung in Deutschland hat Tradition und einen dornenreichen Weg hinter sich. Von den ersten Planungen im Ruhrgebiet (Robert Schmid 1912) über die Planungskonzepte für die „deutschen Ostgebiete" und den darauf folgenden völligen Verruf nach dem 2. Weltkrieg bis zum Planungssystem von heute ist ein weiter Weg. Ein Weg, auf dem abwechslungsweise Planung als wichtigste Aufgabe und als sinnlose Zeitverschwendung oder aber als Ausfluß der Diktatur hingestellt wurde. Planung wird immer wieder in Zweifel gezogen werden.

Im Prinzip ist das Planungssystem gegenwärtig sehr ausgefeilt.

Gesetze

Es gibt das Bundesraumordnungsgesetz und die Landesplanungsgesetze, daneben steht das Bundesbaugesetz. Wir haben das Bundesraumordnungsprogramm und Landesraumordnungsprogramme und schließlich Landesentwicklungspläne und -programme und Regionalpläne. Alle Bundesländer haben ihr Hoheitsgebiet in Regionen eingeteilt. Die für die Regionen aufgestellten Regionalpläne sind die Rahmenpläne für die Bauleitplanung, die ihre Grundlage im Bundesbaugesetz findet. Hinzu kommen alle einschlägigen Fachgesetze, als wichtigstes das Bundesimmissionsschutzgesetz.

Die Inhalte all dieser Pläne und der sie begleitenden Fachpläne — wie etwa der Landschaftsrahmenplan — sind im wesentlichen festgelegt und werden im Bundesgebiet allmählich vereinheitlicht. Im Grunde sind alle diese Pläne Flächendispositionen, in denen freilich die bekannten Zielkonflikte nach Möglichkeit ausgeräumt werden.

Schwerpunkt Infrastruktur

Der Schwerpunkt hat sich — zumindest auf Landesebene — immer mehr auf die Beseitigung des „wirtschaftlichen, sozialen und kulturellen Gefälles zwischen den leistungsstarken und leistungsschwachen Teilen des Landes" verlagert. Es werden „vielfältige, gleichwertige und krisenfeste Beschäftigungsmöglichkeiten ... zeitgerechte Bildungs-, Kultur-, Versorgungs- und Sozialeinrichtungen, modern gestaltete Verkehrsverbindungen ..." gefordert.

Vor dem Hintergrund der Schaffung und Erhaltung solcher „gleichwertiger Lebensbedingungen in allen Teilen des Bundesgebietes" (Bundesraumordnungsprogramm S. V) werden Ist- und Soll-Werte errechnet, Defizite festgestellt und Investitionsprogramme aufgestellt.

Raumplanung und Ökosystem

Es ist nicht notwendig, den Nachweis zu führen, daß das alles sehr weit weg ist von einer ökologischen Raumbetrachtung. Die Systeme, die hier gelegentlich verwendet werden, wie das System der Zentralen Orte oder das System der Entwicklungsbänder, haben eigentlich mit einem System nicht viel gemeinsam, mit dem Ökosystem rein gar nichts.

Wer die Probleme eines Verdichtungsgebietes kennt, weiß wiederum, daß hier mit Zentralen Orten, Entwicklungsbändern und ähnlichen Dingen nicht viel gekonnt ist.

Diese Probleme können nur mit Hilfe der Ökosystemforschung und einer Planung, die sich die biokybernetischen Grundregeln weitgehend zu eigen macht, gelöst werden.

In der Auseinandersetzung über die Definition von Ökosystemen — „these ecosystems, as we may call them, are of the most various kinds and sizes" (Tansdy 1935) — hat Ellenberg 1973 ausgeführt: „Im Prinzip ist beispielsweise eine Stadt mit ihren Randbezirken und dem Umland, aus dem sie vorwiegend versorgt wird, durchaus als Ökosystem zu betrachten. Denn die darin lebenden Menschen sind Glieder von Nahrungsnetzen und nehmen an Energieumsätzen wie Stoffkreisläufen teil." Der menschliche Einfluß soll in die Ökosystemgliederung mit einbezogen werden, „ohne deshalb auf die Prämisse des Ökosystems als Gefüge, das sich weitgehend selbst reguliert, verzichten zu müssen".

Im Sinne eines „natürlichen" Ökosystems sind die vom Menschen beeinflußten Ökosysteme ständig gestörte Systeme, die sich deswegen nicht mehr selbst regulieren können. Unser Ziel muß es sein, die Technosphäre so umzugestalten, daß sie zusammen mit der Biosphäre wieder ein sich weitgehend selbst regulierendes Ökosystem bilden kann.

Gesellschaftliche Leistungsbereitschaft

Von besonderem Interesse ist dabei, wie J. Pietsch schreibt, „die Wechselwirkung zwischen Normen und Systemzuständen, d. h. zwischen ‚gesellschaftlicher Leistungsbereitschaft und ökologischer Leistungsfähigkeit'".

Nun hängt die „gesellschaftliche Leistungsbereitschaft" nicht in erster Linie vom guten Willen oder einer höheren Einsicht ab, sondern von der für die Gesellschaft gegebenen Möglichkeit, die Zusammenhänge in diesem Ökosystem zu erkennen. Weil nun einmal das Ökosystem eines Verdichtungsgebietes nicht durch einzelne kausal begründete Ursache-Wirkung-Zusammenhänge zu erklären ist und die Prozesse eine zeitliche Dimension haben, wird es so schwierig, diese Materie in den politischen Entscheidungsprozeß einzuführen.

„Ökologische Kreisläufe" sind für den normalen Menschen noch einigermaßen begreifbar, „ökologische Spiralen", die zu einer Weiterentwicklung des Systems und zu einer Veränderung der „Kreisläufe" führen, sind nur schwer verständlich.

Einer der wesentlichsten Gesichtspunkte für die weitere Arbeit wird also sein, hier anzusetzen und die „gesellschaftliche Leistungsbereitschaft" durch eine didaktische Aufbereitung der Probleme zu steigern. Erste Ansätze hierfür sind vorhanden.

Modelle

Einer der besten Zugänge zum Verständnis des Laien ist sicherlich das Sichtbarmachen der Strukturen eines Ökosystems in einem Modell. Wir wissen, daß wir ohne (mathematische) Modelle gar nicht auskommen. Das Modell aber, das eine aufklärende Funktion haben soll, muß auf den üblichen Fachjargon verzichten und dem Laien die Möglichkeit bieten, die einzelnen Schritte in irgendeiner Art und Weise nachzuvollziehen. Es darf mit Sicherheit keine „blackbox" sein, da dadurch zusätzlich noch das Mißtrauen geweckt wird, das ohnehin gegenüber der elektronischen Datenverarbeitung vorhanden ist. Ausgehend von der Aufgabe und den eben genannten Forderungen wird es natürlich keines der üblichen Modelle sein. Das gesuchte Modell wird „wahrscheinlich weder ein prognostisches Abbild des zu untersuchenden Gesamtsystems sein, noch wird es Einzelprognosen bringen. Dafür wird der zu erwartende Typus des Gesamtbildes, etwa ob es zur Stabilisierung, zu größerer Reife und so weiter tendiert oder nicht, weit zuverlässiger beschrieben werden können, als das bisher möglich war" (Vester).

Vester sagt weiter:
„Außerdem ist die Unmöglichkeit einer sicheren Prognose ein Wesensmerkmal eines jeden organisierten Systems." „Ich bin sicher, daß wir daher weit eher zu brauchbaren Entscheidungshilfen kommen, wenn wir es aufgeben, nach einer Komplettierung mit immer weiteren Daten zu suchen ..." Hierzu Konrad Lorenz (Mai 1976): „Es ist die Geisteskrankheit unserer Zeit zu glauben, daß nur das Quantifizierbare Realität hat." Und: „Es ist ein oft gebrauchter und ganz dummer Satz, daß jede Untersuchung so viel Wissenschaft enthält, wie Mathematik in ihr steckt."

Ganz sicher ist es notwendig, in räumlich und sachlich eng abgesteckten Bereichen zu quantifizieren, besonders dann, wenn es um konkrete Maßnahmen geht. Im Pilotprojekt „Technology Forecast and Assessment" (TF & A) des Institute of Electrical and Electronics Engineers (IEEE) werden solche Modelle als zweite Gruppe aufgeführt. Es sind die klassischen Input/Output-Modelle. Bei ihnen können die Anfangsbedingungen variiert werden. Der Einfluß untereinander wird festgestellt und im Regelmodell dargelegt, das Verhalten in ihrer Lebenswelt aber ignoriert.

Zur dritten Kategorie nach IEEE soll das gewünschte Modell gehören. Diese Modelle beinhalten „nicht nur die Aufnahme allgemeiner und gesicherter Daten über ökonomische, demographische und physikalische Tatbestände. Sie sorgen auch dafür, daß zumindest das Verhalten von Entscheidungsträgern und geschlossenen gesellschaftlichen Gruppen mit in die Überlegung einfließt. Naturgemäß sind solche Daten ‚weicher'. Andererseits zeigt die Geschichte, daß bei Berücksichtigung solcher Verhaltensweisen längerfristige und zuverlässigere Aussagen zu erhalten sind, als wenn man nur mit den ‚gesicherten' Daten arbeitet".

Es ist erfreulich festzustellen, daß sich allmählich die Erkenntnis der Bedeutung von Entscheidungsträgern verbreitet. Im Modellansatz für unser MAB-Programm spielt ja der Entscheidungsträger in mehrfacher Hinsicht eine besondere Rolle, und deswegen ist es notwendig, etwas zu sagen über die Entscheidungsprozesse.

Bei politischen Entscheidungen spielen u. a. der Zeitfaktor (Wahlperiode), die wechselnden Wertschätzungen der Bevölkerung, parteipolitische Auseinandersetzungen, die diversen Lobbies und auch der Gegensatz zwischen Lokal- und Regionalpolitik eine Rolle.

Politische Entscheidungen sind z. B. in hohem Maße abhängig von den Legislaturperioden. Kommunalwahlen, Kreistagswahlen, Landtagswahlen und Bundestagswahlen finden alle 4 Jahre statt; Wahlbeamte (z. B. Bürgermeister) werden im allgemeinen auf 6 Jahre, bei Wiederwahl auf 12 Jahre gewählt. Jeder Politiker wird und muß bestrebt sein, während seiner Wahlperiode Erfolge aufzuweisen, um damit bei den folgenden Wahlen aufwarten zu können. Das ist durchaus legitim, bedeutet aber gleichzeitig, daß alle Vorhaben, deren Erfolg erst jenseits des Wahlzeitraumes sichtbar werden kann, für seinen persönlichen Erfolg und den seiner Partei nicht interessant sind, oder mindestens nicht im Vordergrund seines Interesses stehen.

In seiner Handlungsweise ist er direkt abhängig von der Gunst des Wählervolkes. Hier werden die Präferenzen gesetzt, die unter Umständen rasch verändert werden. Ein sehr eindrucksvolles Beispiel ist der Schnellstraßenbau im Verdichtungsgebiet. Fast von einem Tag auf den anderen überwog bei der Bevölkerung der negative Aspekt der Lärmbeeinträchtigung durch die Straßen den positiven Aspekt der besseren Fortbewegungsmöglichkeiten. Die Politiker reagierten prompt.

Die Bevölkerung muß also angesprochen werden. Wer allerdings die Auseinandersetzung von Kernkraftwerksgegnern mit -befürwortern aufmerksam verfolgt und die massive Reklame der Energieversorgungsunternehmen gesehen hat, gerät in Zweifel, ob hier Entscheidungen vorbereitet werden, die ökologisch vertretbar sind.

Vernunft oder Unvernunft spielen bei lokalen, parteipolitischen Auseinandersetzungen — insbesondere vor Wahlterminen — gar keine Rolle mehr. Hier kann es vorkommen, daß die eigene richtige Meinung in das Gegenteil verkehrt wird, nur um eine gegensätzliche politische Aussage zu machen, wenn nur die geringste Chance besteht, den Wähler — auch mit falschen Argumenten — für sich zu gewinnen.

Planungen jeder Art können von dem Gremium, das sie beschlossen hat, verändert werden. Die Änderungen der Bauleitpläne (Flächennutzungs- und Bebauungspläne) gehen in die Tausende. Das ist auf der einen Seite vernünftig, da sich auch die Umstände ändern, die zu einer bestimmten Planung geführt haben, auf der anderen Seite eine große Gefahr für jede langfristige und in ihrem Zweck nicht leicht einsehbare Planung.

Im Entscheidungsprozeß spielen die Lobbies jeder Art eine bedeutende Rolle. Natürlich gibt es bei jeder Entscheidung eine Lobby. Es gibt keine Entscheidung ohne einen Betroffenen, und ist der Staat selbst betroffen, dann ist er der beste und erfolgreichste Lobbyist. Der Kommunalpolitiker ist gleichzeitig Entscheidungsträger und Lobbyist „seiner" Wähler. In kleinen Gemeinden kann das zu recht unerfreulichen Verhältnissen führen. Aber auch die staatlichen Behörden sind mächtige Lobbies. So sind etwa die Straßenbaubehörde oder auch die Wasserwirtschaftsbehörde nicht gezwungen, einem übergeordneten und abgestimmten Konzept zu folgen, sondern können versuchen, in der Öffentlichkeit und mit der Öffentlichkeit ihren egoistischen, fachbezogenen Willen durchzusetzen.

Die Planungen der unteren Planungsebene haben sich in die Planungen der höheren Planungsebene einzuordnen. Regionalpolitik hat sich der Landespolitik unterzuordnen, Kommunalpolitik der Regionalpolitik. Konkret heißt das, daß eine Gemeinde ein Kraftwerk auf seiner Gemarkung, wenn es durch die Landespolitik so bestimmt wird, hinzunehmen hat. Da vermutlich heute keine Gemeinde ein Kraftwerk auf seiner Gemarkung haben will — früher war das anders —, wird es wohl auch keinen anderen Weg geben, Kraftwerkstandorte zu finden — so wir solche brauchen. Wir wissen, daß das nicht so einfach ist; und das hat sicher sein Gutes. So wird eine übergeordnete Behörde oder eine Landesregierung gezwungen, genau darüber nachzudenken, ob sie auch etwas Richtiges und Verantwortbares will. Auf jeden Fall ist der Konflikt da, aus den unterschiedlichen Interessen, aus der Unterschiedlichkeit des Abstraktionsgrades. Ob er sachgerecht — ökologisch — gelöst wird, steht dahin. Der Entscheidungsträger schielt auf den Wähler und wird von der Lobby unter Druck gesetzt. Objektivität, soweit erreichbar, ist bei dieser Aufführung von der Bühne verbannt.

Wir kennen den einzelnen Bürger als Lobby, die Bürgerinitiative, den Fachverband, die Vereine, Gesellschaften, die direkt oder indirekt in den Entscheidungsprozeß eingreifen. Die Vielfalt ist verwirrend, wahrscheinlich auch gut, weil sich dadurch manches wieder ausgleicht.

Für die Modellgestaltung ist diese so schwer durchschaubare Materie ein besonders schwieriger Bestandteil. Aber gerade in diesem Bereich soll sich das geforderte Modell von den vielen anderen unterscheiden. Wer politische Entscheidungsprozesse bei seiner Planungsidee nicht berücksichtigt, ist ein schlechter Planer, wer diese Prozesse in seiner Modellphilosophie nicht berücksichtigt, ist ein schlechter Modellbauer, der von einer Welt träumt, die es nicht gibt, und die man deshalb in einem Modell auch nicht nachvollziehen kann.

Planer und Modell

Was erwartet nun der Planer von dem Modell? Er ist ja derjenige, der damit arbeitet und der es dem Politiker vorführt.

In unserer Broschüre „Ballungsgebiete in der Krise“ sind einige Anwendungsbereiche genannt. Zunächst die Simulation. Mit Hilfe der Simulation werden in der Vorbereitungsphase alternative Planungskonzepte getestet, etwa die optimale Lage von Siedlungsgebieten in bezug auf Klima, Lärm, Wasserversorgung, Abwasser- und Abfallbeseitigung, Verkehr usw. Nicht brauchbare Konzepte können damit rasch wieder ausgeschieden werden.

Dem Politiker wird aber nie nur ein einziges Entwicklungskonzept vorgelegt, sondern einige Alternativen mit jeweils unterschiedlichen Vorzügen und Nachteilen. Das Modell dient dann der Entwicklung, weil es im allgemeinen nicht bei den Alternativen bleibt, sondern nun auch Anfragen an das Modell kommen, welche Auswirkungen neue, in die Diskussion gebrachte Wünsche haben würden.

Weit häufiger als neue Pläne stehen heute Planänderungen zur Diskussion. Entwicklung und Therapie stehen hier eng nebeneinander. Insbesondere aber die Therapie wird für ein bereits dicht besiedeltes Gebiet die Zukunftsaufgabe sein: Therapie durch Entwicklung.

Die tägliche Arbeit erschöpft sich ja nie in einer Frage allein. Mit der Ausweisung neuer Siedlungsflächen ist die Schaffung neuer Arbeitsplätze verbunden. Man muß sich also nicht nur um Siedlungsflächen, sondern auch um Standorte für Arbeitsplätze kümmern. Die angesiedelten Menschen sollen sich aber auch erholen können, so daß die Frage nach Nah- und Wochenenderholungsgebieten nicht vernachlässigt werden kann. Die Erholungsgebiete sollen zwar mit dem individualen Verkehrsmittel erreichbar sein, doch durch eben diese Autos nicht gestört werden. Man kann die Folgeprobleme beliebig fortsetzen.

In der unerwartet neuen Situation der Bevölkerungsstagnation und des begrenzten Wirtschaftswachstums kommt erstmals die — von manchem Planer sicher ersehnte — Frage nach der Harmonisierung eines Raumes hinzu. Die Frage würde also etwa lauten:
Energiebedarfsdeckung (einschließlich des Hausbrandes) ohne Luft- und Wasserbelastung.
Kommunikationsmöglichkeiten ohne Belastung durch Lärm, Abgase, Wartezeiten und Streß.
Leben in der Stadt ohne Lärm, Abgase, aber mit verbesserten klimatischen Bedingungen, Grünflächen, verbesserten Freizeitangeboten.
Arbeitsmöglichkeiten ohne mühsame Anfahrt und Streß am Arbeitsplatz.
Erholungsmöglichkeiten ohne lange Anfahrt, Lärm und Abgase.

Fragen, die sowohl für den betrachteten Raum als auch als Einflüsse aus anderen Räumen eine Rolle spielen:

d. h. wenn der Verkehr in einer Stadt befriedigend abgewickelt werden soll, muß er in allen Städten einer Region so laufen,

d. h. wenn das Stadtklima einer Stadt befriedigen soll, dann muß das Klima in der Region entsprechend gestaltet werden können,

d. h. wenn eine Stadt frei sein soll von den Abgasen der Heizungen, dann muß das auch für den größten Teil der anderen Städte zutreffen.

Wenn die Struktur einer Region harmonisiert werden soll, dann wird das nur bei einem bestimmten Verhältnis von besiedeltem zu unbesiedeltem Raum der Fall sein, und dann wird die Anordnung der Siedlungen im Raum von einer Reihe „natürlicher" Faktoren abhängen und nicht umgekehrt der Freiraum ein Rest der Siedlungstätigkeit sein dürfen.

Die Probleme beginnen häufig mit einem unscheinbaren Projekt, der Anordnung eines Gewerbegebietes, der Lage eines Verbrauchermarktes, dem Standort einer Mülldeponie und dergleichen. Jedes dieser Projekte kann unerwartete Folgen haben, räumlich und sachlich in naheliegenden oder nicht bestimmbaren fernen Bereichen.

Das Modell wird darum sehr häufig befragt werden müssen, um schließlich zu einer Harmonisierung des Raumes zu gelangen.

Daten

Trotz aller „Weichheit" der erwarteten Aussage ist eines der Hauptprobleme die Beschaffung der geeigneten Daten. Das fängt damit an, daß gar nicht sicher ist, welche denn eigentlich die „geeigneten" Daten sind. Trotz der Menge der vorhandenen Daten werden weitere gesammelt werden müssen. Besonderes Augenmerk wird dabei auf die Bio-Indikatoren zu richten sein. Die Region Untermain ist ein dankbares Untersuchungsobjekt, weil hier viele Daten, gut aufbereitet, vorhanden sind. Das sind Bevölkerungs-, Wirtschafts- und Flächennutzungsdaten; aber auch Immissions- und Emissionsdaten, Gewässerdaten etc.

Die erste Anfrage nach Daten für das Modell lautet aber Kriminalität, Maschinen, Verbrauch von Psychopharmaka (Anzahl der verkauften Tabletten für eine Gemeinde) und last not least Kopulationshäufigkeit und -freudigkeit. Diese Daten gehören leider nicht zu dem üblichen Datensatz einer Planungsbehörde. Wir werden uns bemühen, sie aufzutreiben.

Sowohl die Nichtverfügbarkeit als auch die Datenverarbeitung verlangen eine Reduktion des Datenmaterials. Im Modell wird darum nach der Sammlung, Systematisierung und Quantifizierung der Variablen eine qantitative Überprüfung vorgenommen. Damit werden Ballast-Variablen entfernt. In einem späteren Schritt wird „die Zugehörigkeit der Variablen" zueinander überprüft und daraus werden größere Block-Individuen gebildet. Die Bildung der Block-Individuen hängt wiederum von der Fragestellung und von der untersuchten Ebene ab.

In der Datensammlung werden einmal — soweit sie vorhanden sind — Bio-Indikatoren eine wichtige Rolle spielen. Im Rahmen unserer „lufthygienisch-meteorologischen Modelluntersuchung" sind bereits mit Erfolg Bio-Indikatoren verwendet worden. Mit Hilfe der Kartierung von Flechtenvorkommen und der Ausbringung von Flechtenexplantaten wurde die Immissionsbelastung festgestellt (L. Steubring). Trotz des sehr umfangreichen physikalischen Meßnetzes mit insgesamt 518 Meßpunkten und -stationen war das notwendig, um eine Aussage über die Summenwirkung der Immissionen, die ja sehr viel höhere Schädigungen hervorrufen kann, zu erlangen. Die Forschung sollte gerade in dieser Richtung rasch vorangetrieben werden, um aussagekräftige Daten für die Modellbildung zu bekommen.

Vor kurzer Zeit wäre es kaum möglich gewesen, ein so umfangreiches Projekt mit einer so komplexen Materie in Angriff zu nehmen. Eine Chance hierfür war erst durch die Weiterentwicklung der elektronischen Datenverarbeitung gegeben. Der Erfolg des Vorhabens wird nun sehr wesentlich davon abhängen, die EDV so einzusetzen, daß sie nicht nur Rechnungen durchführt, sondern daß die Struktur des Systems, des Ökosystems, deutlich wird. Bürger, Politiker, Planer müssen Einblick gewinnen können in die Materie, damit der Wille, diesen Weg zu gehen, gestärkt wird. Kein Zweifel, daß die „Geheimnisse des Ökosystems" so spannend sind wie die „Geheimnisse des Meeres" von Jacques Cousteau. In den Massenmedien müssen sie einen gleichen Rang einnehmen, denn in der Bevölkerung, in den Schulen bauen wir die Entscheidungsprozesse auf, die über das „Überleben" unseres Systems entscheiden werden.

Es wird daher künftig unerläßlich sein, die Bürger in großem Umfang von Forschungsarbeiten und ihren Ergebnissen zu unterrichten; nur so kann die „gesellschaftliche Leistungsbereitschaft", die die Zusammenhänge in diesem Ökosystem erkennen soll, gefördert werden.

VI. Schlußbetrachtung / Final Remarks

Magda Staudinger

Der Mensch zwischen Technosphäre und Biosphäre
Man between Technosphere and Biosphere

Summary

The life conditions on our planet are described: the laws of man's selfmade world, the technosphere, are often opposite to those of the natural world, the biosphere. Both parts are to be brought in harmony with each other again. Man's nature is described: his organization has tight relations to the animal world the laws of which are to be considered for man's behaviour. The biological and the cultural evolution are described with their different laws: the biological evolution is slow and is valid in the same way for the whole of mankind, whereas the cultural evolution goes on differently in the different parts of the world and evolves rapidly by information through speach and tradition. Thus, there exists a lot of different cultures.

The bad effects of life in the technosphere which affect man's health have to be overcome. One essential remedy is the stabilization of man's partnerships relation to nature which expresses the ageold deeply involved community of all life and is a part of man's mental and physical health.

Unser Thema lautet „Stadtökologie". Erlauben Sie mir bitte, dieses Thema zum Abschluß etwas weiter zu fassen und auf Gegebenheiten hinzuweisen, die durchaus und nicht nur am Rande dazu gehören.

Wir wollen uns einmal vor Augen führen, daß Stadt und städtisches Leben in der Entwicklungsgeschichte unseres Planeten ein relativ junges Phänomen darstellen. Es mußten im Laufe der menschlichen Geschichte Zehntausende von Generationen von Jägern und Sammlern vorüberziehen, bevor überhaupt die ersten Städte in Existenz kamen, was vor ca. nur 200 Generationen der Fall war. In dieser Zeit und bis heute hat nur ein kleiner Teil der menschlichen Population in Städten gelebt.

Die Stadt mit allen ihren Phänomenen ist völlig vom Menschen selber geschaffen worden, und in diesem Sinne „unnatürlich". In Anlehnung an eine Anregung des International Council of Scientific Unions (ICSU) soll das, was der Mensch geschaffen hat, im Gegensatz zur natürlichen Biosphäre als Technosphäre bezeichnet werden, womit die technisch-urbane Welt gemeint ist, die der Mensch sich inmitten seiner angestammten Biosphäre erbaute. Dies konnte geschehen, weil er Werkzeuge herstellte und später Maschinen baute, um eine ihm gefügige Umwelt zu schaffen, was ihm ja auch weitgehend gelang. Diesem Erschaffen steht die natürliche Welt gegenüber, die Biosphäre, die Welt der Pflanzen und Tiere, der Böden, der Luft, des Wassers, die dem Menschen in Milliarden von Jahren vorausging und von der er ein Teil ist.

Es war bis jetzt niemandem eingefallen, eine Unterscheidung zwischen diesen beiden Lebensbereichen zu machen, denn sie sind ja bis heute miteinander mehr oder weniger verbunden. Während aber früher die Entwicklung des technisch-urbanen Lebens sich im großen ganzen störungsfrei gegenüber der Natur vollzog, sieht es heute, nach dem ungeheueren Aufschwung des technischen Zeitalters, so aus, als wollten Technosphäre und Biosphäre sich nicht mehr so recht miteinander vertragen, zum Schaden für den Menschen. Man wurde sich bewußt, daß der irdische Raum durchaus endlich ist, daß die Ausdehnung der Technosphäre und das Wachstum der Städte viele Probleme geschaffen hat, und daß die natürlichen Lebensgrundlagen begrenzt sind und nicht mehr wahllos verbraucht werden dürfen. So steht man heute vor der Aufgabe, beide Lebensbereiche des Menschen wieder in eine harmonische Beziehung zueinander bringen zu müssen[1]).

Da wirkt sich aber zunächst erschwerend aus, daß Biosphäre und Technosphäre jede ihre eigene Gesetzlichkeit hat, und diese Eigengesetzlichkeiten sind heute voneinander bis zum schroffen Gegensatz verschieden.

In der Technosphäre, d. h. im urbanen Bereich und für die Industrie und Wirtschaft, beobachten wir ein ständiges Wachstum. Dieses wurde in erster Linie hervorgerufen durch das Wachstum der Bevölkerung. Während bis zum Beginn des technischen Zeitalters dieses Wachstum nur langsam war, ist es von jener Zeit an beschleunigt und nimmt im Weltdurchschnitt um ca. 2 % im Jahr zu. Ein solches Wachstum gilt aber nicht nur für die Zunahme der Bevölkerung, sondern mit ihr für unsere technische und wirtschaftliche Entwicklung, also für die Ausnutzung unserer natürlichen Güter, wie z. B. des Erdöls, für den Verbrauch von Wasser, für das Anwachsen des Konsums und damit des Abfalls – denn Konsum bedeutet Verwandlung von Wirtschaftsgütern in Abfall –, für das Volumen des Zivilisationslärms, aber auch für das Steigen des Bruttosozialproduktes der Industrieländer, usf. für die verschiedensten Gegebenheiten unseres Lebens.

Dieses Wachstum in allen Zweigen des Lebens fand man lange Zeit ganz natürlich und erfreulich – bis man aufgrund von Zukunftsprognosen merkte, daß man es hier mit einem exponentiellen Wachstum zu tun hat, wie es besonders anschaulich die graphische Darstellung aller dieser Prozesse zeigt. Die daraus abgeleiteten Zukunftsprognosen unterscheiden sich um Nuancen, kommen aber zu gleichen Ergebnissen: In absehbarer Zeit, und zwar noch innerhalb der uns nächsten Generationen, können daraus Lebensbedingungen entstehen, die ein Weiterleben in der heutigen Art und Weise unmöglich machen[2]).

Wir sind aber unlösbar mit unserer Technosphäre verbunden: Nur der Technik ist es zu verdanken, daß heute so zahlreiche Menschen auf demselben Boden leben können und besser leben können als die viel weniger zahlreichen Menschen früherer Jahrhunderte. *Unser Leben ist irreversibel durch Technik und die sie tragende Wissenschaft geprägt, heute und noch viel mehr in Zukunft.*

Was aber geändert gehört, ist unsere Ideologie des Fortschritts, sie ist zu eng und einseitig. Wir haben in diesen unseren Fortschritt nur Intellekt investiert und keine anderen seelisch-geistigen Investitionen. Es ist also diese Fortschrittsideologie, die erweitert und mit neuen Maßstäben versehen gehört. Das ist durchaus möglich, denn die Technik ist elastisch, weil sie eine Schöpfung des Menschen selber ist. Deshalb fügt sie sich dem, was der Mensch von ihr fordert — bisher aber hat er ihr stets nur Höchstleistung und Rentabilität abgefordert. Neue Maßstäbe werden in Zukunft einmal von der Biosphäre gesetzt werden und könnten ferner, außer von der Naturwissenschaft selber, auch aus anderen geistigen Bereichen kommen, denn sehr viel älter als die exakte Naturwissenschaft im heutigen Sinn sind die Schätze menschlicher Erfahrung in Philosophie, Religion und Rechtsprechung, in Ethik, Ästhetik und so vielen anderen Fragen der Lebensgestaltung. Von allen diesen Seiten her können der weiteren Entwicklung neue Direktiven erteilt werden, die mehr mit Qualität und nicht nur mit Quantität zu tun haben. Wir brauchen Entdeckungen darüber, welche Veränderungen politischer, sozialer, ethischer, kultureller Art sich der technischen Entwicklung anpassen würden[6]).

Demgegenüber zeigt sich in der Biosphäre etwas ganz anderes: Die Eigengesetzlichkeit der Biosphäre ist eine Kreislauf-Gesetzmäßigkeit, das Pendeln um ein Gleichgewicht in der großen Vielfalt der verschiedenen Lebenskreise der Natur, ein Werden und Vergehen und aus dem Vergehen wieder ein Werden. Verfolgt man im einzelnen den Weg der verschiedenen Stoffe, die das Lebendige benötigt, so ergibt sich immer wieder das gleiche Bild: Alle biologisch wichtigen Materialien, wie Kohlenstoff, Sauerstoff, Stickstoff, Mineralien usf., stehen in Kreisläufen, d. h. es ist dafür gesorgt, daß sie nach ihrem Gebrauch wieder in einen Zustand gelangen, in dem sie erneut gebraucht werden können. Diese Kreisläufe haben sich eingespielt während der langen Zeit der Entwicklung des Lebens auf der Erde — bis der Mensch in sie eingriff und das Gleichgewicht in vieler Hinsicht verschob oder störte. Das bekannteste Beispiel hierzu ist vielleicht die Verschmutzung unserer Gewässer, mit der ihre Lebenswelt allein, ohne unsere Hilfe, nicht mehr fertig werden kann.

Eine weitere Eigentümlichkeit der Biosphäre ist ihr Bestreben, ihre Stabilität aufrecht zu erhalten, ein Ausgewogensein in all ihrer Vielfalt in Gestalt eines dynamischen Gleichgewichtes. So beobachtet man, wie eine große Zahl verschiedener Pflanzen und Tiere in den Ökosystemen sich gegenseitig reguliert. Verarmt das Ökosystem an Arten, so wird diese Regulationsfähigkeit gestört. Daher ist die Mannigfaltigkeit der Lebewesen, die im Laufe der Evolution auf der Erde entstanden ist, eine der wichtigsten Bedingungen für die Stabilität der Biosphäre. Für das Erhalten dieser Mannigfaltigkeit ist ständig in der Natur gesorgt – wenn der Mensch hier nicht mit seinem vielfältigen Tun eingreift.

Schließlich bestreitet die Biosphäre, im Gegensatz zur Technosphäre, ihren Haushalt mit Sonnenenergie.
Während es sich also in der Technosphäre um eine Neuausrichtung ihrer bedrohlich beschleunigten Wachstumsprozesse handelt, muß man in der Biosphäre dafür sorgen, daß die natürlichen Kreisläufe und das dynamische ökologische Gleichgewicht gesund bleiben.

Aus diesen in aller Kürze skizzierten Tatsachen ergeben sich die ungeheueren, überaus schwerwiegenden Aufgaben unserer Zeit.

Mitten hinein in sie ist der Mensch gestellt, der nun nach ganz verschiedenen Seiten tätig zu werden hat. Was für Fähigkeiten bringt er dazu mit? Es sei hier die Spezies Homo sapiens als dem zwischen Technosphäre und Biosphäre stehenden Lebewesen betrachtet.

Unser Raumschiff Erde ist lange Zeit ohne Menschen ausgekommen. Man schätzt das Alter des Lebens auf der Erde auf etwa 1½ Milliarden Jahre. Wenn man diese Gesamtgeschichte der Erde mit ihrer Lebenswelt überblickt, so ist es erstaunlich, eine wie junge Erscheinung der Mensch ist: Menschenartige Wesen (Hominide) gibt es erst seit weniger als 2 Millionen Jahren, *Homo sapiens* mit seinen verschiedenen Rassen seit bestenfalls 100 000 Jahren[3]).

Der Mensch steht als Lebewesen in enger Verwandtschaft zum Tierreich. In unserem dem heutigen vorangegangenen Kolloquium über die „Spannweite des Humanen"[4]) ist dargelegt worden, was einerseits das Erbe des Menschen aus dem Tierreich ist und was andererseits die Sonderstellung des Menschen in biologischer Sicht begründet. Was die Verbindung des Menschen mit dem Tier betrifft, so teilt der Mensch mit den Primaten eine ganze Reihe von Eigenschaften. Die ausgedehnten Untersuchungen der letzten Jahrzehnte ergaben die Feststellung, daß die gesamte physische und psychische Struktur eines aus dem Säugetier-Stamm evoluierten subhumanen Primaten-Niveaus eine vollendete und richtungsweisende biologische Grundlage für die daraus hervorgegangene Hominisation abgibt. Dies sei hier besonders hervorgehoben, um die starke Bindung des Menschen an die Biosphäre darzutun.

Alle Menschen haben daher wahrscheinlich einen gemeinsamen Ursprung. Ihre verschiedenen Rassen haben die bekannten Modifikationen erfahren während der langen Zeit ihrer Wanderung über die Kontinente, in deren verschiedenen Zonen sie ganz verschiedene Lebensarten angenommen haben. Keine Art sonst hat eine so globale Verbreitung über alle Klima- und Vegetationsgürtel der Erde wie der Mensch. Er ist als Art das einzige Wesen, das nicht an eine spezifische Umwelt gebunden ist, er ist weltoffen.

Es ist demgegenüber interessant festzustellen, daß seine genetische Ausstattung in den Grundlagen in etwa die gleiche ist, wie sie vor 100 000 Jahren war. Daher ist es nicht wahrscheinlich, daß sie sich in absehbarer Zeit grundlegend ändern wird.

Man kann deshalb auch sagen, daß die natürliche Selektion, die selbstverständlich weiter am Werk ist, in dem im Hinblick auf die Evolution kurzen Zeitraum der Existenz von Städten keine neue Art des *Homo sapiens* geschaffen hat, die etwa in ihren genetischen Eigenschaften besser an die Bedingungen eines Stadtlebens angepaßt wäre, als vor-städtische Populationen. Andererseits aber ist diese genetische Ausstattung des Menschen im Hinblick darauf, was in ihr angelegt ist, überaus reichhaltig. Diese Tatsache hat es ermöglicht, daß der Mensch neben seiner biologischen Evolution eine kulturelle Evolution durchlaufen hat. Auf dieser beruht die Sonderstellung des Menschen im Reiche der Lebewesen. Sie hat einerseits Parallelen und andererseits tiefgreifende Unterschiede gegenüber der biologischen Evolution. In letzterer adoptieren die Organismen ihr Erbgut an die Bedingungen der Umwelt. Dieses im Laufe von Jahrmillionen durch Selektion geprüfte Erbmaterial einer Population stellt daher einen wertvollen Schatz von Information dar. Durch Vererbung wird es von Generation zu Generation weitergegeben als ein Informationsfluß, der nicht abreißen darf, denn ein solches Abreißen ist gleichbedeutend mit Aussterben einer Art, deren spezifisches Erbgut damit unwiederbringlich verloren ist.

Auch die kulturelle Evolution des Menschen ist auf Weitergabe von Informationen durch die Generationsfolge angewiesen. Auch hier bedeutet das Abreißen des Informationsflusses das Ende einer Entwicklungslinie. Kulturen können daher ebenso wie Arten von Lebewesen aussterben.

Im Gegensatz aber zur Jahrhunderttausende währenden biologischen Evolution verläuft die kulturelle Evolution überaus rasch. Dies liegt daran, daß vor allem durch die Sprache und das Lernvermögen Information rasch weitergeben und kombiniert werden kann. Außerdem gibt es in der kulturellen Evolution durch die Weitergabe von Erlerntem von einer Generation zur anderen einen Informationsfluß über die Generationsgrenzen hinweg. Es liegt hier also eine „Vererbung erworbener Eigenschaften" vor, was es in der biologischen Evolution bei der Ausbildung körperlicher Eigenschaften nicht gibt.

An diesem grundlegenden Unterschied zwischen dem Tempo der biologischen und dem der kulturellen Evolution liegt es, daß alle heute lebenden Menschen in ihren biologischen Eigenschaften weitgehend übereinstimmen, jedoch in ihrer im Vergleich dazu in relativ kurzer Zeit abgelaufenen kulturellen Evolution bekanntlich gewaltige Unterschiede aufweisen.

Diese kulturelle Evolution hat es dem Menschen ermöglicht, die Umwelt durch seine Technik seinen Bedürfnissen anzupassen, also eine „Technosphäre" aufzubauen, während alle übrigen Lebewesen, wie bereits erwähnt, ihre Eigenschaften, d. h. ihr Erbgut, durch lange Zeiträume an die Bedingungen der Umwelt anpassen.

Diese Schaffung der Technosphäre zeigt eine große Anpassungsfähigkeit des Menschen auch an weniger gute Lebensbedingungen: so beobachten wir überall in der Welt, daß die am meisten übervölkerten, verunreinigten und brutalen Städte die größte Anziehungskraft haben, so daß ihre Bevölkerung am raschesten wächst. Wirtschaftliche Güter werden vom Menschen unter großer nervlicher Belastung geschaffen, oft inmitten eines infernalen Lärms von technischen Ausstattungen, von Schreibmaschinen und Telefonen in einer Atmosphäre voller Tabakrauch und in künstlichem Licht.

Diese Anpassungsfähigkeit an Bedingungen, die sich weitgehend unterscheiden von den Bedingungen, unter denen das biologische Werden des Menschen verlief, schuf gleichsam den Mythos, daß der Mensch sein Leben allen erdenklichen technischen und sozialen Erfindungen anzupassen vermag. Aber dies ist leider eine Illusion: die in der biologischen Evolution des Menschen entstandenen Anpassungsmechanismen, die auch für die übrige Lebenswelt gelten, werden heute zunehmend durch technische und soziale Kräfte gestört, und zwar empfindlich. Der Mensch kann wohl viel aushalten und auch die kosmische Ordnung der biologischen Rhythmen im täglichen Großstadtleben mißachten. Aber – und das kann sehr plötzlich sein – eines Tages stößt er an Grenzen des Erträglichen, und aus Anpassungen werden Deformationen. So bietet sich dem Mediziner[5]) das Lebewesen Mensch infolge der Lebensbedingungen unserer Tage medizinisch betrachtet folgendermaßen dar: „Körperlich unter- oder fehlbelastet, geistig und seelisch überfordert. Das programmierte Muß des Alltags, das Untergehen in der Anonymität der Masse, das dem technischen Fortschritt auf weite Strecken Ausgeliefertsein, die Notwendigkeit ständiger Anpassungszwänge an eine sich von Tag zu Tag hektisch ändernde Welt – das alles führt sehr leicht zur Leistungsminderung der körperlichen Kräfte, belastet ungewöhnlich stark die geistige Entfaltung und strapaziert die seelische Befindlichkeit bis zur psychischen Dekompensation."

Wenn wir nun einmal fragen nicht nach den heute so mannigfach diskutierten Schattenseiten eines hochindustrialisierten Daseins, sondern danach, wie den erwähnten Deformationen des Lebens begegnet werden kann, so lautet eine wesentliche Antwort: der Mensch bedarf beider Sphären seines Daseins. Da ist einmal die Technosphäre, seine städtisch-technische Eigenschöpfung mit all ihren ungeheuer vielseitigen Anregungen und großen Möglichkeiten der Lebensgestaltung — und auf der anderen Seite die Biosphäre, die Natur, die des Menschen Ursprung ist und seine Ausgestaltung als Homo sapiens durchführte.

Obwohl sich der Bewohner der Stadt und der Techniker weitgehend von dieser ihrer Basis entfernt haben, und die Natur lediglich als Lieferanten betrachten für alles, was an Nahrung und Rohmaterial benötigt wird, beobachtet man aber im Verhalten der Menschen Bedürfnisse, die den Umgang mit der Natur suchen. So beweisen die Urlaubs- und Wochenend-Fahrten aufs Land oder an die See, das Camping, die Tendenz, ganz außerhalb der Stadt zu wohnen, die sentimentale Anhänglichkeit an Haustieren, das Jagen, das Wandern usf., den stets noch vorhandenen emotionalen biologischen Hunger im Menschen, der sich im Laufe seiner Entwicklungsgeschichte herausgebildet hat und dem er nicht entwachsen kann und auch nicht soll.

Was bedeutet denn nun dieser Umgang mit der Natur? Da ist zunächst das, was man mit dem Begriff „Erholung" umreißt. Darüber hat Herr Professor Zundel uns berichtet. Ich möchte seinen Ausführungen lediglich hinzufügen, daß 80 % der Stadtmenschen heute einen Ausgleich durch Erholungsmöglichkeiten brauchen. Hierzu dienen außer Naherholungsgebieten auch die Familienkleingärten an Stadträndern, deren Existenz ein Segen ist. Herr Prof. Zundel hat uns auch Zahlen für die Erholungsgebiete gegeben. Es ist immer gut, wenn man die Dinge zahlenmäßig und praktisch erfassen kann — wir müssen uns aber klar machen, daß das, was mit Erholung und Wohlbefinden gemeint ist, sehr viel tiefer liegt.

Es ist nicht mehr und nicht weniger, als das Wiederfinden der Natur des Menschen selber, was uns heute not tut nach 1½ Jahrhunderten wissenschaftlich-technischen Aufschwunges mit allem Guten und Großartigen und mit allen seinen heraufbeschworenen Gefahren. *Der Mensch sollte die Errungenschaften seines Intellekts wieder in Einklang bringen mit dem umfangreichen genetischen Vermächtnis seiner langen Evolution in der Biosphäre, als deren Teil er ein Partner aller Lebewesen ist und bleibt*[6]). Diese Partnerschaft, die letzten Endes ein gegenseitiges Geben und Nehmen im weitesten Sinne bedeutet und nicht nur einseitiges Fordern per Faustrecht des Stärkeren, ist im Grunde ein altes Wissen von der Einheit allen Lebens. Es ist die Kenntnis von der tiefen Verflechtung dieses Gesamtlebens unserer Erde, es ist das Wissen um seine grundlegenden Prozesse. Dieses uralte Wissen ist eine der Wurzeln sämtlicher Kulturen, auch wenn sie noch so verschieden sind.

Diese Naturbeziehung, diese Partnerschaft ist eine Ausdehnung ethischen Denkens auf das außermenschliche Leben, und sie ist von größter Bedeutung für den Menschen, denn sie öffnet ihm alle jene unwägbaren Beziehungen zum anderen Leben, die ihm Erfüllung des tief in ihm wurzelnden Bedürfnisses geben, lebendige Landschaft in ihrer Ruhe und Schönheit zu erleben, um daraus Erholung und Anregung, Bereicherung und Genesung zu empfangen. Freundschaft mit Landschaft, Freundschaft mit Tieren, Blumen und Bäumen vermag einer inneren Verarmung und Vereinsamung entgegenzuwirken. Neben der Arbeit an der technischen Gestaltung und der geistigen Erweiterung unseres gesamten Lebens- und Wirkungsraumes ist dies der Sinn eines menschlich erlebten Weltganzen, *eines qualitativen Universums neben einem quantitativen*. So gehört diese Partnerschaftsbeziehung nicht nur erhalten, sondern mit allen Mitteln der Erziehung und Öffentlichkeitsarbeit ausgebaut, und zwar um so mehr, je weiter Stadt und Technik fortschreiten, die, vom Menschen geschaffen, nun Besitz von ihm ergreifen.

Diese sehr ernsten, grundlegenden und zwingenden biologischen Gegebenheiten seien deshalb zum Abschluß unseres Kolloquiums seinen Teilnehmern besonders ans Herz gelegt.

Anmerkungen

1) Vgl. den Bericht über die Biosphären-Konferenz der UNESCO, Paris 1968, „Use and Conservation of the Biosphere"; ferner Barbara WARD u. René DUBOS, Only One Earth, W. W. Norton & Co., New York 1972.

2) Vgl. z. B. D. MEADOWS u. a., „Die Grenzen des Wachstums", Berichte des Club of Rome zur Lage der Menschheit, Deutsche Verlagsanstalt, Stuttgart 1972; E. BASLER, Strategie des Fortschritts, BLV München 1973; M. MESAROVIC u. E. PESTEL, Menschheit am Wendepunkt, Deutsche Verlagsanstalt 1974; D. GABOR, U. COLOMBO, A. KING, R. GALLI, E. PESTEL, Das Ende der Verschwendung, Deutsche Verlagsanstalt 1976; Erik P. ECKHOLM, Losing Ground, W. W. Norton & Co., New York 1976.

3) Vgl. J. SCHWIDETZKY, Das Menschenbild der Biologie. Verlag G. Fischer, Stuttgart 1971.

4) Die Spannweite des Humanen, Kolloquium der Deutschen UNESCO-Kommission in Zusammenarbeit mit der Fakultät für Biologie der Universität Freiburg, Verlag Dokumentation München 1975. Daselbst weitere Literaturangaben.

5) Vgl. K. RASPACH, Mitt. des Bad. Landesvereins für Naturkunde und Naturschutz, N. F. 11 (1976) 394.

6) Magda STAUDINGER, Der Mensch und die Umwelt — Gefährdung und Gestaltung, Biologie in unserer Zeit 3 (1973) 163.

VII. Verlauf der Diskussion

Nicht zu allen Beiträgen fand eine Aussprache statt. Dies lag überwiegend darin begründet, daß diesen allgemein in dem Sinne zugestimmt werden konnte, als sie problemlos weiterführende wissenschaftliche und praktische Arbeiten anzeigten. Dies ist bei dem komplexen Gegenstand des Kolloquiums nur zu begrüßen. Soweit sich Diskussionen entwickelten, waren diese von der Übereinkunft getragen, nicht die Zweckmäßigkeit eines engen oder auch erweiterten Ökologiebegriffes herauszuarbeiten, sondern vielmehr die Natur der menschlichen Umweltbeziehungen zu klären und gegebenenfalls planungsbezogene Aussagen zu machen.

Dieser Konsens wurde in der Aussprache über den Beitrag von KNÖTIG vorbereitet: Es konnte festgestellt werden, daß sowohl für Soziologen als auch für Naturwissenschaftler der Begriff „Ökologie" in dem von HAECKEL vor mehr als 100 Jahren eingeführten doppelten Sinne verwendbar ist. Er bedeutet auch für den Soziologen einmal eine Wissenschaft von den Beziehungen zwischen Lebewesen, zum anderen aber auch eine Wissenschaft von der Entwicklung komplexer Systeme. Zwischen dem Wissen und der Anwendung von Erkenntnissen aber besteht eine Lücke. Dies wurde im Anschluß an den Beitrag von MACKENSEN aufgezeigt. Sicherlich haben die Konzepte und Ergebnisse der Sozialökologie sich in verschiedenen Bereichen der Stadt- und Regionalplanung vielseitig bewährt, eine Integration biologischer und psychologischer Aspekte konnten sie aber bisher nicht leisten. Es werde daher darauf ankommen, die differenzierten Ergebnisse der ökologischen Disziplin in einfacher und operational beschreibbarer Form darzustellen und auf eine gemeinsame Beschreibung des ökologischen Komplexes zu beziehen. Vorab sollte es zuversichtlich stimmen, daß hinsichtlich der historischen Entwicklung von Ökosystemen kein grundsätzlicher Unterschied zwischen sozialwissenschaftlich- und naturwissenschaftlich-ökologischer Auffassung besteht, da bei beiden Ökosysteme dynamisch verstanden werden.

Wenn sich auch derart ganz allgemein eine Grundlage gemeinsamer Denkweise zwischen Natur- und Sozialwissenschaftlern andeutet, mußte doch bedacht werden, daß hinsichtlich einer begrifflichen Verständigung auch Belange der Politik und Planungspraktiker zu berücksichtigen sind. Darauf machte die Aussprache zu den Beiträgen von TREINEN und GLASER zur Kulturökologie sowie von MACKENSEN aufmerksam. So sollte aus sozialwissenschaftlicher Sicht unter „Kulturökologie" ganz allgemein ein Ansatz zur Erklärung der symbolischen Identifizierung von Quartierbevölkerungen mit ihrem Gebiet gesehen werden; der Begriff „Kultur" kann soziologisch als normativ gesteuertes Verhaltensmuster gedeutet werden. Andererseits besitzt für den Politiker Kulturökologie einen institutionellen Stellenwert und Auswirkungen auf kulturelle Angebote schlechthin. Der kulturpolitische Ansatz des Begriffes „Ökologie" wird in Abhängigkeit einer gegebenen bzw. sich absehbar ändernden räumlich-sozialen Situation im Hinblick auf zu differenzierende kulturelle Angebote zu suchen sein. Für den Stadtplaner, der sich mit sozial-ökologischen Belangen auseinandersetzen muß, empfiehlt es sich, an der ursprünglichen Begriffsbestimmung von PARK, insbesondere aber von BURGESS anzuknüpfen, da die späteren, vorwiegend geographisch deskriptiven Arbeiten auf die Erklärung ökologischer Prozesse in der Stadt verzichteten.

Neben diesen auf Begrifflichkeiten bezogenen Diskussionen erarbeiteten die Teilnehmer des Kolloquiums in der Aussprache zu den Beiträgen von KÖNIG, HAMM, FRIEDRICHS, LEDERER und MACKENSEN Ergebnisse, die wissenschaftlich weiterführend sein können und für die Planung Anregungen enthalten. Diese Ergebnisse seien thesenhaft zusammengestellt:

— Es gibt Reaktionen auf die Umwelt, die zu sich ändernden Raum-Verhaltens-Systemen führen. Bei der „Produktion von Umwelten" könnte daher ein Vergleich von Ergebnissen zu verschiedenen Zeitpunkten eine Prozeß- und Kausalanalyse erlauben, deren Ergebnisse (z. B. in Form von Sozialraumdiagrammen) prognostisch und praktisch nutzbar erscheinen.

— Die Einheiten der Chicagoer Schule sind zu groß. Für weiterführende wissenschaftliche Untersuchungen und planungspraktische Belange sollte auf der Mikroebene und im Hinblick auf Kontexteffekte gearbeitet werden.

— Die Literatur läßt im Hinblick auf „Mensch-Umwelt-Funktionen" keine Qualitätsnormen erkennen. Statt mit Grenzwerten zu arbeiten, empfiehlt es sich daher, „Möglichkeiten und Fähigkeiten des Menschen, defizitäre Umweltbedingungen zu ertragen oder zu kompensieren" durch „größere oder kleinere Übereinstimmung zwischen ökologischer Potenz des Menschen und ökologischer Valenz seiner Umwelt" zu ersetzen.

— Anreize für geringere „Umweltbeanspruchung" sind besser als Sanktionen bei Überschreiten irgendwelcher Grenzwerte.

— Disaggregation erlaubt präzisere Verhaltensaussagen. Dies ist von besonderer planungspraktischer Bedeutung.

Der Beitrag von VON HESLER schließlich regte dazu an, die Frage zu erörtern, wie wissenschaftliche Ergebnisse in politische Entscheidungsprozesse eingebracht werden können (dabei blieb die Frage unbeantwortet, inwieweit politische Entscheidungen durch Wissenschaftler teilweise vorweggenommen werden).

Letztlich waren sich die Teilnehmer darüber einig, daß trotz früherer schlechter Erfahrungen mit interdisziplinärer Arbeit an Planungsprojekten ein sinnvolles Zusammenwirken von Soziologen, (Human-)Ökologen und Planern neben der allgemeinen Bereitschaft einerseits verlangt, daß der Wissenschaftler seine theoretischen Schwierigkeiten und Bedenken nicht überbewertet, der Planer andererseits bereit ist, seinen Plan immer wieder mit der fortschreitenden theoretischen Erkenntnis zu konfrontieren und ggf. seinen Plan zu überarbeiten.

VIII. Anhang

Wissenschaftliche Leitung:

Chairman: Prof. Dr. Drs. h. c. Heinz ELLENBERG, Göttingen
Vice-chairman: Prof. Dr. Bernhard SCHÄFERS, Göttingen
Vice-chairman: Katrin LEDERER, M. A., Berlin
Rapporteur: Dr. Helmut KNÖTIG, Wien

Teilnehmer:

BERNDT, Heide, Dipl.-Soziologin, 6000 Frankfurt/Main, Eysseneckstr. 22.

EISENBEIS, Manfred, Prof. Dr., Hochschule für Gestaltung, 6050 Offenbach, Schloßstr. 31.

ELLENBERG, Heinz, Prof. Dr. Drs. h. c., Systematisch-Geobotanisches Institut der Universität Göttingen, 3400 Göttingen, Untere Karspüle 2.

FRIEDRICHS, Jürgen, Prof. Dr., Seminar für Sozialwissenschaften der Universität Hamburg, 2000 Hamburg 13, Sedanstr. 19.

GLASER, Hermann, Dr., Kulturdezernent der Stadt Nürnberg, 8500 Nürnberg, Hauptmarkt 18.

HAMM, Bernd, Prof. Dr., CH-3073 Gümlingen, Sonnenweg 24 a.

HESLER, Alexander von, Dr., Regionale Planungsgemeinschaft Untermain, 6000 Frankfurt 1, Zeil 127.

INGENDAAY, Werner, Dipl.-Ing., 5000 Köln 1, Hohenzollernring 21—23.

KNÖTIG, Helmut, Dr., Humanökologische Gesellschaft, A-1040 Wien, Karlsplatz 13.

KÖNIG, René, Prof. em. Dr., Vorsitzender des Fachausschusses Sozialwissenschaften der Deutschen UNESCO-Kommission, 5021 Widdersdorf, Marienstr. 9.

KORTE, Ilse, M. A., Werner-Reimers-Stiftung, 6380 Bad Homburg, Am Wingertsberg 4.

LEDERER, Katrin, M. A., Wissenschaftszentrum Berlin, 1000 Berlin 12, Steinplatz 2.

MACKENSEN, Rainer, Prof. Dr., Institut für Stadt- und Regionalplanung, 1000 Berlin 10, Dovestr. 1.

MÜHLICH, Eberhard, Dipl.-Soziologe, Institut für Wohnen und Umwelt, 6100 Darmstadt, Annastr. 15.

MÜLLER, Konrad, Prof. Dr., Vorstand der Werner-Reimers-Stiftung, 6380 Bad Homburg, Am Wingertsberg 4.

PIETSCH, Jürgen, Dipl.-Ing., Fachbereich 9 der Gesamthochschule Essen, 4300 Essen 1.

PRECHT, Folkert, Dr., Deutsche UNESCO-Kommission, 5000 Köln 1, Cäcilienstraße 42—44.

SCHÄFERS, Bernhard, Prof. Dr., Lehrstuhl II für Soziologie, Pädagogische Hochschule Niedersachsen, Abteilung Göttingen, 3400 Göttingen, Waldweg 26.

STAUDINGER, Magda, Dr., Vorsitzende des Fachausschusses Naturwissenschaften der Deutschen UNESCO-Kommission, 7800 Freiburg, Lugostr. 14.

TREINEN, Heiner, Prof. Dr., Ruhr-Universität Bochum, Abteilung für Sozialwissenschaft, 4630 Bochum-Querenburg, Universitätsstr. 150.

ZUNDEL, Rolf, Prof. Dr., Institut für Forstpolitik, Holzmarktlehre, Forstgeschichte und Naturschutz der Universität Göttingen, 3400 Göttingen, Büsgenweg 5.

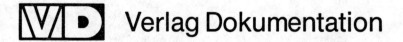

Seminarberichte der Deutschen UNESCO-Kommission

[illegible]

UNESCO-Konferenzberichte

Herausgegeben von den UNESCO-Kommissionen der Bundesrepublik Deutschland, Österreichs und der Schweiz [illegible]

Nr. [illegible] [illegible]

Nr. [illegible] [illegible]

Nr. [illegible] [illegible]

Verlag Dokumentation